轻松学
Python

[印] 阿尔蒂·耶鲁玛莱（Aarthi Elumalai） 著

周子衿 陈子鸥 译

清华大学出版社
北 京

内 容 简 介

　　所有优质的学习，最后都归结到思维能力和动手能力的提升。具体和抽象之间，如何结合才能收到理想的学习效果？针对这个问题，《轻松学 Python》对内容进行精心编排和设计，真正做到了突破传统观念，以寓教于乐和任务分解的方式，带领读者从头开始，循序渐进，最后完成足以让师长和小伙伴们眼前一亮的大项目。

　　本书适合没有任何编程背景的爱好者学习。

北京市版权局著作权合同登记号 图字：01-2021-4599

First published in English under the title

Introduction to Python for Kids: Learn Python the Fun Way by Completing Activities and the Solving Puzzles

by Aarthi Elumalai, edition: 1

Copyright © by Aarthi Elumalai, 2021

This edition has been translated and published under licence from

APress Media, LLC, part of Springer Nature.

图书在版编目（CIP）数据

　　轻松学Python / (印) 阿尔蒂·耶鲁玛莱著；周子衿，陈子鸥译. —北京：清华大学出版社，2021.9
书名原文：Introduction to Python for Kids：Learn Python the Fun Way by Completing Activities and Solving Puzzles 1st ed. Edition

　　ISBN 978-7-302-59149-8

　　Ⅰ. ①轻… Ⅱ. ①阿… ②周… ③陈… Ⅲ. ①软件工具—程序设计 Ⅳ. ①TP311.561

　　中国版本图书馆CIP数据核字（2021）第182832号

责任编辑：文开琪
封面设计：李 坤
责任校对：周剑云
责任印制：杨 艳
出版发行：清华大学出版社
　　　网　　　址：http://www.tup.com.cn, http://www.wqbook.com
　　　地　　　址：北京清华大学学研大厦A座　　　邮　　编：100084
　　　社 总 机：010-62770175　　　邮　　购：010-62786544
　　　投稿与读者服务：010-62776969, c-service@tup.tsinghua.edu.cn
　　　质量反馈：010-62772015, zhiliang@tup.tsinghua.edu.cn
印 装 者：北京嘉实印刷有限公司
经　　销：全国新华书店
开　　本：170mm×230mm　　印　张：27.25　　字　数：586千字
版　　次：2021年9月第1版　　　　　　　　印　次：2021年9月第1次印刷
定　　价：126.00元

产品编号：094616-01

献给

所有热爱动脑思考和

动手实践的伙伴们，

世界属于你们!

未来属于你们!

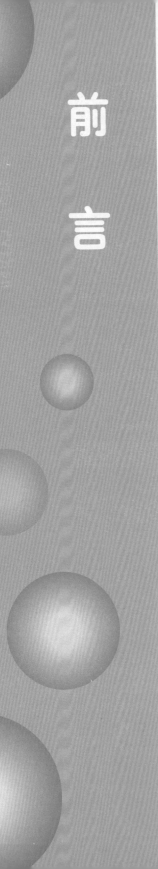

前言

本书完美地做到了寓教于乐，特别适合 8 岁以上想要学习编程的小伙伴。为了帮助他们尝到代码的乐趣，能够动手进行网站、桌面应用、游戏和人工智能开发，作者首先精心设计了若干大大小小的编程练习项目，这些项目互动性很强，非常注重参与感、好玩且有鲜明的个性特点，可以帮助小伙伴轻松掌握变量、数字和字符串这些基础的编程概念。书中包含 4 个顶石项目（或者说"综合性实践项目"）[1]：分别用 Turtle，Tkinter 和 Pygame 动手写三个游戏，用 Tkinter 完成一个桌面应用。

随后，深度潜入 Turtle，这个 Python 库是专门为小伙伴定制的，通过它，孩子们马上可以学以致用，用刚刚学会的 Python 概念来画图，做动画甚至于做出多姿多彩的小游戏。一旦掌握 Python 语言基础，就能举一反三，学会用 Tkinter 来写桌面应用，用 Pygame 来做游戏。

考虑到一些学有余力的小极客，作者还特别准备了整整一章的内容来专门介绍一些有趣的谜题和编程练习，当然，作者还贴心地提供了有步骤的解

---

1 译注：即 Capstone 项目，是美国中学或高校针对高年级学生开设的一种综合性课程，旨在让学生整合并充分利用所学领域的知识，同时培养相关技能和态度，一般在实用性很强的专业中开设。在一个课程结束时，有时就要求完成一个顶石项目（Capstone Project）来解决实际的问题。顶石项目一般由写作和演示两部分组成（不同的学校或机构，要求和格式可能有所不同）。Capstone 这一术语来源于用于完成建筑物或纪念碑的最终装饰顶盖或"帽石""合顶石"。它是建筑体上最顶端、最后一块石头，功能为稳固建筑结构，代表建筑体完工。引申到教育，意为教育过程最后巅峰的学习体验。其他类似的还有 Keystone（核心石）和 Cornerstone（奠基石）。

答。此外，针对喜欢挑战的小天才，作者另外还精心设计了更多更有趣、更有挑战的谜题，还特别提供了进阶指导。通过本书的完整学习，小伙伴们可以由表及里完全掌握 Python，做出精彩的、完全可以拿得出手的项目成果并展示给小朋友、家人和老师看。通过解答书里面描述的谜题，小伙伴们，可以培养独立解决问题的能力和编程技能。

讲真，本书确实内容丰富，但不要担心，我可以打包票，你一定不会觉得闷。它给人的感觉完全不同于学校里面那些让人坐飞机的填鸭式课程，我用我的人格担保。我在书里面包含了相当多很好玩的练习和大大小小的编程项目。书的最后还有好多好多有趣的谜题和更多练习，它们好玩得让你停不下来。

在第 1 章中，我将简要介绍 Python，概述它的用途以及本书所涉及的内容和如何充分用好本书。

在第 2 章和第 3 章中，我将首先指导你一步步地在系统中安装好 Python。这是很容易做到的，不要担心。

然后，你将创建自己的第一个程序。是的，刚一上手，你就要开始写代码了。

在第 4 章和第 5 章中，你将学习关于数字的许多知识，用 Python 进行数学运算，了解 Python 所提供的各种很酷的工具并对数字施展魔法。在这一章中，你将开始编写真正的 Python 程序。

第 6 章和第 7 章开始变得有趣了。你将学习如何用 Python 的内置模块 Turtle 创建许多很酷的图形。还记得我提到过 Python 中的一些插件可以帮助你做一些很棒的东西吗？Turtle 是其中最好的一个。有了 Turtle，你可以在屏幕上画画，而且可以让 Turtle 自动绘制！这就是 Turtle。

一旦学会 Turtle，我将在接下来的章节中用它来做更多事情。

在第 8 章中，将学习如何在 Python 中玩字母、单词和句子以及打印内容，从句子中提取单词，在句子中寻找单词，还有更多知识。

第 9 章是学习条件的章节。生活中总是存在着因果关系。如果有一件事情发生，那就会有其他事情因此而发生。"如果我在考试中取得了好成绩，妈妈就会表扬我。"这就是一个因果关系。本章将学习如何应用这样的场景，并利用它来创建有趣的小游戏（你会看到这是怎么做成的）。

如果你想打印从 1 到 100 的每一个数字呢？如果你想用三四行代码来做这件事呢？第 10 章将学习如何做到这一点，并使用自动化的力量来自动绘制图形和动画。

第 11 章将学习如何在一个地方存储大量的信息。这一章将开始使用 Python 的真正力量。

第 12 章将停止学习并稍作休息，同时根据前面所学的知识来完成有趣的迷你项目。

第 13 章和第 14 章将仔细了解和审视现实世界中的编程，将研究如何使用函数的真正自动化和如何使用对象来解决现实世界中的问题。

第 15 章将学习如何用 Python 来自动操作文件。

从第 16 章开始，将重新投入 Python 的趣味中！第 16 章、第 17 章和第 18 章将深入学习 Tkinter 这个强大的软件包。它可以用来创建基于桌面的应用程序和游戏。你将学习如何使用这个包来创建一个可以向朋友炫耀的绘画应用和一个跟朋友一起玩的井字棋游戏。

第 19 章将重新审视 Turtle 并用它来创建一个有趣的项目。来创建一个贪吃蛇游戏吧。

第 20 章和第 21 章将专注于让你成为一个新晋游戏开发者。这两章中，将学习如何使用 Pygame 来创建很棒的游戏并制作一个可以随意修改数据的太空射击游戏。

第 22 章将了解用 Python 进行网络开发的基础知识。这里虽然不会深入研究，但会进行一个入门的介绍。

第 23 章将继续解决谜题和练习，甚至会再做几个迷你项目！

第 24 章是最后一章。这章将为你提供创意和想法，让你可以开始运用在本节中学到的知识和技能做新的项目和迷你项目，同时也会为下一步可以做的事情提供建议。本书涉及的只是一个开始。Python 还有很多东西，我将为你指出正确的方向，让你继续旅程。

技术审校

阿什温·帕扬卡（Ashwin Pajankar）

拥有海得拉巴国际信息技术研究所（IIIT Hyderabad）科学硕士学位。他在 7 岁的时候就开始接触编程和鼓捣电子产品。BASIC 是他使用的第一种编程语言。他在高中期间逐渐接触到 C、8085 和 x86 汇编语言。他不仅精通 x86 汇编、C、Java、Python 和 Shell 编程，也可以熟练使用树莓派、Arduino 等单片机和微控制器。阿什温热衷于培训和指导。他已经在现场和在线培训课程中培训了超过 60,000 名的学生和专业人士。他不仅通过国际和印度出版商出版了十几本书，还审阅了大量的书籍和教育视频课程。本书是他与出版商 Apress 合作所评审的第五本书，同时他也在写书。不仅如此，他还定期为印度纳西克的软件公司举办编程训练营和实践培训。

他还是一位狂热的 YouTuber，他的频道有超过 10 000 名订阅者，可以在领英（LinkedIn）上找到他。

目录

第 5 章　一起来玩转数字吧

第 6 章　初识 Turtle

轻松学 Python

第 9 章　听从我的命令

第 10 章　初识自动化

第 11 章　大量的信息

第 12 章　乐趣无穷的迷你项目

第 13 章　用函数实现自动化

第 23 章　更多迷你项目

第 24 章　下一步行动想法

第 1 章

你知道吗

本章的前半部分是写给父母的，其余部分是写给孩子的。我希望通过这一章的描述，让你和我一样认识到编程的重要性并将 Python 作为孩子学习编程的第一门语言。如果孩子年龄比较大（10 岁以上），他们可以自己阅读这些主题。本章的后半部分主要针对孩子们，简要介绍可以用 Python 做的各种有趣的事情、本书要帮助他们学到什么以及如何充分用好这本书。

准备好了吗？让我们开始吧。

什么是编程

各种电子设备，笔记本电脑、台式电脑、平板电脑、手机等等，在合理的范围内，只要你想让它做什么，它就做得到。怎么做到的呢？因为每次你让电子设备做一些事情时，设备中与该任务有关的预编码指令集就会在后台启动。这些指令集被称为"代码"。

你会发现，即使是打开一个应用程序或进行计算这样最简单的任务，电子设备也需要一套完整的指令来执行。它们毕竟只是机器，只是由无数个 1 和 0 构成的，不能独立思考，所以通过代码，我们让它们思考。

换句话说，代码是计算机所说的语言，不同的编程语言是它所理解或说的不同语言。你可能知道怎么说英语、法语和普通话，但你可能不知道怎么说意大利语或日语。同样，在数以百计的编程语言中（Python、JavaScript、C、C++、C# 和 Ruby 等），电脑可能只会说几种或者只会说一种，而不懂其他的语言。

为什么孩子要学会写代码

现在知道了什么是编程以及它是如何统治数字世界的，我不需要找很多理由就能够说服你让孩子去学习编程，对吗？

但是，你可能仍然想知道为什么你的孩子需要学习编程以及为什么他们应该现在就开始学习。毕竟，在这个时代，人们在大学里才会学习如何编码，而且只是在他们决定成为一名程序员的情况下。

我想我有几个理由可以说服你，无论有什么样的职业抱负，这个时代的孩子都应该学习编程，以及为什么现在就开始学是一个明智的选择。

编程就像数学一样

三十年前，没有人敢说这样的话，但是，现在时代变了，是的，编程确实就像数学一样无处不在。

在至少 18 岁之前，数学是我们教学大纲中的必修课，但并不是每个人都能成为数学家。那为什么每个人都必须学习数学呢？因为数学贯穿于万事万物中。在日常生活中需要用到基础数学，当然，在大多数职业中也需要。因此，我们学习

了从微积分到代数再到几何学的所有知识，并且非常清楚其中 90% 的知识长大后可能都用不到。

这正是如今编程的情况，一切都被数字化了。从外卖到股票市场预测，每个都有自己的应用程序。计算机已经进入每个领域，包括建筑和制造业这样的传统领域。如今，大多数建筑设备都已数字化，是什么赋予了它们如此大的威力？程序以及成千上万行的代码。

甚至艺术也被数字化了。因此，无论你的孩子进入哪个领域，拥有编程知识都会为他们带来优势。

但除此之外，通过编程，还可以培养逻辑思维和解决问题的能力，进而提高孩子的数学能力。[1]

编程可以提高逻辑思维和创造力

这个说法听起来矛盾，但在这种情况下是真的。孩子创建的每一个代码块都是由逻辑驱动的。

逻辑决定编程，一旦开始自己编程，他们将学会把一个问题分解成几部分，应用逻辑思维来解决每个部分，最后把所有部分组合成一个连贯的解决方案。

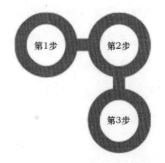

在现实世界中，无论在哪个领域，这都是解决问题的方式，他们将在童年就学会并掌握

1　译注：据报道，12 岁的英国男孩本雅明用 Python 写了一个脚本，把自己画的鲸鱼及挂件进行各种排列组合后，自动生成在区块链上出售所需的信息，整个系列不到 9 小时全部卖完，获得 80 个以太币。据称，他和弟弟在五六岁的时候就开始每天练习编程。

这个宝贵的技能。

但是，说实话，如果只有逻辑的话，孩子很快就会感到厌倦。这就是创造力发挥作用的时候了。世界的运转依靠的是创造力和逻辑，编程也是如此。

在编程中没有什么正确的答案。如果解决了一个问题，如何解决的并不重要。当然，有一些实践是最好的选择，但哪怕让两个程序员解决同一个问题，他们的代码块都很可能截然不同。

因此，在孩子们的编程之旅中，在提出一个解决方案和多个解决方案的同时，他们的创造力也就得到了培养。

两全其美，不是吗？

编程是未来的趋势

实不相瞒，我们正在以惊人的速度向一个完全数字化的社会迈进。一切都是数字化的。应用程序随处可见。人工智能每天都在世界范围内掀起新的浪潮。在我们反应过来之前，就会有人工智能驱动的技术来打扫房子并驾驶汽车了。

难怪编程已经成为当今世界每个人都必修的专业技能，而且对程序员的需求每年都在增加。

因此，编程确实是未来的趋势，通过在年轻时学习编程，你的孩子将比他们的竞争者更具优势。听起来不错，但如果孩子要成为一名机械工程师或者金融分析师的话，为什么还有学习编程的必要呢？

这就回到了我一开始的论点。一切都是数字化的，代码无处不在，在每一个领域都是如此。所以，如果孩子有编程基础，不就马上能从人群中脱颖而出了吗？

例如，一个有编程知识的金融分析师可以自己写一个股票预测应用程序，从而为公司节省大量的资源，或者至少他们可以顺畅地与程序员进行技术讨论，能更好地指导程序员，为老板节省数百个生产时间和来回奔波的次数。

所以，不管孩子将来要学什么，编程都会帮到他们，而且在不久的将来，他们可以有一个能用来赚取额外收入的技能。

在他们十几岁的时候，不需要拿着最低的工资在汉堡店打工，而是可以作为自由软件开发人员，用一半的时间至少就能多赚三到四倍的钱。

或者更好的是，你的孩子可以决定成为一名企业家。如你所知，几乎每一家创业公司都与编程和软件有关，作为一个程序员，孩子可以自己写程序，并轻松地节省用于聘请程序员的几万块钱。

我相信这些都是非常有说服力的论据，足以证明为什么你的孩子需要现在就开始学习编程。

为什么是 Python

好了，现在你已经确信孩子学习编程有好处了，但为什么是 Python 呢？在几十种流行的编程语言中，为什么要从 Python 开始学起？

我认为，Python 是孩子们在现实世界中学习编程的首选，让我来说明原因。

Python 容易上手

嗯，差不多就是这样。孩子们想享受乐趣，如果想让他们学习编程，就必须让他们感到有趣和轻松。Python 就是这样。

使用其他老一代语言创建第一个程序之前，需要学习大量的语法和理论，而 Python 则不同，Python 非常直观。语法很容易理解，逻辑上也很合理。"Print"只是在屏幕上打印东西，很容易记住，对吧？需要死记硬背的东西不多，而且孩子可以从一开始就动手写代码和创作。

对于没有编程知识的初学者来说，这是一种完美的编程语言，而且对孩子们来说更是如此，因为它也很有趣。

Python 有很多内置的适合儿童的模块和库，只需几行代码就能帮助他们绘制图形、创建游戏和有趣的应用程序。

Python 可以做很多事情

现在，不要因为 Python 很容易学习就小看它。它可以用在从网络开发到桌面应用开发到人工智能的所有领域。

Python 非常强大，而与之配套的库和模块则更加强大。所有东西都有附加组件。

可以用 Turtle 创建图形，用 Tkinter 创建漂亮的桌面应用程序（比如笔记本上你最爱用的计算器应用程序），用 Pygame 创建专业的游戏，用 Django 或 Flask 开发完整的网站和网络应用程序，对一大批易于学习的库应用机器学习（人工智能）算法。Python 有着无穷的可能性。

通过从 Python 开始编程之旅，孩子不仅仅踏入了编程世界，还掌握了这个时代最炙手可热的（和薪资最高的）编程语言之一。

并且，随着 Python 的普及以及其广泛用于人工智能等快速发展中的领域，很明显，Python 会一直存在下去，所以孩子的技能在未来也不太可能过时。

从这里开始，后面的内容主要是针对孩子们的。

Python 很好玩

你好呀！所以，你来这里是为了学习 Python。Python 不仅容易上手，而且还带有许多新奇的东西让编程变得有趣。想知道可以用 Python 创建的所有很酷的东西吗？

游戏

谁不喜欢游戏呢，对吧？但是，如果你可以创造自己的游戏然后和朋友一起玩呢？如果做到了，那你就会成为班上最靓的仔。

还有什么呢？你还可以根据自己的想法和需要更改游戏的功能。你想要五条命而不是三条命？没问题，那就再加两条！觉得太简单了或者说你已经厌倦了最高难度了？你完全可以在游戏中加上更多更难的关卡，使游戏变得更加困难，从而给自己一个挑战。你可以自由地对自己创建的游戏做任何想做的事情，甚至可以从朋友那里获得建议并将其应用到游戏中。

只需区区几行代码，就可以修改你一直不满意的游戏或者创造一个全新的游戏与朋友一起玩。

这样的话，你在编程时和事后（玩游戏时）都会玩得很开心。

图形和动画

对于我来说，图形和动画是仅次于游戏的最好的东西。你说呢？

想象一下通过运行一个程序来绘制你实时创建的设计。那动画呢？如果可以创建设计和动画并将其加入到你一直想要创造和玩的游戏中，怎样？

就像我一直说的，可能性是无穷无尽的，只有你想不到的，没有 Python 做不到的。让我们扬帆起航吧！

网页

你使用互联网吗？那么你肯定已经访问过至少 100 个网站了。它们看起来很棒，不是吗？你也可以创建一个和你最喜欢的网站一样的网站呢！

如果学习 Python 的话，就一定可以。

我可不是在谈论简单的网站，而是包含着很多炫酷功能的大型、成熟的网站和网络应用程序。只要通过足够的练习，你甚至可以创建出类似于 Facebook 和 Instagram 这样的网站与应用。

App

Python 附带很多工具，就像你在游戏中使用的工具一样。这些工具在 Python 中被称为库和软件包。在这些库的帮助下，你几乎可以创建任何东西，包括 App。

你用笔记本电脑或者平板电脑吗？它们都带有很多很酷的 App，对吧？有计算器、秒表 / 计时器以及绘画等。

如果你也可以创建和这些一模一样的应用呢？没错，使用 Python 的话，一定可以！事实上，你将在本书中去学习如何创建一些上述的应用程序。有没有感到兴奋呢？

不仅如此，借助于 Kivy 和 PyQt 等软件包，你甚至可以使用 Python 来创建移动应用程序。本书不会讨论这些软件包，但正如你所见，Python 有很多可能性。

好的！这确实是一个长长的清单。Python 的世界奇妙无穷，尽情享受吧！

充分利用这本书

只有本章和最后一章有大量的文字。在其余章节中，我已经尽我所能使内容变得有趣和实用。

你会遇到很多例子来说明和演示我们涵盖的每个主题。同样大量涉及编程，所以建议你和我一起写这些例子的代码，千万不要复制和粘贴（有位大师说过，剪刀加浆糊，谬误之本源），亲自输入所有内容，这样子才能更快熟悉和掌握编程。

每一章都有丰富的练习、谜题和迷你项目，也有详细的分步解决方案。建议在最初的几章中按照所给的解决方案去一步一步解决问题。一旦有了足够的信心，就可以试着去自己解决这些难题和活动，然后使用给定的解决方案去进行交叉验证。

请记住，编程中没有错误的解决方案！如果能够得到想要的结果，就足够了。

本书包括四个顶点项目（大项目）来巩固你的 Python 知识。建议你跟我一起着做这些项目，但请不要止步于此。试着改变各个项目中的变量，让它成为自己的。当然，不要忘记向家人、朋友和老师展示你的项目和成果！

差不多就是这样了。这是一本容易理解的书，所以不要因为页数过多而不知所措，做好准备，让我们开始吧！

小结

这一章是写给父母（前半段）和孩子（后半段）的，我简要说明了什么是编程以及为什么孩子需要在如此稚嫩的年纪就开始学习编程，不管他们未来的抱负是什么。不仅如此，我还给出了令人信服的论据来说明为什么 Python 应该成为孩子们首选的第一个现实世界的编程语言以及孩子可以用 Python 来做什么。本章结束时简要概述了你将从本书中学到的所有内容以及充分利用本书的最佳方式。

在下一章中，将学习如何下载安装 Python 以及如何创建和执行我们的第一个 Python 程序。

 学习成果

第 2 章

一起来安装 Python 吧

本章将更深入地讨论什么是编程以及如何通过它控制各种电子设备。还要研究如何安装 Python。让我们开始吧！

计算机的语言

语言是在两个或更多的人之间用来交流的方式，对吧？但是，如果有人用你不懂的语言和你说话，你能理解他们吗？当然不能。我也不能！

同样，电脑也不能理解它不会说的语言。因此，如果你只是对着电脑用直白的语言指示它打开绘画程序，它不会懂你的。与之相对，如果用它能理解的语言与它交谈，就肯定会得到回应。

编程语言就是计算机能够理解的语言。Python 就是其中之一。如果想让电脑、手机、GPS 或平板电脑做一些事情，就需要给它们指令。

点击"画图"应用程序的图标时，设备如何知道你的确点击了它？它是如何打开那个特定应用程序而不是其他程序的呢？这是因为有程序员可能写了一堆代码，指出当有人点击"画图"图标时，"画图"应用程序应该被打开。如果他们改写了代码，指出点击该图标后应该打开谷歌浏览器，那么在有人点击"画图"图标时，谷歌浏览器就会被打开。

因此，程序员的工作极其重要，他们使设备可以正常工作。他们创造了设备的核心，让设备尽可能完成指令。如果没有他们的代码，你每天使用的设备将只是一堆塑料、芯片和电线，毫无用处。

所以，如果学会了说计算机的语言，你也可以给计算机或任何电子设备下达这样的指令。精通编程后，就可以创建出像"画图"这样的应用程序或像《我的世界》这样的游戏。

开始安装 Python

现在你知道什么是编程了。只是你给电子设备的一组指令，使其按照你的想法行动。

我们开始编程吧！Python 是目前最简单的编程语言之一，是我们将在本书中学习的内容。

不过，在编写 Python 程序之前，需要先在笔记本电脑或计算机中安装。还记得我说过计算机需要先会说这种语言，然后才能理解你在说什么吗？

现在，你的计算机可能还不会说 Python 语言，因为它还没有安装 Python。一旦安装了它，那么你的计算机将在几秒钟内学会这门语言（是的，就是这么快！）。然后，当你用 Python 给它下达指令时，它会理解你的指令并做出相应的反应。简直就像魔法一样！

我将逐步指导你在系统上安装和运行 Python，所以跟我来，好吗？我将针对 Windows 和 Mac 分别提供说明，因此请跳转至与设备对应的说明。

在 Windows 计算机上安装 Python

先看看如何在 Windows 设备上下载和安装 Python 吧。这些步骤适用于 Windows 7 及更高的版本。

下载 Python

接下来，我们来看具体步骤。

1. 在浏览器上打开链接：www.python.org/downloads/。

2. 点击**下载按钮**（图 2-1 中的箭头），下载 Python 安装程序。还记得我说的编码的神奇之处吗？当你打开网页时，它就知道你在使用 Window 电脑，不需要你告诉它。

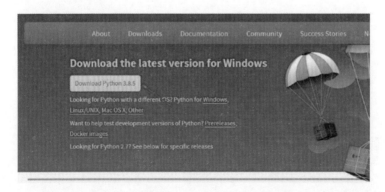

图 2.1　Python 的 Windows 下载页面

在写这本书时，我已经下载了 **Python 3.8.5**，但你可能在下载一个更新的版本。不要担心这个问题。接着，下载最新的版本吧。

安装 Python

Windows 计算机必须安装 Windows 版本的 Python。让我们开始吧。

1. 打开刚刚下载的 .exe 文件。你会看到一个像图 2.2 那样的弹出窗口。

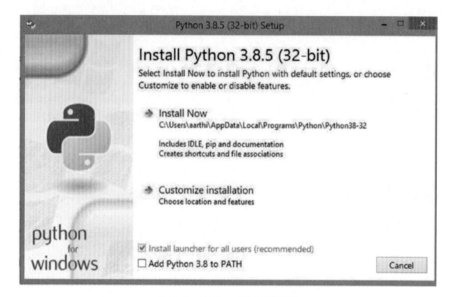

图 2.2　Python 的安装设置

2. 不要忘记勾选 **Add Python 3.8 to PATH 选项框**（图 2.3）。

☑ Install launcher for all users (recommended)
☑ Add Python 3.8 to PATH ◄──

图 2.3　Add Python 3.8 to PATH

3. 一旦勾选了这个选项框，就点击 **install now（立即安装）**。安装会立刻开始，像图 2.4 显示的那样。

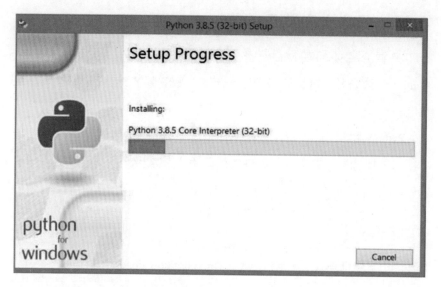

图 2.4　Python 安装过程

4. 等到绿色进度条到达终点，你会看到一条提示，显示 **Setup was successful（安装成功）**，如图 2.5 所示。

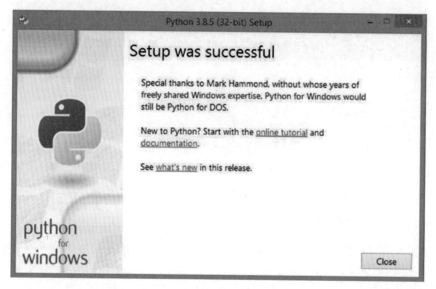

图 2.5　Python 安装成功提示

5. 按下 **Close（关闭）按钮**，就算是顺利完成了在自己电脑上安装 Python 的任务。太棒了！ ☺

在 Mac 设备上安装 Python

接下来要介绍如何在 Mac 设备上下载和安装 Python。如果你有一台 Windows 计算机，并且已经按照上一节的步骤安装了 Python，那么可以跳过这一节。

Python 通常已经预装在所有 Mac 设备中，但你的系统中 Python 的版本很可能比较旧。拥有任何软件的最新版本总是极好的，所以更新一下 Python，好吗？

下载 Python

1. 在浏览器中打开以下链接：www. python.org/downloads/（图 2.6）。

图 2.6　Python Mac OS 的下载页面

2. 点击那个大的黄色 **Download(下载)按钮**，下载 Python 安装程序。还记得我说过编程很神奇吗？现在你将看到它的神奇之处。

注意到没有？当你从 Mac 设备上访问下载页面时，它自动显示"下载最新版本的 Mac OS X"？那是因为 Python 网站的代码读取了你使用的操作系统 (Windows 和 Mac 等)，并给你自动下载了正确的版本。很酷，对吗？

软件包将如图 2.7 所示下载。

图 2.7　下载的 Python 3.8.5 软件包

　　在写这本书时，我已经下载了 Python 3.8.5，但你可能下载的是一个更新的版本。不要担心这个问题，继续下载最新的版本。

安装 Python

1. 打开安装程序，你会看到如图 2.8 所示的界面。

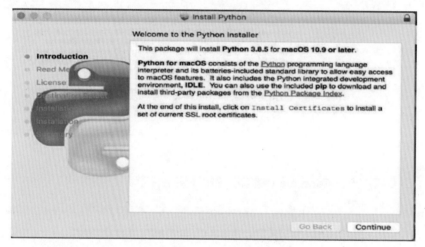

图 2.8　Python Mac 的安装 -Introduction（简介）

　　2. 点击 Continue（继续）按钮，你将看到如图 2.9 所示的界面。

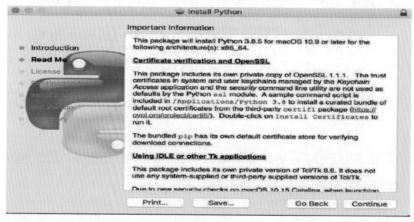

图 2.9　Python Mac 的安装 -Read Me（注意事项）

3. 再次点击 **Continue（继续）按钮**，你将得到图 2.10 所示的页面。

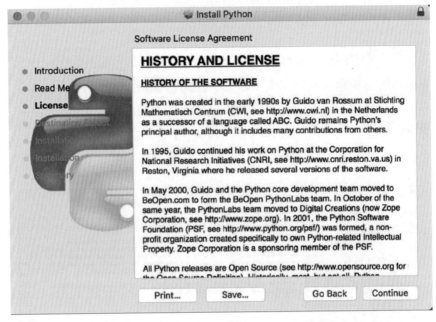

图 2.10　Python Mac 的安装 -License（许可）

4. 再次点击 **Continue（继续）按钮**（图 2.11）。

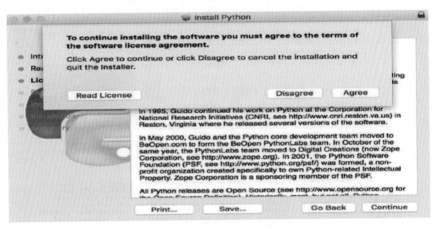

图 2.11　Python Mac 安装 - License agreement（许可协议）

5. 在许可证页面，可能会得到一个类似前面的弹出窗口。点击 **Agree（同意）按钮**，你将得到安装类型页面（图 2.12）。

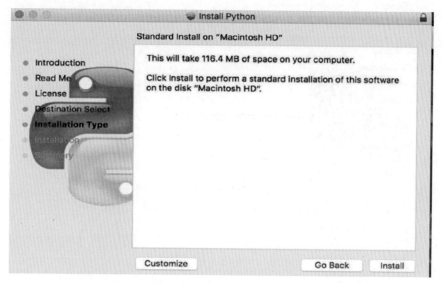

图 2.12　Python Mac 的安装 -Installation Type（安装类型）

6. 就快成功了！ 点击 **Install（安装）按钮**，安装应该会立即开始。在某些情况下，可能会看到一个弹出窗口，要求输入用户名和密码，如图 2.13 所示。

图 2.13　Python Mac 的安装 - Authentication（认证）

7. 输入 Mac 用户名和密码，就可以开始了。如果你使用的是你父母的账户，请让他们帮助完成这一步骤。

一旦完成这一步，你应该看到安装开始了（图 2.14）。

8. 等待蓝条运行到最后，一般不会超过几分钟。一旦完成，Python 包就应该打开了，如图 2.15 所示。

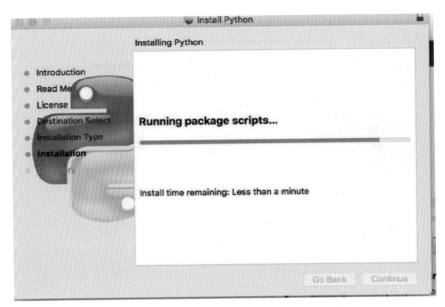

图 2.14　Python Mac 的安装 -Installation（安装）

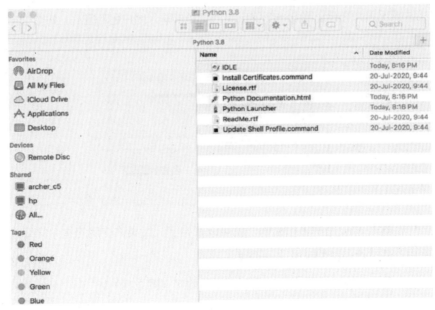

图 2.15　Python 包

　　恭喜！你已经成功下载了 Python！并没有想象中那么难，不是吗？让我们在下一章中体验一下 Python 的乐趣吧。☺

小结

本章学习了如何在 Mac 与 Windows 中下载和安装 Python。下一章将讲解如何在 Python 中创建我们的第一个程序。

学习成果

第 3 章

第一个 Python 程序

本章将介绍如何用 Python 创建和运行程序，并创建
我们的第一个 Python 程序。

Python 程序的创建和运行

好了，Python 已经安装完毕了，开始创建第一个程序吧。不可以直接在 Word 文档或记事本上写 Python 程序。它不是这样玩的。我们需要一个能够理解 Python 代码的特定应用程序。这个应用程序将处理你的代码，并给出你想要的结果。

默认的 Python 应用程序之一叫 IDLE[1]，全称为"集成开发和学习环境"（Integrated Development and Learning Environment），它是由 Python 软件基金会开发的。当你安装 Python 时，它会自动安装（图 3.1）。

1. 在应用程序搜索框（在 Windows 或 Mac 中）里，输入 IDLE（图 3.1）。

图 3.1　Windows 上的 Python IDLE

2. 当打开这个程序时，Python Shell 将会运行。我们将在这里输入 Python 程序并得到输出（结果）（图 3.2）。

```
Python 3.8.5 (tags/v3.8.5:580fbb0, Jul 20 2020, 15:43:08) [MSC v.1926 32 bit (Intel)] on win32
Type "help", "copyright", "credits" or "license()" for more information.
>>>
```

图 3.2　Python Shell

3. 可以在这个程序中改变文本样式。可以增大字体，给文字加粗，并改变字体样式。为了做到这一点，进入 **Options（选项）**，点击 **Configure（配置）** IDLE（图 3.3）。

图 3.3　配置 IDLE

1　译注：据说，Python 自带的这个 IDE，得名于英国超现实幽默喜剧团体 Monty Python 的成员埃里克·艾德尔（Eric Idle），一名喜剧家、演员、歌手、编剧和作曲家。

4. 点击它时，将弹出图 3.4 所示窗口。

图 3.4　Python IDLE 配置窗口

5. 把字体大小改为 29（见红色方框），并选中 Bold（加粗）的选择框，如果它还没有被选中的话。

这就是我们现在所有要改的，但如你所见，选择还有很多。你可以用这些选项以任何想要的方式改变 Python Shell 的文本的格式。

Python 交互模式（Python Shell）

有两种方法可以使用 IDLE 来运行 Python 程序。默认的方法是直接在 Python Shell 中输入代码 (图 3.5)。

```
Python 3.8.5 (tags/v3.8.5:580f
[MSC v.1926 32 bit (Intel)] on
Type "help", "copyright", "cre
e information.
>>> |
```

图 3.5　Python Shell 提示符

看到箭头所指的 >>> 了吗？这就是所谓的 Python Shell 提示符。它让你在提示符后键入 Python 代码，这样它就可以运行代码并给出你所期望的结果。

每次在 Shell 中输入 Python 代码，按回车键后，它就会运行那行代码并执行它。这是非常方便的，因为可以立刻得到结果。

Shell 可以用来做算术

没错。你可以在 Python Shell 中进行数学运算。让我们尝试一些基本的操作，好吗？

我想证明的是，Python 并不像你第一次学习一门外语那样艰难。现在就可以在 Shell 中进行极其复杂的数学计算并得到结果。想看看是怎么做到吗？

让我们先从简单的入手。在提示符处输入以下内容。

```
33+6
```

按回车键，你应该能看到图 3.6 所示结果。

```
>>> 3 + 6
9
>>> |
```

图 3.6　一个简单的数学问题

Python 应用程序刚刚进行了数学运算！太酷了，对吧！接下来试试更复杂的运算。

```
(235 * 542) / (564 + 123)
```

输入并运行这个算式，应该会看到图 3.7 所示结果。

```
>>> (235 * 542) / (564 + 123)
185.40029112081513
>>>
```

图 3.7　它能进行复杂的运算

可以用计算器交叉验证一下这个结果。它是正确的。你可以输入很复杂的算式，而 Shell 在不到一秒的时间内就会"吐"出结果。多试几次看看！

但这就是所有能做的事吗？解决数学题？远不止于此！你甚至可以在屏幕上打印东西，这就是我们接下来要做的。但话又说回来，Python 也并不局限于这个。你可以用 Python 做好多好多有趣的事情。但我可不想从一开始就把你压得喘不过气来，让我们慢慢来，好吗？

用 Python 打印

Python 是一种非常好学的语言。如何证明这一点呢？如果想把东西打印到屏幕上的话，只需使用"打印"命令。在 Python 或任何编程语言中，预先定义的代码 / 命令被称为"语法"。

因此，向屏幕打印信息的语法如下。

```
print('Hello there!')
```

需要在"print"之后紧接着输入左括号和右括号，并在括号内的引号内输入消息。它可以是单引号（'信息'），也可以是双引号：（"信息"）。

运行上面那行代码时，将得到以下结果（图 3.8）。

```
>>> print('Hello there!')
Hello there!
```

图 3.8　打印一条信息

但这里要小心。"print"中的"p"应该是小写的 p。如果使用大写的 p，你将收到如图 3.9 所示的错误消息。

```
>>> Print('Hello')
Traceback (most recent call last):
  File "<pyshell#2>", line 1, in <module>
    Print('Hello')
NameError: name 'Print' is not defined
```

图 3.9　是"Print"而不是"print"

错误消息显示未定义"Print"。那是因为就 Python 而言，"print"与"Print"不同，并且将某些内容打印到屏幕的命令需要使用小写的 p。换句话说，Python 是区分大小写的。所以，一定要按原样使用命令或语法。

敲黑板

Pythin 区分大小写，一定
要原样使用命令或语法。

IDLE 脚本模式

还记得我说过可以用两种方法在 IDLE 中写代码吗？目前已经了解了第一种方法。乍一看好像很简单，但你有没有注意到它有个问题？

在使用 Shell 时，你会得到每一行代码的输出，只要写的是非常简单的代码，就可以正常运行。然而，一旦真正开始编写实际的程序，你就会希望有一个应用程序能够同时处理多行代码并给出最终的结果。实现这一点需要用到脚本模式。

我们来看看这具体是怎么实现的吧。打印同样的语句"Hello there！"，但这次用脚本模式。

点击 **File（文件）** ➤ **New file（新建文件）**（图 3.10）。

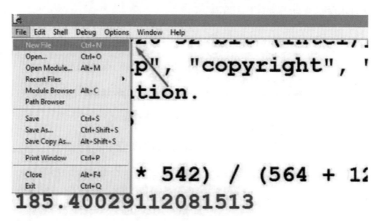

图 3.10 新建文件

一个无标题文件将像下面这样打开（图 3.11）。

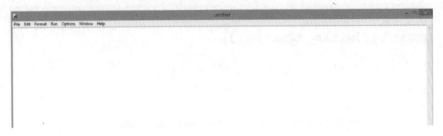

图 3.11　无标题文件

点击 **file（文件）➤ save as(另存为)**（图 3.12），并将文件以 .py 的扩展名保存。.py 表示一个特定的文件中含有 Python 代码，需要以这种方式运行。

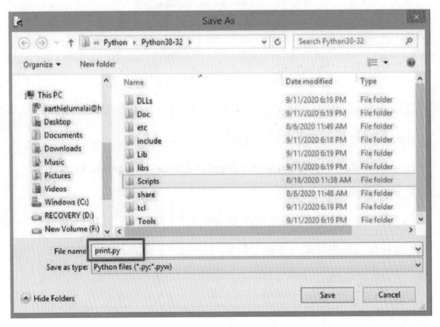

图 3.12　保存 .py 文件

我们给文件命名为 print.py。点击 **Save 按钮**保存文件，你应该看到文件名从 untitled（未命名）变成了 print.py。现在，你可以给文件起任何名字，但一定要确保**文件类型**是"**Python 文件**"或者扩展名是 .py，或者两者都是，好吗？

现在，再次输入代码（图 3.13）。

```
print('Hello there!')
```

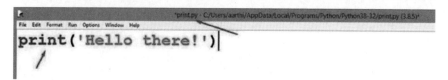

图 3.13　输入一行代码

看！你已经写好了自己的第一个 Python 程序。哦耶！　☺

我们来运行一下，怎么样？

点击 **Run（运行）▶ Run Module（运行模块）**（图 3.14)。

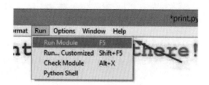

图 3.14　运行这个程序

它将要求你再次保存该代码。点击 **OK 按钮**表示确定。IDLE 应该会再次打开 Shell 窗口，在最下面的一个提示符前，应该能看到打印的结果（"Hello there!"），如图 3.15 所示。

```
= RESTART: C:/Users/aarthi/AppData/Local/Programs/Python/P
ython38-32/print.py
Hello there!
```

图 3.15　output（结果）

现在你已经成功运行了自己的第一个 Python 程序，并得到了第一个结果。哦哦耶耶！　☺

Python 练习：打印名字及其他

现在来完成我们的第一个 Python 练习，打印你的名字。实际上，为什么不把它作为一个小小的自我介绍呢？你将进行自我介绍并在屏幕上打印出来。

不要担心，这并不难做到。我会教你怎么做。让我们创建一个虚构人物，给她取名为苏珊·史密斯。假设她 9 岁了，特别喜欢小狗。现在我们来向全世界介绍她！

打开一个新文件，并将其保存为 introduction.py。你知道怎么做，对吗？

现在，跟着我做。在文件中键入以下内容：

```
print(' 大家好！')
print(' 我的名字是苏珊·史密斯.')
print(' 我今年 9 岁啦.')
print(' 我最喜欢小狗了！:)')
```

我们需要在屏幕上打印出多行，所以创建了多条打印语句。保存刚刚创建的代码并运行它。点击 **Run（运行）➤ Run Module（运行模块）**。

介绍就这样出现在屏幕上了（图 3-16）！

```
========== RESTART: C:/Users/zz432/Documents/python for kids/susan.py ==========
大家好！
我的名字是苏珊·史密斯.
我今年9岁啦.
我最喜欢小狗了！:)
>>>
```

图 3.16　打印在屏幕上的自我介绍

现在，我想让你用这种方式来做一次自我介绍。你叫什么名字？你多大了？有什么喜欢的东西吗？试试吧，把自我介绍打印在屏幕上。很简单的。

恭喜，你现在已经是一名开始展露头角的 Python 开发者了。☺

小结

本章介绍了 IDLE 和它的交互式编程环境。我们在 Python Shell 中尝试解决了一些数学问题，然后创建了我们的第一个打印语句。之后了解了脚本模式以及一次同时编写和运行多行代码的情况。最后用一个练习结束了这一章，在这个练习中，我们做了自我介绍，并将介绍通过多行代码打印到了屏幕上。

下一章将研究如何在 Python 代码中使用数字、对它们进行操作以及更多内容。

 学习成果

第 4 章

Python 喜欢数字

第 3 章学习了如何初步使用 Python。我们研究了如何在 Windows、Mac 和 Linux 系统中下载 Python 的最新版本以及如何用 IDLE 来创建第一个 Python 程序。

本章要介绍如何玩转数字。本章将研究如何在变量中存储数字以及在 Python 中可以处理哪些不同类型的数字。

Python 中的数字

数字在世间万物中都起着非常重要的作用，因此，在编程中，数字同样很重要。你想成为一名顶级的游戏程序员吗？那么，了解数字是必须的。想让球去哪里？镭射枪应该向外星人发射多少颗子弹？子弹的速度应该是多少？角色应该跑多快，或者走多快，或者做任何事情？所有这些以及更多操作，都需要数字来确定。

  而且，一旦开始编程并创建不同种类的程序，你就会注意到数字几乎在每种编程语言中都扮演着重要的角色，不仅仅是在游戏中。

  闲话不多说，我们一起来看看如何在 Python 中创建数字、存储数字和使用数字等。

存储数字

我们之前已经见过 Python 中的数字，还记得吗？在 IDLE Shell 中输入以下内容：

```
3 + 5
```

按回车键，就会得到以下输出：

```
8
```

  在 Python 中玩转数字就是这么简单。但你是否注意到了一个问题？你不能真正对结果或数字做什么。编程是关于自动化的，对吧？但现在并没有什么在自动化的东西。

  我们能做什么呢？嗯，如果能把这些数字存储在某个地方的话，是不是就可以多次使用了？如果把结果存储在别的地方的话，是不是就可以用结果来做进一步的计算了呢？明白我想说什么了吗？

  值可以是数字还是字母或文字，除非开始存储值，不然将无法用编程做很多事情。

听着很有道理，但是如何存储值呢？难道在 Python 中有一个秘密容器，可以把所有你想要的值都存储起来，需要的时候就可以拿出来？不完全是，但你可以创建这样的容器，甚至更好，不是吗？你可以创建名为变量的信息容器，在其中存储想要的值。并且可以创建无数个这样的容器！:O

那应该如何创建这样的变量呢？

看一看你家厨房里的橱柜，可以看到父母做菜所用到的每一种香料都有一个容器，用来装盐、胡椒和糖等常见的烹饪调料。你妈妈可能给容器贴上了标签，对不对？

标签上写着盐的容器里有盐或者可能有一个你妈妈本人才能理解的暗号。

同样，你也要给变量贴上标签，给它们贴标签是有一些特定的规则的，但在这些规则之外，可以尽情地发挥，以任何方式标记变量，只要确保在以后阅读时能理解标签的含义就行。你需要知道自己的容器里有什么，对不对？

创建变量就这么简单。决定一个标签/名称，然后在 Shell 或脚本中输入它，变量就这样创建好了。

但是，如果没有信息存储在里面的话，变量是没有用的，你可以用符号"="来进行存储。我们在数学中使用等号来表示答案，对吧？同样，在 Python 中，我们用它来给一个变量赋值。变量在符号"="的左边，值在符号"="的右边。

下面举一些例子来帮助大家更好地理解。

我们把上次计算中的数字存储在两个独立的变量中，这样就可以随心所欲地重复使用它们了。

打开一个新的脚本文件（你知道怎么做）并将其保存为 numbers.py。

我们将用这个文件来尝试本章中的例子。

```
num1 = 3
num2 = 5
```

我把它们命名为 num1 和 num2，作为 number1 和 number2 的简称，这样一来，回头看代码时，就能记住它们指的是什么。

下面来测试一下 num1 和 num2 是否真的存储了这些数字吧。

把它们打印出来看看。

```
print(num1)
print(num2)
```

当运行前面的四行代码时，会得到下面这样的结果：

```
= RESTART: C:/Users/aarthi/AppData/Local/Programs/Python/
Python38-32/numbers.py
3
5
```

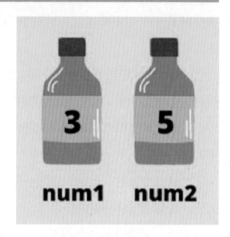

如你所见，这些变量确实存储了数字。所以，程序现在已经创建了两个容器，标签分别为 num1 和 num2，就像贴着盐和糖标签的容器一样。"num1"里面的数值是 3，而"num2"里面的数值是 5。

再深入一点，我们来创建另一个名为 sum 的变量并在其中存储两个数字的总和。

```
sum = num1 + num2
print(sum)
```

现在运行 numbers.py，将得到下面的结果：

```
= RESTART: C:/Users/aarthi/AppData/Local/Programs/Python/
Python38-32/numbers.py
3
5
8
```

完美！"sum"现在是"num1"和"num2"的总和。看到这有多方便了吗？

不止于此，实际上，我们还可以改变这些变量中的任何一个的值！试试改变 num1 ！我将清除脚本文件，保留下面的内容：

```
num1 = 3
print(num1)
num1 = 6
print(num1)
```

正如你在前面的代码中所看到的，我们首先给 num1 分配了 3，然后把 num1 中存储的值改为 6。下面来看看这是否有效吧：

```
=RESTART: C:/Users/aarthi/AppData/Local/Programs/Python/
Python38-32/ numbers.py
3
6
```

没错，真的有效！"num1"原来是 3，但现在里面存储的值变成了 6，如果你打印"num2"，会发现这个值没有变化，还是 5。所以，我们可以改变存储在变量里面的值。现在，一个真正的程序已经有了雏形。

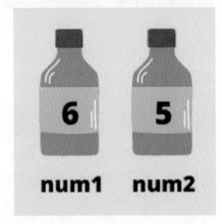

但是，先不要得意忘形。在创建变量时，需要遵循一些规则。不过别担心，这些规则很简单。确保你在创建变量时遵循这些规则，否则会报错的。

我会把规则列出来，以便以后可以参考。

1. 变量应该以字母或下划线 (_) 开头，不能是其他的（数字或特殊字符，如！、#、$、% 等）。

2. 一个变量只能包含字母、数字和下划线（_）。

3. 变量区分大小写。"num1"与"Num1"不同。

很简单，不觉得吗？但我们都不是理论主义者，所以来测试一下这些规则吧，看看它们是否是真的。回到 Shell 提示符，先创建一个遵循规则的变量，然后再打破这些规则，看看会发生什么。

```
_var5 = 1
```

当运行前面的代码时，什么也没有发生。看起来前面的变量被接受了。它以下划线开头，而且里面只有字母和数字。

如果打破第一条规则呢？

```
1var_ = 1
```

哎呀，出现了一个错误提示：

```
SyntaxError: invalid syntax
```

如果变量的开头时是正确的，但没有遵循第二条规则怎么办？

```
var$s = 5
```

错误提示又出现了：

```
SyntaxError: invalid syntax
```

下面来检查一下第三条规则是否也是真。回到 numbers.py，删除文件中所有其他内容，然后输入以下内容：

```
num1 = 3
Num1 = 7
print(num1)
print(Num1)
```

当运行前面的几行代码时，应该会得到这个结果。

```
= RESTART: C:/Users/aarthi/AppData/Local/Programs/Python/
Python38-32/numbers.py
3
7
```

看这个！"Num1"和"num1"中有相同的字母和数字，但是，大小写(N 和 n) 让结果变得截然不同。所以，Python 的变量确实是区分大小写的。

我们已经成功验证了所有的规则，哇噻，太棒了！ ☺

注释

"注释"在中文里是什么意思？对某事发表评论？描述某些东西？和这些意思类似，对吗？

同理，可以给 Python 代码写注释来进行描述。可以把注释写在代码行上、之前或之后。这些注释只是供你自己参考，Python 既不会阅读也不会执行。

只要在输入任何内容之前添加一个"#"（井字符号），该行就会成为一个客端。但是，在开始新的一行时，又回到了常规的编码。由此可以看出，"#"只会创造一行注释。

```
# 这是一条注释
```

你可以用注释来描述代码行，这样之后读前面的脚本时，就能明白当时发生了什么。你也可以在与朋友分享你的代码时加上注释，帮助他们更好地理解。

使用"#"符号时，就创建了单行注释。如果想一次性注释多行呢？

这同样有一个语法。

```
'''
这是
一个
多行的
注释
'''
（或者）
"""
这是
一个
多行的
注释
"""
```

把注释写在三个单 / 双引号内（不要有空格），你就有了一个多行的注释。

数字以不同的形式出现

现在我们知道了变量是如何工作的以及如何用它们来存储数字。在进一步玩转数字之前，我想给你看一些东西。你知道在 Python 中有不同类型的数字吗？

没错，就像在数学中有整数和带小数点的数字一样，在 Python 中也有整数和浮点数（带小数点的数字）。甚至可以让 Python 来检查代码中使用的数字的类型，或者将一种数字类型转换为另一种。现在来具体看看吧。

整数

整数（integer），简称为 int。

让我们再次清空 numbers.py 并使用下面这行代码重新开始：

```
num1 = 3
```

"num1"存储了一个整数 3。任何没有小数点的数字都是整数。

实际上，你可以检查数字是否属于特定类型。Python 中的内置函数可以用来做很多很酷的事情。"内置函数"的意思就是函数已经载入 Python 中，而因为它们是内置的，你不需要知道它们在后台实际上是怎么工作的。你可以直接用它们来获得想要的结果。

例如，有一个名为"type"的内置函数，带有一个小写的"t"，可用于检查数字的类型。让我们找出"num1"中存储了什么样的数字，好吗？

```
print(type(num1))
```

在前面这行代码中，我让 Python 检查 num1 的类型是什么。变量或数字应该在左括号和右括号之间，就像之前在 print() 语句中做的那样。然后，将整个内容放在一个打印语句中，因为我想把结果打印出来，不然就看不到类型检查的结果了。

运行前面的代码，看看我们得到了什么：

```
= RESTART: C:/Users/aarthi/AppData/Local/Programs/Python/
Python38-32/numbers.py
<class 'int'>
```

成功了！它显示的是"int"，这意味着 num1 的类型为整数。

这也同样适用于负数。

```
num1 = -3
print(type(num1))
```

结果仍然会和上面一样。

```
= RESTART: C:/Users/aarthi/AppData/Local/Programs/Python/
Python38-32/numbers.py
<class 'int'>
```

那么可以看出，正整数和负整数都被称为"整数"。现在我们来对其他类型做同样的处理，好吗？

浮点数

浮点数有小数点。即使只有一个小数点，它也会被归类为浮点数。

```
num2 = 5.5
print(type(num2))
```

如果运行前面的几行代码，会得到以下输出。

```
= RESTART: C:/Users/aarthi/AppData/Local/Programs/Python/
Python38-32/numbers.py
<class 'int'>
<class 'float'>
```

看到了吗？最后一个创建的变量中存储了一个浮点数。

同样，正数和负数带小数点数字在 Python 中都被称为"浮点数"。下面来检查一下是不是这样。

```
num2 = -5.5
print(type(num2))
```

得到的结果如下：

```
= RESTART: C:/Users/aarthi/AppData/Local/Programs/Python/
Python38-32/numbers.py
<class 'float'>
```

没错，它确实是个浮点数。

复数

现在来看看复数。你在学校学过复数吗？这些数字有实部和虚部，对吗？如果你还没学过，但很好奇的话，可以自己去了解一下。你可以让父母帮忙进行这项研究。在网上简单的搜索下应该就可以有个大致的了解了。这是一个非常有趣的数学概念。或者你也可以跳过这个部分。这完全取决于你。我们的程序中不会经常使用复数的，所以不用担心。

```
num3 = 2 + 3j
print(type(num3))
```

所以，2+3j 是复数，其中 2 是实数，3 是虚数。如果我们运行前面的几行代码，得到的输出是下面这样的：

```
= RESTART: C:/Users/aarthi/AppData/Local/Programs/Python/
Python38-32/numbers.py
<class 'int'>
<class 'float'>
<class 'complex'>
```

这就对了！最后一个数字是一个复数。实际上，可以分别提取实部和虚部。想知道怎么做吗？

如果想从一个复数中提取实数，输入数字（或包含该数字的变量），然后在后面加上一个句号 (.)，再在后面加上关键字"real"。关键词类似于 Python 中预设的工具 / 方法。它们在后台做一些我们不知道的事情，然后在前台提供输出。下面的例子能够成功提取实数：

```
print(num3.real)
```

同样，如果要提取虚数，应该输入"imag"，而不是"real"：

```
print(num3.imag)
```

运行前面几行代码后，会得到以下输出：

```
= RESTART: C:/Users/arthi/AppData/Local/Programs/Python/
Python38-32/numbers.py
<class 'int'>
<class 'float'>
<class 'complex'>
2.0
3.0
```

看上面的输出中的最后两行。2.0 是实数，3.0 是虚数。它们被提取为浮点数。

正如前文所说，你可以直接写下这些数值。但在这样做之前，需要注意几点。

```
print(3 + 4j.imag)
```

如果试图运行上面的那行代码，会得到很奇怪的输出，像下面这样：

```
= RESTART: C:/Users/aarthi/AppData/Local/Programs/Python/
Python38-32/numbers.py
<class 'int'>
<class 'float'>
<class 'complex'>
2.0
3.0
7.0
```

Python 认为虚数是 7.0 而不是 4.0。为什么呢？是因为 Python 把 3 和 4 相加，得到了 7，然后把 j 加到了 7 后面。因此，复数现在是 7j 而不是 3 + 4j。本章的下一节会讲所有关于"运算顺序"的知识，但是现在，我想让你知道在处理表达式时小括号的重要性。

如果把复数用括号括起来，会发生什么呢？

```
print((3 + 4j).imag)
```

运行前面的代码，会得到下面这样的结果：

```
= RESTART: C:/Users/arthi/AppData/Local/Programs/Python/
Python38-32/numbers.py
<class 'int'>
<class 'float'>
<class 'complex'>
2.0
3.0
4.0
```

很好！我们得到了我们想要的结果。括号让表达式的原貌得以保留。

数字之间的类型转换

你可以把一种数字类型转换到另一种，我们将使用更多的预定义函数（方法）来做这件事。

要想将浮点数或复数转换成整数，可以使用 int() 方法。清空之前的 numbers.py 文件并重新开始。如果想把每个例子都保存下来的话，也可以创建并命名一个新的脚本文件：

```
num1 = 3.0
print(num1)
print(int(num1))
```

在前面的例子中，我在变量"num1"中存储了一个浮点数字 3.0。我首先输入了这个数字，然后，使用 int() 函数将"num1"转换为整数并打印出来。我们来看一下结果：

```
= RESTART: C:/Users/aarthi/AppData/Local/Programs/Python/
Python38-32/numbers.py
3.0
3
```

看到了吗？小数点现在已经消失了。但是，如果在小数点后的位置上加上数字呢？会怎样呢？

把 num1 的值编辑成 3.45，再测试一下：

```
num1 = 3.45
print(num1)
#convert the number to an integer
print(int(num1))
```

运行前面的几行代码，会得到以下结果：

```
= RESTART: C:/Users/aarthi/AppData/Local/Programs/Python/
Python38-32/numbers.py
3.45
3
```

有趣的是。结果仍然是 3，尽管这个数字在加上小数后接近于 3.5。这是为什么呢？这是因为 Python 进行了化整。不管小数点是多少，当做整数转换时，它都要去掉小数点后的单位，保留整数。让我们用 3.9 试试，看是不是这样：

```
num1 = 3.9
print(num1)
print(int(num1))
```

运行上述几行代码，得到以下结果：

```
= RESTART: C:/Users/arthi/AppData/Local/Programs/Python/
Python38-32/numbers.py
3.9
3
```

还是没有得到 4。当进行整数转换时，它只是去掉了小数点，不管小数点后的数字有多大。别担心，以后会学到如何根据小数点的大小进行适当的四舍五入。

现在，把一个复数转换为整数：

```
num1 = 3+4j
print(num1)
print(int(num1))
```

运行前面的几行代码，会得到以下结果：

```
= RESTART: C:/Users/aarthi/AppData/Local/Programs/Python/
Python38-32/numbers.py
(3+4j)
Traceback (most recent call last):
  File "C:/Users/aarthi/AppData/Local/Programs/Python/
  Python38-32/numbers.py", line 3, in <module>
    print(int(num1))
TypeError: can't convert complex to int
```

天哪，出现了一个错误！为什么会这样呢？其实，理论上来讲，把复数转换成整数是不可能的，因为不清楚要提取哪个部分。

但是，只要提取了实部或虚部，就可以把它转换成整数。来试试吧。

先把提取的实数保存在另一个叫"r"的变量中：

```
num1 = 3+4j
# 找到数字的实数部分
r = num1.real
print(r)
print(int(r))
```

在前面的几行代码中，我提取了实数，将其分配给变量"r"，然后将其转换为整数。当运行前面几行代码时，会得到以下结果：

```
= RESTART: C:/Users/aarthi/AppData/Local/Programs/Python/
Python38-32/numbers.py
3.0
3
```

接下来，把一个整数转换为浮点数。需要使用 float() 内置方法：

```
num1 = 3
print(num1)
print(float(num1))
```

当运行前面几行代码时，会得到以下结果：

```
= RESTART: C:/Users/arthi/AppData/Local/Programs/Python/
Python38-32/numbers.py
3
3.0
```

转换成功！

你觉得这对复数适用吗？不，并不适用。我们必须再次提取出实数或虚数，但提取的结果已经是浮点数了，为什么还要再转换它们呢？

现在，把整数和浮点数都转换成复数。必须使用 complex() 函数来完成这个转换：

```
num1 = 3
print(num1)
print(complex(num1))
```

运行前面几行代码，会得到这个结果：

```
= RESTART: C:/Users/arthi/AppData/Local/Programs/Python/
Python38-32/numbers.py
3
(3+0j)
```

看到了吗？它把整数作为复数的实部，虚部是一个 0。

现在，我们用浮点数试试：

```
num1 = 3.5
print(num1)
print(complex(num1))
```

运行前面的几行代码，会得到下面这样的结果：

```
= RESTART: C:/Users/arthi/AppData/Local/Programs/Python/
Python38-32/numbers.py
3.5
(3.5+0j)
```

它把整个浮点数作为复数的实数部分，而虚数部分仍然是 0，是不是很有意思？！

迷你项目 1：你了解数字吗

这不仅仅是一个小型项目，这个活动用来测试你对当前主题的理解程度如何。你理解 Python 中的数字吗？让我们来测试一下！

让我先描述一下问题。我想让你在看答案之前先自己试试。现在我们依旧在基础阶段，所以这个练习不会太难。

问题描述

创建三个变量（num1、num2 和 num3），并分别将数字 3、5.5 和 3+5j 存入其中。然后，将 num1 转换成浮点数，num2 转换成整数。

提取 num3 的虚数，并用它替换 num3，并将其转换为整数。在屏幕上显示这三个转换后的数字。并用注释描述重要的代码行。

答案

这是个很简单的问题，不是吗？别担心，一旦涵盖了更多的主题，你将看到更多复杂但有趣的问题。

接下来是整个项目的答案。

```
# 创建 num1、num2 和 num3，并存储各自的值。
num1=3
num2=3.5
num3=3+5j
# 把 num1 转换成浮点数
num1=float(num1)
# 把 num2 转换成整数
num2=int(num2)
# 提取 num3 的虚数部分并将其放回 num3 中。
num3 = num3.imag
# 将虚数（浮动）转换为整数
num3 = int(num3)
# 打印所有的东西
print（num1）
print（num2）
print（num3）
```

我在注释中描述了我按照题目要求所做的一切。代码和注释一目了然，所以我相信你完全可以理解。你可以尝试用不同的组合和转换来深入理解这个问题。

小结

这一章介绍数字以及它们在 Python 中的使用方法，研究了使用变量存储数字以及能用 Python 创建和操作的不同类型的数字。

学习成果

第 5 章

一起来玩转数字吧

第 4 章简要介绍了在 Python 中使用、创建和存储数字以及可以玩转不同类型的数字。

这一章要学习如何使用数字进行计算以及如何利用 Python 的预定义数字方法来获得真正的乐趣。

数学游戏

我们研究了如何在 Python 中创建和存储数字以及不同类型的数字，但现在还没有用它们来做过什么。

你想玩转数字吗？肯定想吧！

你可以在 Python 中进行几乎所有的数学运算。Python 可以进行两个或更多的数字的加减乘除，不仅如此，还可以使用更不同寻常的计算方法。如果你坚持用老一套的计算方法，那么编程还有什么意思？

你有可以找到除法的余数的运算符。没错，你将不必再经过冗长的计算过程来求余数了。我打赌你的计算器肯定不是这么运行的！

你也可以做数字乘方运算。想找到 5*5*5 等于什么吗？那就是 5 的 3 次方。Python 有一个单个运算符可以用来做这个。随便输入什么数字和幂，都可以立即得到结果。

基本的数学运算

闲话少说，下面来看看 Python 中可以玩转的所有操作吧。我将用一些例子来解释运算符的工作原理。首先清除之前的 numbers.py 文件的内容或创建一个新的脚本文件。

先来看一下加法。你需要使用加号"+"来添加两个数字。如果想加三个数字，就用两次加号"+"，就像数学老师教的一样。

```
num1 = 5
num2 = 7
add = num1 + num2
print(add)
```

运行前面的代码，会得到这样的结果：

```
= RESTART: C:\Users\aarthi\AppData\Local\Programs\Python\Python38-
32\numbers.py
12
```

答案正确！接下来试试更复杂的运算吧！

```
num1 = 55.876
num2 = 100.54
# 将 num1 和 num2 相加
add = num1 + num2
num3 = 1235.583
# 将 num3 的值加到 add 的当前值中
add = add + num3
print(add)
```

我们创建了两个数字，"num1"和"num2"，将它们相加，并将结果存入变量"add"中。然后创建了另一个变量"num3"，并存储了另一个数字。接着将"add"的当前值与"num3"相加，并将其存储回"add"中，然后打印出"add"的最终值。

来看看最后得到了什么。

```
= RESTART: C:\Users\aarthi\AppData\Local\Programs\Python\ Python38-
32\numbers.py
1391.999
```

用计算器交叉验证一下，我敢肯定这就是正确的答案。如你所见，你可以添加多个数字，也可以通过对变量的当前值进行计算，并将其重新存储（在编程中称为"重新指派参数"）的方法来改变变量的值。

我们已经在 Python 中学习了加法、减法、乘法和除法，它们也遵循这样的规则，我们来快速看一下吧。

你需要用减号"-"做减法，用除号"/"做除法，用乘号"*"做乘法。与数学不同，使用"x"或"X"进行乘法运算在编程语言中是行不通的。

```
num1 = 20
num2 = 10
# 加法
add = num1 + num2
print(add)
# 减法
sub = num1 - num2
print(sub)
# 乘法
mul = num1 * num2
print(mul)
# 除法
div = num1 / num2
```

```
print(div)
```

运行前面的代码，会得到下面这样的结果：

```
= RESTART: C:\Users\aarthi\AppData\Local\Programs\Python\ Python38-
32\numbers.py
30
10
200
2.0
```

注意到了吗？其他所有运算（加法、减法和乘法）的结果都是整数，但除法的结果却是一个浮点数。请注意，在 Python 中，除法是会产生小数的。如果没有小数点，数字会以 ".0" 结尾，它仍然是一个小数（浮点数）。

Python 中的特殊数学运算

我们已经讲过了常见的运算符，现在来看看那些特殊的运算符。

需要用两次乘法运算符来进行乘方运算。"**" 是这里需要的运算符。

因此，可以不输入 2*2*2*2，也就是 2 的 4 次方，而是输入 2**4，也会得到同样的结果。如果必须将 2 乘以自己 20 次，输入 2**20 就可以了。这个运算符可以节省很多时间和空间。

下面来看一些例子。

```
exp = 2 ** 4
print(exp)
exp = 2 ** 20
print(exp)
exp = 5.5 ** 3
print(exp)
exp = 5.5 ** 3.5
print(exp)
```

通过前面的代码可以发现，乘方运算也可以用于浮点数。你可以让数字和指数（幂）都是浮点数。来看看结果，检验这方法是否有效。

```
= RESTART: C:\Users\aarthi\AppData\Local\Programs\Python\Python38-
32\numbers.py
16
1048576
```

```
16.5
19.25
```

方法有效！

现在，来求余数。使用求余运算符"%"而不是除法运算符"/"，将得到运算的余数。还记得当你用一个数字除以另一个数字时会发生什么吗？会得到一个商和一个余数。求余运算符也会这样做，但只会求出余数，而不是商。如果想找到相同数字相除的商，请使用除法运算符。

```
# 除法
div = 5 / 2
print(div)
# 余数
r = 5 % 2
print(r)
```

运行前面的代码，会得到这样的结果：

```
= RESTART: C:\Users\aarthi\AppData\Local\Programs\Python\ Python38-
32\numbers.py
2.5
1
```

看到发生了什么吗？第一个结果是除法的浮点值，第二个结果是 5/2 的余数。

但是如果只需要商，而不是带有小数点的完整结果呢？你也有这样的选择！

它用两个正斜杠来表示，像这样"//"，被称为向下取整除法运算符。

该运算符将对你的数字进行除法，并只返回整数，省去小数点。用简单和复杂的例子来尝试一下吧。

```
floor = 5 // 2
print(floor)
```

运行前面的代码，会得到这样的结果：

```
= RESTART: C:\Users\aarthi\AppData\Local\Programs\Python\ Python38-
32\numbers.py
2
```

看看这个结果，我们得到了 2，而不是 2.5。2 是运算 5/2 的商。所以，如果你想分别得到商和余数，就用向下取整除法来得到运算的商，用求余除法来得到余数。

用一个更复杂的例子来测试这是否真的有效：

```
# 除法
div = 100 / 15
print(div)
# 商
q = 100 // 15
print(q)
# 余数
r = 100 % 15
print(r)
```

运行前面的代码，会得到下面这样的结果：

```
= RESTART: C:\Users\aarthi\AppData\Local\Programs\Python\ Python38-
32\numbers.py
6.666666666666667
6
10
```

当你用 15 乘以 6，会得到 90。所以，100/15 的商是 6，余数是 10。我们得到了正确的答案。成功了！

赋值操作

Python 也有赋值操作，可以使事情变得简单。我们已经讲过了其中的一个。还记得等号 "=" 吗？你可以用这个运算符来给变量赋值。

其他的同样非常容易理解，下面来看看吧！

有一个 += 运算符，a+=5 基本上意味着 a=a+5。因此，如果想给一个变量增加一个值，并将其重新指派到同一个变量中，请使用这个操作符。

类似还有 −=、*=、/=、**=、%= 和 //=。

现在来看看下面这些例子。阅读下面几行代码的注释，了解每行代码的作用：

```
num = 5
# 加上 5 并对 num 重新赋值
num += 5
# 答案 -> 10
```

```
print(num)
# 减去 5 并对 num 重新赋值
num -= 5
# 答案 -> 5
print(num)
# 将现在的值乘以 2 并对 num 重新赋值
num *= 2
# 答案 -> 10
print(num)
# 将值除以 2 并对 num 重新赋值
num /= 2
# 答案 -> 5.0
print(num)
# 计算 num 的平方并对 num 重新赋值
num **= 2
# 答案 -> 25.0
print(num)
# 求出 num 除以 3 的商并对 num 重新赋值
num //= 3
# 答案 -> 8.0
print(num)
# 求出 num 除以 3 的余数并对 num 重新赋值
num %= 3
# 答案 -> 2.0
print(num)
```

运行前面的代码，会得到下面这样的结果：

```
= RESTART: C:\Users\aarthi\AppData\Local\Programs\Python\Python38-
32\numbers.py
10
5
10
5.0
25.0
8.0
2.0
```

你有没有发现前面的运算中有一些奇怪的现象？从整数开始，一旦进行除法运算，剩下的结果不管经过什么运算，都是浮点数。我们知道为什么在除法运算中得到的是浮点数，因为除法的结果总是一个浮点数。但是，为什么其余的运算仍然是这种情况呢？

这是因为对浮点数进行运算的结果总是浮点数，即使其他数字是整数。

谁的优先级最高

当涉及到执行数学运算的顺序时，Python 以及其他任何编程语言，都是有优先级的。你在数学课上肯定也学过这个。

还记得 BODMAS 规则吗？基本上是说，括号内的东西先执行，然后是除法，然后是乘法，然后是加法，最后是减法。

虽然 Python 没有明确的运算规则，但有类似的东西。Python 中的优先级规则如下：

- 执行的顺序由从左到右开始
- 括号的优先级最高
- 然后是乘方运算符 **
- 然后是乘法（*）、除法（/）、向下求整除法（//）和求余（%）运算符，它们拥有相同的优先级
- 最后是加法（+）和减法（-）运算符，它们的优先级也是一样的

让我们来测试一下这些规则。

我们来看看表达式 2+3*5。

在 Python Shell 中运行这个表达式，看看会得到什么结果：

```
>>> 2 + 3 * 5
17
```

为什么是 17 呢？如果执行的顺序是从左到右，2+3 不应该先执行，得到结果 5 吗？而结果（5）不应该与 5 相乘，最终结果是 25 而不是 17 吗？

这就是优先级的用武之地了。尽管执行顺序是从左到右，但优先级较高的操作（在本例中是乘法）将被优先执行，然后将结果与第一个数字相加（在我们的例子中）。

如果有括号，会怎么样呢？

```
>>> (2 + 3) * 5
25
```

现在得到的结果是 25，因为尽管加法的优先级比乘法低，但括号的优先级最高，所以它们会优先执行。

如果有两个括号呢？

```
>>> (2 + 3) * 5 * (1 + 2)
75
```

前面的表达式是这样做的：(5) * 5 * (1 + 2) = 5 * 5 * 3 = 75.

当两个运算持有相同的优先级时，要遵循从左到右的规则。现在，你知道了数字的优先级是如何工作的，可以写下不同的表达式并猜测它们在 Python 中是如何执行的，然后再执行它们来验证结果。

数学模块也很酷

Python 是一口永不枯竭的井，你可以用数字做几乎任何想做的事情，并以脑海中的任何方式操纵它们。怎么做呢？有一个很酷的小工具叫 Math module（数学模块）。还记得我提到过 Python 有很多组件可以做很酷的事情吗？这就是其中之一。

有了这个模块，你可以用 Python 做几乎所有想做的事情。你可以求一个数的幂、平方根、向下取整数、向上取整数以及更多。来看看本节中一些最重要的内容。如果想知道更多，在浏览器上快速搜索一下，就能得到数学模块可以进行的所有操作的列表。有许多预定义方法或函数，可以帮助你实现这些事情。

现在让我们开始吧！

你可以找到小数的向上取整数和向下取整数。那是什么呢？你可以把小数的数字四舍五入到它们的整数对应值。但如果使用向下取整函数，就会把数字四舍五入到最低的整数。

创建一个新的脚本文件或者清空之前的文件。

在使用数学模块中的任何预定义方法之前，需要先把数学模块导入脚本文件中，可以使用 import 关键字来做这件事：

```
import math
```

前面这行代码的作用是把数学模块导入到文件中。你有没有注意到，这里写"math"时用了一个小写的"m"？请务必这样做。如果写成"Math"，会得到一个错误提示，因为 Python 对大小写非常敏感。这同样也适用于在 Python 中使用的任何预定义函数或关键字，要在不改变其原本的拼写或大小写的情况下使用它们。

敲黑板

Python 严格区分大小写，任何预定义函数和关键字。都必须拼写、大小写完全准确。

数字的向下取整和向上取整

好了，既然我们已经导入了数学模块，就来进行操作吧。求一个数字的向下取整数的语法是 math.floor(num)，其中"num"是指存储浮点数的变量或数字本身。向上取整是如此，语法是 math.ceil(num)：

```
import math
print(math.floor(5.6))
print(math.floor(5.3))
print(math.floor(5))
print(math.ceil(5.6))
print(math.ceil(5.3))
print(math.ceil(5))
```

运行前面的代码，会得到下面这样的结果：

```
RESTART: C:\Users\aarthi\AppData\Local\Programs\Python\Python38-
32\numbers.py
```

```
5
5
5
6
6
5
```

看看！无论小数点是多少，向下取整法的结果总是最小的整数，在本例中是 5，而向上取整法的结果总是最大的整数，也就是 6。如果对整数进行向下取整或者向上取整的话，数字不会受到影响，会得到相同的数字作为结果。

幂和平方根

接下来，看看幂这一块。还记得我们用"**"运算符来寻找一个数字的幂吗？有一个数学运算也可以做类似的事情。

语法是 math.pow(num,power)。

因此，如果你想找到 5 的 3 次方的值（5*5*5），可以像下面这样做：

```
import math
print(math.pow(5,3))
```

运行前面的代码，会得到下面这样的结果：

```
= RESTART: C:\Users\aarthi\AppData\Local\Programs\Python\Python38-
32\numbers.py
125.
```

结果是一个浮点数。试着用带有小数点的数，看看会得到什么结果。

同样，可以用 sqrt 方法找到数字的平方根。如果 5*5 是 25，那么 25 的平方根就是 5：

```
import math
print(math.sqrt(25))
```

运行前面的代码，会得到下面这样的结果：

```
= RESTART: C:\Users\aarthi\AppData\Local\Programs\Python\Python38-
32\numbers.py
5.0
```

结果仍然是浮点数。

阶乘

你知道如何求阶乘吗？

3 的阶乘是 3*2*1，也就是 6。

5 的阶乘是 5*4*3*2*1，也就是 120。

看到规律了吗？你不必再费力地计算阶乘了。Python 会求阶乘！

```
import math
print(math.factorial(5))
```

运行前面的代码，会得到下面这样的结果：

```
= RESTART: C:\Users\aarthi\AppData\Local\Programs\Python\Python38-
32\numbers.py
120
```

是的，成功了！

正弦、余弦和正切等更多三角函数

如果你知道正弦（sin）、余弦（cos）、正切（tan）和对数（log）是如何工作的，就会发现下面这部分内容很有趣。如果不知道这些概念，不要担心。一旦在数学课上学习了这些概念，就可以回头来看这一部分。

你可以用相关的预定义方法来求 sin、cos、tan 和 log。在开始之前，我想澄清一些事情。我们在任何预先定义的方法中的括号 () 内给出的值 / 变量称为"参数"（argument），我会在后文中这样称呼它们。

```
import math
print(math.sin(2))
print(math.cos(5))
print(math.tan(2))
print(math.log(10,2)) # 第一个参数是数字，第二个参数是基数
```

运行前面的代码，会得到下面这样的结果：

```
= RESTART: C:\Users\aarthi\AppData\Local\Programs\Python\Python38-
32\numbers.py
0.9092974268256817
```

```
0.28366218546322625
-2.185039863261519
3.3219280948873626
```

如果用科学计算器验证，会发现结果和上面是一样的。

这些只是可以用数学模块进行的一部分运算方式，类似于这样的至少还有十几种。

如果感兴趣的话，可以在官方的 Python 文档中查看：https://docs.python.org/3/library/math. html。

更多的数学运算

数学可以带来的乐趣并不只是仅限于数学模块。一些独立函数也可以做到很酷的事情。这些运算不需要导入数学模块就可以进行，但同样也很强大。

想在一串数字中找到最小的数字吗？那就使用 min 方法，把想比较的每个数字作为该方法的参数，用逗号隔开。max 也是如此。

```
import math
print(min(-100,100,40,25.64,200.3452,-253))
print(max(-100,100,40,25.64,200.3452,-253))
```

min 和 max 的数字列表都是一样的，来看看结果：

```
= RESTART: C:\Users\aarthi\AppData\Local\Programs\Python\Python38-
32\numbers.py
-253
200.3452
```

成功了！-253 是最小数，200.3452 是最大数。

如果想在运算中把一个负数转换成正数，就像下面这样使用 abs 方法：

```
print(abs(-100))
```

运行前面的代码，会得到下面这样的结果：

```
= RESTART: C:\Users\aarthi\AppData\Local\Programs\Python\Python38-32\
numbers.py
100
```

随机数

如果不想自己想出一个用于计算的数字，而是让计算机来选择呢？没错，Python 早就替你想到了。

Python 有一个模块叫 random（随机模块），它带有一堆很酷的函数，可以帮助计算机在每次运行时获取一个随机数。

现在来看看这个。需要先导入随机模块，是个带有小写 r 的 random。

如果想在一定范围内获取一个随机数，请使用 randrange() 函数。

```
import random
print(random.randrange(1,11))
```

random 是模块的名称，randrange 是函数的名称。我在第二个参数中给出了 11，因为随机模块会忽略范围内的最后一个数字。所以，如果给出 10，那么就只能获取到 1 到 9 之间的随机数。因为想把 10 囊括进来，所以 11 被作为第二个参数。

运行前面的代码，会得到下面这样的结果：

```
= RESTART: C:\Users\aarthi\AppData\Local\Programs\Python\Python38-
32\numbers.py
10
```

当我再次运行，会得到下面这个：

```
= RESTART: C:\Users\aarthi\AppData\Local\Programs\Python\Python38-
32\numbers.py
2
```

再来一次：

```
= RESTART: C:\Users\aarthi\AppData\Local\Programs\Python\Python38-
32\numbers.py
7
```

当你多次运行同一行代码时，会得到与我不同的结果，自己试试吧。

我们只是初探了随机模块的表面，另外还有更多的内容，例如，可以要求程序从指定的单词或短语中获取一个字母，使用 choice 方法（选择方法）。

```
import random
print(random.choice("Hello there!"))
```

打印前面的代码，你会发现，每次运行程序时，都会获取其中一个字母（包括感叹号和空格）。

你也可以在一个数字列表中选择。后面的章节中将详细介绍列表，但现在只需要知道一个列表容纳一个数据。这个例子中的是一个数字列表，应该把数字写在方括号内，用逗号隔开，像下面这样：

```
import random
l = [1,3,5,7,9]
```

让程序随机在列表中选择：

```
print(random.choice(l))
```

运行前面的代码，会得到下面这样的结果：

```
= RESTART: C:\Users\aarthi\AppData\Local\Programs\Python\Python38-
32\numbers.py
3
```

随后的运行将会带来随机的选择，试试就知道了！

用一个"随机"模块的"随机"方法，可以获取一个 0 到 1 之间的随机浮点数。

```
import random
print(random.random())
```

运行前面的代码，会得到下面这样的结果：

```
= RESTART: C:\Users\aarthi\AppData\Local\Programs\Python\Python38-
32\numbers.py
0.6386828169729072
```

由于 randrange 只获取一个范围内的整数，所以可以用 uniform 来获取一个范围内的浮点数。这里唯一的区别是，这个函数在其结果中考虑了所给的范围。

```
import random
print(random.uniform(1,10))
```

运行前面的代码，会得到下面这样的结果：

```
= RESTART: C:\Users\aarthi\AppData\Local\Programs\Python\Python38-
32\numbers.py
3.7563014275306283
```

迷你项目 2：数的倍数

在这个迷你项目中，我将教你如何用数字方法求一个数字的倍数。比如说，如果想显示 3 在 100 中所有的倍数，那么就可以这样做。

在 Python 中还有一个预定义方法，叫"range"方法（范围方法）。我们通常只有在学习循环时才会了解这个方法（在后面的章节），但我想在这里介绍一下，因为从技术上讲，它是一个数字方法。

range 函数，顾名思义，产生一个范围。你需要把它写成 range(num)，这里全部用小写。

把下面的代码输入 Python Shell：

```
>>> print(range(5))
```

运行前面的代码，会得到下面这样的结果：

```
range(0, 5)
```

另外，你也可以在一个范围内给出开头和结尾的数字，像下面这样：

```
>>> print(range(1,10))
```

运行前面的代码，会得到下面这样的结果：

```
range(1, 10)
```

另外可以用星号"*"打印整个范围。不要把它和乘号混淆。这个运算符用于在某物（在这个例子中，范围）有一个以上的对象（在这个例子中，有一个以上的数字）时打印。

打开脚本并做如下操作：

```
r = range(1,10)
```

现在，变量 r 包含了范围。要打印 r 内的所有内容，即从 1 到 10 的数字列表，可以使用 *，像下面这样。

```
print(*r)
```

在变量前指定 *，这样 Python 就知道你是想打印变量里面的所有东西。也可以写上像下面这样的打印代码。

```
print(*range(1,10))
```

运行前面的代码，会得到下面这样的结果：

```
= RESTART: C:\Users\aarthi\AppData\Local\Programs\Python\Python38-
32\numbers.py
1 2 3 4 5 6 7 8 9
```

是的，搞定！

如果运行下面这样的代码：

```
print(*range(10))
```

会得到下面这样的结果：

```
= RESTART: C:\Users\aarthi\AppData\Local\Programs\Python\Python38-
32\numbers.py
0 1 2 3 4 5 6 7 8 9
```

可以看出，如果不给出一个范围的开头，那么它将打印从 0 开始到范围结束之前的数字。

也可以通过使用第三个参数来跳过范围之间的数字。如果给出 2 作为第三个参数，那么程序将打印范围内的每第 2 个数字。3 作为第三个参数将打印每第 3 个数字，4 将打印每第 4 个数字，以此类推。

```
print(*range(0,10,2))
```

运行前面的代码，会得到下面这样的结果：

```
= RESTART: C:\Users\aarthi\AppData\Local\Programs\Python\Python38-
32\numbers.py
0 2 4 6 8
```

这样只打印出了 0 到 10 之间的偶数。太棒了！你可以通过第三个参数跳过任何想要跳过的数字。

知道了这一切后，你应该能猜到该如何应用这些来解决问题了。我们需要在给定的范围内找到给定数字的倍数，可以用 range() 函数来完成这个任务。

比方说，我们想找到从 1 到 100 中 3 的倍数，并全部打印出来。那么，就是 3、6、9 直到 99。现在只需用一行代码就可以做到这一点。在浏览解决方案之前，要不要先尝试一下？

试过了？好的，现在来看看解决方案吧！

```
print(*range(3,101,3))
```

运行前面的代码，会得到下面这样的结果：

```
= RESTART: C:\Users\aarthi\AppData\Local\Programs\Python\Python38-
32\numbers.py
3 6 9 12 15 18 21 24 27 30 33 36 39 42 45 48 51 54 57 60 63 66
69 72 75 78 81 84 87 90 93 96 99
```

哇哦！太简单了，对不对？

我们把 3 作为第一个参数，因为它是第一个结果：3*1=3。然后指定 101 作为第二个参数，这样 100 就会被包括在内。最后，又把 3 作为第三个参数，因为我们每次都需要跳过三个数字。成功了！ ☺

现在，试试不同的倍数和范围，看看你能做些什么吧！

小结

这一章继续研究数字。我们研究了如何使用 Python 中的不同运算符来处理数字。还研究了使用"数学"模块和预定义函数来进一步玩转数字。最后，我们了解了"随机"模块，并一如既往地用一个迷你项目收尾。

下一章将介绍 Python 中一个非常有趣的概念。我们将研究如何用 Turtle 模块来画图。

学习成果

第 6 章

初识 Turtle

前几章学习了如何在 Python 中玩转数字。了解了 Python 中不同类型的数字、可以做的各种操作以及使用各种模块和预定义方法来享受 Python 的乐趣。

　　本章将介绍 Python 中的另一个模块 Turtle。我们将学习有关 Turtle 模块的所有知识，用它来绘制图形、形状、图案、文本以及更多东西。在本章的最后，还提供了一些很酷的迷你项目。

让我们开始动手吧

你开始感到无聊了吗？那先暂时不看那些理论知识了，好吗？我向你保证过学习 Python 很有趣，现在是兑现这个承诺的时候了。来用 Python 画画吧！想知道怎么做吗？

现在，让我来介绍一个神奇的世界"Turtle"。Turtle[1] 是一个 Python 模块，它带有好多好多工具（预定义方法），你可以用它来在屏幕上绘图。Turtle 能做的事情多得很。

本章将先从 Turtle 的基础知识开始讲起，当进一步阅读本书时，我将向你展示 Turtle 和 Python 的更高级的技巧。

不再会有无聊的项目了！从这一章开始，我们的迷你项目丰富得很。有没有想要跃跃欲试？反正，我很兴奋！

好了，让我们开始吧。

先创建一个新的文件，并给它起个你想要的名字。本章将使用这个文件。但要注意命名！不要把自己的文件命名为 turtle.py，因为你的 Python 安装文件夹中已经有一个 turtle.py 了，用相同的名字命名文件会导致运行它时发生错误。除了这个名字以外，你可以给它起一个自己喜欢的任何名字。我将文件命名为 drawTurtle.py。

在开始之前，我们需要把 Turtle 导入 Python 脚本文件中。还记得吗？Turtle 只是一个附加组件。所以，除非导入它，否则它不会在你的文件中出现。这个过程实际上是非常简单的。只要输入"import"，然后输入带有小写"t"的"turtle"。

```
import turtle
```

好的，棒极了！我们已经把 Turtle 模块导入进脚本文件了。接下来，让我们来创建屏幕。Turtle 可以创建图形，你可能已经注意到，Python Shell

---

1　译注：1966 年，一种专门给儿童学习编程的语言 LOGO 问世，它的特色是指挥一个小海龟（turtle）在屏幕上绘图。后来，海龟绘图被移植到很多涉及编程语言中，比如 Python，基本上原样复制了它的所有功能。

并不完全具备显示图像或绘图的功能。所以，我们要创建能显示图画的屏幕。

　　创建一个变量 s（可以给它起任何想要的名字）。我们将通过使用 Turtle 的预定义函数：getscreen()，从 Turtle 获得屏幕，并将其分配给 s，像下面这样：

```
s = turtle.getscreen()
```

　　现在，变量 s 就包含我们的 Turtle 屏幕了，如图 6.1 所示。运行前面那行代码，看看我们会得到什么。

图 6.1　Python 的 Turtle 屏幕

　　看到像图中间有个黑色标记的弹出窗口了吗？这就是我们的小海龟（在后面的"贪吃蛇游戏"中，我们用 turtle，原因你懂的）。

　　有屏幕了，现在我们来创建海龟吧！不知道该怎么做了吗？别担心。在 Turtle 模块中，海龟（turtle）会在屏幕上绘制你所指示的任何内容，毫不夸张地说。它看起来很酷，你马上就知道了。Turtle 包有另一个预定义函数 Turtle()（turtle 这个词出现得太频繁了，我懂的 :D）。它具有在屏幕上绘画所需的一切工具，例如绘制线条和圆形，还有填色等。现在来获取该函数并将其指派给变量 t，以便稍后在绘制时使用它。

```
t = turtle.Turtle()
```

敲黑板

请记住，Turtle() 函数中的"T"是大写的。

你现在运行代码的话，不会看到任何变化。屏幕还是像上面一样是空白的，但现在已经把一切都设置好了。前三行代码（import、getscreen 和 Turtle()）在每个涉及海龟图形的程序中都是一个常量，所以永远要以那些作为开头，我假设你在跟着做之后例子时已经在一开始就包含了这几行。

让我们画起来吧！

让小海龟动起来

现在什么都已经准备好了，让小海龟向我们希望的方向移动，并在它移动时作画吧！我们如果要让小海龟画一条直线，就需要告诉它这些线的长度和方向。听起来不错吧？我们来看看它是如何工作的。

向前移动和向后移动

下面先用最基本的做下测试，前进和后退。

要向前移动的话，需要使用 Turtle() 函数的 forward() 预定义方法，并且在括号内给出距离。因此，如果想让小海龟向前移动（并画出）100 个点，就要在括号内给出 100，像下面这样：

```
t.forward(100)
```

在前面的例子中，我们给出了 t.forward()，因为 forward() 函数也在变量 t 里面，因为我们把 Turtle() 里面的东西都分配给了它。

保存并运行脚本，得到如图 6.2 这样的结果。

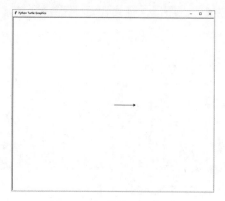

图 6.2　向前移动 100 点

很好！我们得到了一条前进方向的直线，它停在了 100 点，就像我们希望的那样。

如何让它向后移动呢？是的，你猜对了！通过使用 backward() 函数。但是有一个问题。如果现在让小海龟向后移动，它就会在当前这条线上画画，你将看不到任何变化。我们来测试一下。

```
t.backward(100)
```

运行前面的代码，得到下面这样的结果（图 6.3）。

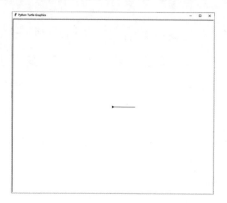

图 6.3　向后 100 点

是的，线条一点儿变化也没有。看到我标记的指向小海龟的起点的红色箭头了吗？我们的小海龟只是回到了那个起点，但它并没有画出任何新的东西。

有一个方法可以解决这个问题。有个叫 home() 的函数可以让 turtle 回到原点（起始位置）。所以，在发出后退指令之前，先用 home() 来让 turtle 回到原位试试。

完整的代码段是下面这样的：

```
import turtle
s = turtle.getscreen()
t = turtle.Turtle()
t.forward(100)
t.home()
t.backward(100)
```

运行前面的代码，会得到如图 6.4 所示的结果。

图 6.4　向前、当前位置和向后

耶！小海龟从起始位置开始，向右（向前）画了一条 100 点的直线，然后回到起始位置（它确实在往回画，但很难看出来，因为和原来的线重叠了），又向左（向后）画了一条 100 点的直线。非常完美。

另外，也可以给出 t.backward(200) 以得到同样的结果。

运行这段代码时，有注意到什么吗？ turtle 真的为你实时画出了这些线条，是不是很棒？

让小海龟改变方向

为了画出适当的形状，不能只在向前和向后的方向画，而是需要改变方向。这就是角度的作用。你在学校学过有关角度的知识了吗？如果没有，请不要担心。让我快速解释一下这个概念。这很简单。

请看图 6.5。

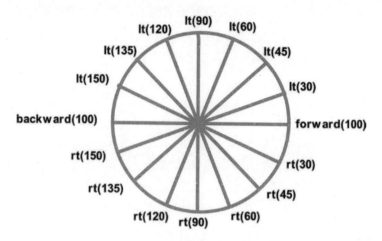

图 6.5　在 Turtle 模块中使用角度来改变方向

在 Python 的 turtle 模块中，角度基本上就是方向。所以，如果想让小海龟从当前位置 (home) 一直向前移动，那么只要说 forward(100) 就可以了。如果想让它直接向上移动，那么首先通过给出 left(90) 或 lt(90) 来改变方向。接着，如果给出 forward(100) 或类似的指令，就会得到一条向上的线，就像我在前面的图片中画的那样。同样，要直接向下移动的话，还是 90 度，但这次是 right(90)。至于其余的方向，可以参考前面的图片，决定需要使用什么代码来改变方向。

可以看到，如果想让小海龟完全转弯，也就是向下画而不是向右画，那么就需要给出 90 度的角度。现在来测试一下吧。我假设你已经输入了那三行必须要有的 Turtle 模块的代码。然后，输入下面的代码：

```
t.forward(100)
t.right(90)
t.forward(100)
```

首先让小海龟在前进方向上移动 100 点，然后让它向右转 90 度，这是一个急转弯（对画正方形和矩形很有用）。现在，小海龟朝下，我们再次让它向前移动 100 点。

运行前面的代码，会得到图 6.6 这样的结果。

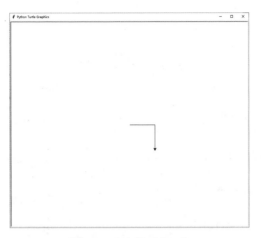

图 6.6　向右移动 90 度

现在向左移动 90 度，看看会得到什么结果。

```
t.left(90)
t.forward(100)
```

运行脚本，会得到图 6.7 这样的结果。

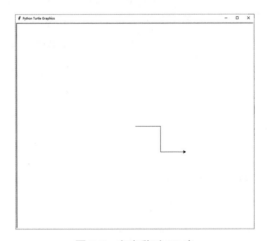

图 6.7　向左移动 90 度

快看，它向左急转弯了。

恭喜！你现在有了 Turtle 模块最强大的四个工具，可以用它们来画很多东西。想从几个很酷的形状开始吗？

先从比较简单的开始，好吗？比如一个正方形，怎么样？

迷你项目 3：画一个正方形

不要马上看答案。在编程中，同样的问题有很多解决方案，所以试着先找到自己的，然后再看我的解决方案吧。☺

我将用非常简单的方式去解决。我将只用向前和向右。正方形的长度和高度将是 100 点。

以下是我要用来绘制正方形的步骤。

1. 先使小海龟向前移动 100 点，然后向右转 90 度。

2. 然后再向前移动 100 点，画出正方形的第二条边，再向右转。

3. 再向前画出第三条边，再向右转。

4. 再次向前，画出第四个也是最后一个面。让我们把前面的方向转换为代码。

```
import turtle
s = turtle.getscreen
t = turtle.Turtle()
t.forward(100)
t.right(90)
t.forward(100)
t.right(90)
t.forward(100)
t.right(90)
t.forward(100)
```

运行前面几行代码，你会看到小海龟正在实时按照我们的指令绘图，如图 6.8 所示。

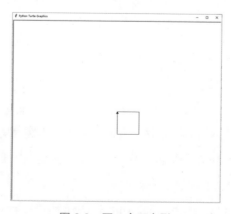

图 6.8　画一个正方形

好耶！我们得到了一个正方形！

最后一个 t.forward(100) 可以用 t.home() 代替，得到的结果是相同的。你不想试试看吗？

迷你项目 4：画一个六边形

我将遵循与正方形相同的规则来画六边形。唯一不同的是要让小海龟每次都转 60 度，因为那是六边形每个角的角度，如图 6.9 所示。

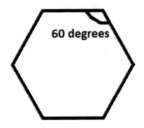

图 6.9　六边形中的角度

另外，我将用 forward 函数 6 次而不是 4 次，因为我要它画出六条边。

看看下面的代码，是不是很容易理解呢？

```
import turtle
s = turtle.getscreen()
t = turtle.Turtle()
t.forward(100)
t.right(60)
t.forward(100)
t.right(60)
t.forward(100)
t.right(60)
t.forward(100)
t.right(60)
t.forward(100)
t.right(60)
t.forward(100)
```

为一个图形输入这么多行代码有点乏味，你不觉得吗？别担心。当之后研究自动化时，我会教你如何用寥寥几行代码绘制想要的任何形状，任何次数。这将是值得期待的，我保证。

运行前面的代码，会得到图 6.10 这样的结果。

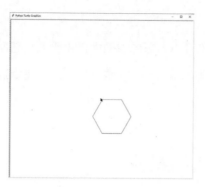

图 6.10　画一个六边形

好耶！我们又成功了！

快捷方式

每次都用键盘输入 forward，backward，right 和 left，有没有觉得很麻烦？

我们可以用缩写，让事情变得简单。用 fd，bk，rt 和 lt 来代替。

让我们用正方形的例子来试试这种快捷方式。

```
import turtle
s = turtle.getscreen()
t = turtle.Turtle()
t.fd(100)
t.rt(90)
t.fd(100)
t.rt(90)
t.fd(100)
t.rt(90)
t.fd(100)
```

运行前面的代码，会得到图 6.11 这样的结果。

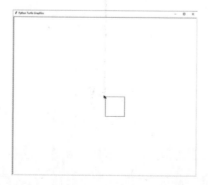

图 6.11　快捷方式：fd，bk，rt 和 lt

成功了，耶！

　　现在，我希望你任由自己的想象力自由驰骋。随便画，任何你想要的都行。只要输入代码，运行它，看看结果，然后看情况做修改。尽显多创造各种形状吧，玩得开心就好！ ☺

移到屏幕上的随机点

现在，你可能已经是让小海龟画直线并通过操纵它们来获得不同的形状的专家了。但这是不是有点儿枯燥呢？基本上画每一条直线都需要写两行代码，向前或向后画，然后向右或向左来改变方向。

　　如果只需要命令小海龟去一个特定的位置并在路上画一条直线，然后它就依言照做的话，是不是就会简单很多？不需要角度，不需要指示它前进，什么都不需要。这样可以节省时间和空间，对不对？

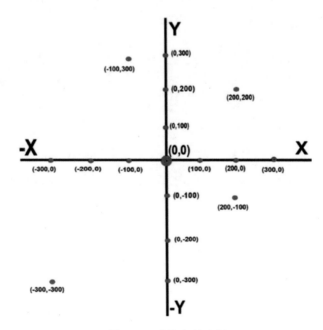

图 6.12　小海龟的坐标

当然可以用预定义函数 goto 做这样的事情。但是，你需要指定想让小海龟移动的点的数量，和前进和后退时不一样，你需要指定想让它移动到的确切坐标。

坐标是什么呢？你在学校里学过吗？如果没有，别担心。我现在会解释的。

请看前面的图 6.12。通常情况下，小海龟的起点（home）是一个标有（0,0）的大红点。第一个 0 指的是 X 值，第二个 0 指的是 Y 值。注意到了吗？这些线被标记为 X、-X、Y 和 -Y。这些被称为"轴"。不要太担心轴和坐标的问题。如果你还没学过的话，只需要知道把小海龟送到哪里就足够了。

X 值在右边的方向正向增加，在左边的方向负向增加。既然你知道了这些，而且也明白了 (x,y) 是坐标的写法，再看一下图，现在是不是明白坐标是怎么写的了？

(200,200) 是它所在的位置，因为 x 在正 200，y 也在正 200。因此，如果给出 goto(200,200)，那么从 (0,0)（小海龟的默认起点）就会画一条线到 (200,200)，这将是一条斜线（图 6.13）。

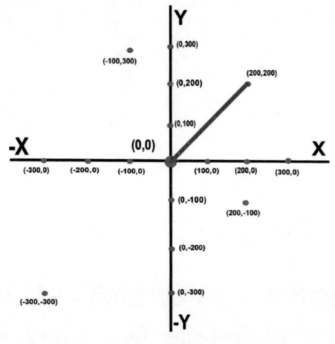

图 6.13 (0,0) 到 (200,200)

用 goto 画一个正方形

好了，现在你知道了坐标是怎么用的，用它来画点什么吧。先来画一个正方形怎么样？

我将从默认的（0,0）开始。我不需要提到这一点，因为默认就是这样的。然后向上移动到(0,100)，接着向右移动到(100,100)，向下移动到(100,0)，最后返回到(0,0)。可以参照坐标图来看看这些点的位置。

现在，我们来写代码吧：

```
import turtle
s = turtle.getscreen()
t = turtle.Turtle()
t.goto(0,100)
t.goto(100,100)
t.goto(100,0)
t.home()
```

t.home() 将使小海龟回到 (0,0) 的位置。

运行前面的代码，会得到图 6.14 这样的结果。

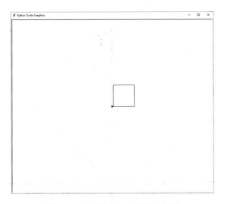

图 6.14　用 goto 画正方形

看到了吗？只用短短 4 行（而不是 7 行）代码，就画出了同样的东西。你可以试试坐标上做文章，绘制更多的正方形或其他形状。

迷你项目 5：画基本款曼陀罗（只用直线）

这个迷你项目将把你的绘画提高到一个新的水平。我们来画曼陀罗，但只是用直线。好吧，我承认。只有线条的曼陀罗并不完美，但好歹还是曼陀罗不是？！所以还是试试吧。我们将在今后的课程中研究如何绘制更复杂的曼陀罗，请耐心等待☺！

让我们开始吧，好吗？首先，画一个正方形作为基底，然后从正方形的每一边画四个倾斜的正方形。

1. 先把基础的东西做好。

```
#Mandala with lines
import turtle
s = turtle.getscreen()
t = turtle.Turtle()
```

2. 现在要创建正方形基底。它将是一个每边有 100 个点的正方形，从点 (0,0) 开始，向上移动到 (0,100) 作为第一边，然后向右移动到 (100,100) 作为第二边，然后向下移动到 (100,0) 作为第三边，最后返回到原点 (0,0) 作为最后一边。

```
# 首先创建正方形基底
t.goto(0,100)
t.goto(100,100)
t.goto(100,0)
t.home()
```

当运行到目前为止的代码时，会得到图 6.15 这样的结果。

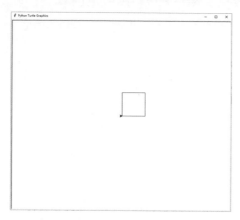

图 6.15　第一步：画正方形基底

3. 接着要画的是第一个倾斜的正方形。

现在，我们的笔在 (0,0) 处。我们将要求它画一条对角线到点 (50,50)（正方形的中心），然后在点 (0,100) 处会合，这将在正方形中画出一个锥形。

```
# 第一个倾斜的正方形
t.goto(50,50)
t.goto(0,100)
```

当运行前面的代码时，会得到图 6.16 这样的结果。

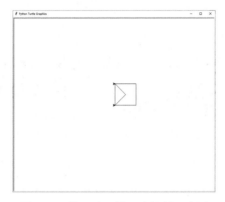

图 6.16　第二步：第一个倾斜正方形

4. 现在，在正方形的外面画上同样的形状，以完成第一个倾斜正方形。
让小海龟走到 50,50 点的正对面，也就是 -50,50，然后再回到原点。

```
t.goto(-50,50)
t.home()
```

完成后，会得到类似图 6.17 这样的图形。

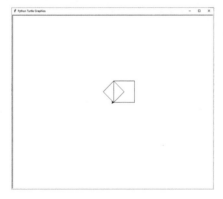

图 6.17　第三步：第一个倾斜正方形的完成版

5. 我们有了第一个倾斜的正方形！耶！现在来做下一个。

第二个很简单，真的。从 0,0 到 50,-50 点（正方形下面），然后在
100,0 处相遇。然后去到正方形的另一边 0,100 处，准备画下一个正方形。

```
# 第二个倾斜的正方形
```

```
t.goto(50,-50)
t.goto(100,0)
t.goto(0,100)
# 准备好绘制下一个倾斜的正方形
```

当运行前面的代码时，会得到图 6.18 这样的结果。

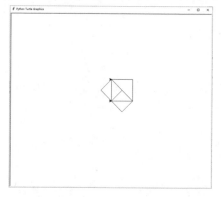

图 6.18　第四步：第二个倾斜正方形

6. 接着从 0,100 点开始画下一个倾斜的边，也就是 50,150。然后回到 100,100，这样再次得到一个锥形。然后，走到正方形的中心 50,50 处时，就会得到第三个倾斜的正方形（图 6.19）。

```
# 第三个倾斜的正方形
t.goto(50,150)
t.goto(100,100)
t.goto(50,50)
```

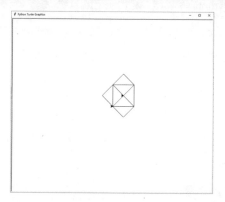

图 6.19　第五步：第三个倾斜正方形

7. 从中心 50,50 开始，到 100,0，这样就可以准备画完第四个倾斜的正方形。到 150,50 来开始画锥形，再到 100,100 结束。

```
#第4个倾斜的正方形
t.goto(100,0)
t.goto(150,50)
t.goto(100,100)
```

当运行整个脚本时，会得到图 6.20 这样的结果。

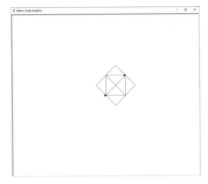

图 6.20　第六步：第四个倾斜正方形

哇哦！我们居然画出了一个基本款的曼陀罗！不过，当学会了 Turtle 模块附带的其他好东西后，你可以把这个形状自定义为自己想要的任何东西！

小结

本章研究了 Python 的图形模块 turtle，讲述了如何使用它通过 forward，backward，right 和 left 来画线以及如何使小海龟到达它们各自的坐标点。本章研究了如何在 Python 中绘制形状，如正方形、长方形和六边形等等，并以两个迷你项目收尾。

在下一章中，我们将进一步了解 turtle 模块，学习如何画圆、点、半圆和弧线以及如何为图形填色以及完成更多有趣迷你项目！

学习成果

第 7 章

深入 Turtle

第 6 章介绍了 Python 中的 turtle 库，研究了如何用 Turtle 函数绘制线条和形状，甚至学习了如何绘制一朵完全由线条组成的曼陀罗。

本章将更深入地了解 Turtle。你将学习如何为设计填色并绘制各种形状、大小和角度的圆和弧。在本章的最后，将学习如何改变画的角度，最后画出笑脸和各种类型的画。

自定义屏幕

没有色彩的图形和图像有什么好看的？现在的屏幕看起来很无趣。它的白色背景看起来很单调，而且屏幕的名字一直显示的是"Python Turtle Graphics"。不过，这都是可以改的。

首先，可以使用 title 方法来改变屏幕标题，但要记住一点。这个函数并不是 t（turtle.Turtle）的一部分。需要在它前面加上 turtle 这个实际的包，像这样。

```
turtle.title('嗨！小海龟！')
```

背景颜色也是如此。你需要使用 bgcolor 方法来改变背景颜色，并在单引号（'）或双引号（"）内指定颜色。

我想把屏幕背景颜色改为红色。

```
Turtle.bgcolor('red')
```

想看看有什么变化吗？看黄箭头指向的地方（图 7-1 中）。现在我们的标题是"Hello Turtle！"，屏幕变成了红色。非常完美。

图 7-1　背景色设置为红色

尝试为屏幕换上不同的颜色或标题吧！

也不必局限于基础的几种颜色。点击这个链接：https://en.wikipedia.org/wiki/Web_colors，你会发现上面有几百种颜色的名称。任由自己的想象力天马行空，自由地驰骋吧！

自定义图形

现在你知道如何改变屏幕的背景颜色了，很好！但图像的颜色呢？彩笔和色彩斑斓的图形是任何一幅艺术品的主要构成元素，不是吗？

所以，你可以改变画笔的颜色（图形的轮廓）和图形的颜色（填充颜色）。还可以为线条设置一个大小，如果觉得小海龟（turtle，笔）绘制的速度太慢的话，也可以改。

要想改变笔的颜色，可以用 pencolor 函数（记得小写）并将颜色的名称作为参数（在括号内给出的内容）。我将使用在上一节中给你的颜色图表中的一种颜色。

同样，要想改变填充的颜色，可以用 fillcolor 函数。可以用 pensize 函数修改笔触的大小（线条的粗细），并给一个数字作为它的参数。数字要大于 2 才能真正看到区别，因为 1 是默认的笔的大小。此外，还可以通过使用 speed 函数来提高速度。默认的速度值为 1，所以只要大于这个值，就可以看到变化。

让我们应用所有这些并看看结果。

```
import turtle
s = turtle.getscreen()
t = turtle.Turtle()
turtle.title('嗨！小海龟！')
turtle.bgcolor('DarkOrchid')
t.pencolor('Salmon')
t.fillcolor('Chartreuse')
t.pensize(5)
t.speed(7)
t.goto(0,100)
t.goto(100,100)
t.goto(100,0)
t.home()
```

好，我将背景颜色指定为"Dark Orchid（暗紫色）"，笔颜色为"Salmon（鲑红色）"，填充颜色为"Chartreuse（橄榄绿）"，笔大小为 5，速度为 7。我还用 goto 绘制了一个正方形。让我们看看它是否有效（图 7-2）。

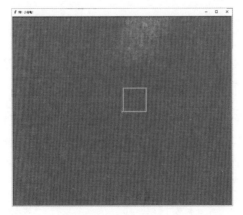

图 7-2　设置笔的速度、大小、颜色和背景颜色

一定程度上算是成功的。笔的速度太快了，以至于这次看不到它画画的过程（无奈）。线条很粗，笔的颜色确实是鲑红色，但填充色去哪里了呢？

这是因为小海龟想让你指出填充应该在哪里开始和结束，使其不至于意外填充一些它不应该填充的地方，比如只是在一个点上连接的两条线。

要想让填充开始的话，需要使用 begin_fill() 方法，想让它结束的时候，需要使用 end_fill() 方法。

所以，在我输入了改变颜色、大小和速度所需的几行代码后，在绘制形状时还要做这些事情：

```
t.begin_fill()
t.goto(0,100)
t.goto(100,100)
t.goto(100,0)
t.home()
t.end_fill()
```

现在，运行程序会得到图 7-3 所示的结果。

好耶，成功了！

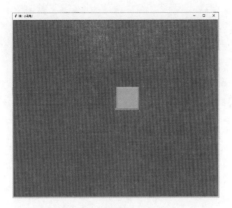

图 7-3 设置矩形的填充色

另外，也可以用快捷键来进行格式化。可以用一行而不是两行代码来指定笔的颜色和填充色，像下面这样：

```
t.color('Salmon', 'Chartreuse')
```

第一个值是笔的颜色，第二个值是填充色。

或者，更好的是，可以用一行来表示所有四个格式选项，像这样。

```
t.pen(pencolor='Salmon', fillcolor='Chartreuse', pensize=5, speed=7)
```

请注意，数字不需要用引号括起来。在脚本中运行前面的这行代码时，你会发现得到的结果完全没有变化。

可以根据需求省略其中任何一个参数（比如 pencolor='Salmon' 就是一个参数）。

在结束这一节之前，我想让你做个尝试。我想让你把速度值定为 0，你认为会发生什么？小海龟会以龟速开始绘制矩形，还是会出乎你的意料呢？试试看呗！ ☺

直线以外的形状

到目前为止，我们一直在研究画线，但如果想画一个圆形怎么办？这同样有个预定义函数。它被称为 "circle"，你得在括号中给出半径作为参数。半径决定了圆的大小。

现在来试一试，好吗？

圆

```
s = turtle.getscreen()
t = turtle.Turtle()
t.circle(100)
```

我用了很简单的代码。运行前面的代码，会得到图 7-4 这样的结果。

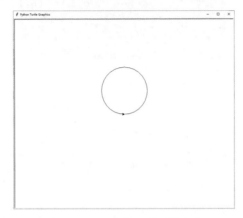

图 7-4　画一个圆：逆时针方向

如你所见，小海龟从默认的 0,0 位置开始按逆时针方向（向左）画圆，所以圆被画在 0,0 位置的上方。

如果我给半径一个负值，它就会按顺时针方向画，也就是在 0,0 的位置下方。让我们来试试看。

```
t.circle(-100)
```

运行以上代码，会得到图如 7-5 所示的结果。

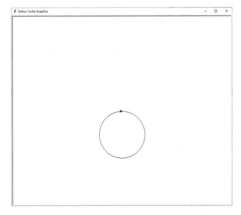

图 7-5　画一个圆：顺时针方向

前面用于自定义直线的颜色与大小的代码同样也可以用来自定义圆形。

作为一个小练习，我想让你用不同的颜色画不同的圆，看看会怎样。

圆点

你可以用 dot 函数画一个点。它就是一个用笔的颜色来填充的圆，或者可以在第二个参数中给出一个喜欢的颜色。

```
t.dot(100, 'Salmon')
```

运行以上代码，会得到图 7-6 这个结果。

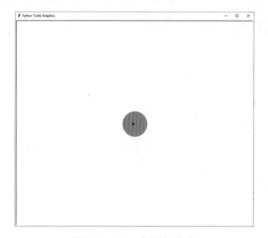

图 7-6　画一个彩色的点

注意到了吗？圆的大小要比点大得多。因为我们在 dot 函数中给出的值实际上是直径，而不是半径。所以，在相同的值的条件下，圆将是点的两倍大。

弧线

现在，让我们来画一个弧线。弧线是圆的一部分，对吧？所以，我们仍然要使用 circle 函数，但是要添加更多的参数，让 turtle 知道它应该只画一部分圆（弧线）。

你知道角度是如何工作的，对吗？如图 7-7 所示。

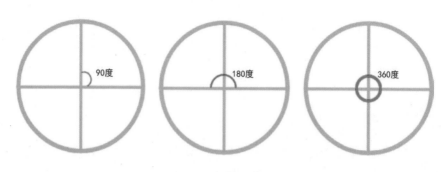

图 7-7　圆中的角度

　　360 度构成一个圆，所以如果想要一个半圆的话，只需要 180 度。要一个四分之一的圆（弧）的话，则是 90 度。现在来先画一个半圆。

```
t.circle(100,180)
```

　　运行以上代码，会得到图 7-8 这样的结果。

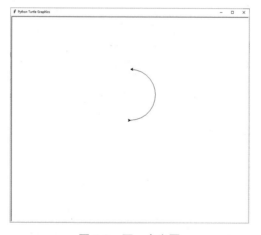

图 7-8　画一个半圆

　　当给出 -100,180 的值时，会得到同样的弧线，但在 0,0 的下方。给出 100,-180 的话，你会看到第一个弧线的镜像，而给出 -100,-180，你会看到同样的镜像，但在 0,0 的下方。

　　如果给出的角度是 90 度，就会画出四分之一的圆。试着改变角度来获得不同大小的弧线吧！不要只局限于在 90 或 180。从 0 到 360 的所有角度都可以试试。好好玩！ ☺

更多选项

我们还可以用 Turtle 模块做很多事情，但由于这一章只涉及相对基础的东西，所以在开始做项目之前，我只简单介绍几个。有时，你可能想在屏幕上的不同的地方，画不止一个形状或图形。这样的话，就需要有种方法来让笔移动到新的位置，而在移动过程中不画任何东西。到了新的位置之后，笔才应该重新开始绘画。方法 penup 和 pendown（都是小写）可以帮助做到这一点。

当向小海龟发出 penup 指令时，是在要求它把笔从屏幕上拿开。它就不会再画画了，但它会根据指令 forward，backward 和 goto 移动位置。指令 pendown 的作用则完全相反。如果想让笔再次开始作画，就给它一个 pendown 指令。这个指令只有在 penup 指令在生效的情况下才会起作用。

另外，可以在程序绘制完图形后使用 hideturtle 函数，让小海龟在屏幕上隐藏起来。我相信你在得知这个方法后会松一口气的，至少我自己是松了口气。小海龟在图像上看起来一点也不好看！

我知道我刚刚噼里啪啦地说了一堆各式各样的方法，你可能会感到有点不知所措。那么，我们现在来把刚刚学到的东西用于测试，好吗？先画一个正方形，再画一个圆形，在屏幕的不同侧面，最后把小海龟隐藏起来，好吗？

1. 我打算在程序的开头（在像往常一样设置好）使用 penup，然后将画笔送到位置（-200,200）。一旦就位，就给出 pendown 指令，因为接下来要画矩形了。

```
import turtle
s = turtle.getscreen()
t = turtle.Turtle()
t.penup()
t.goto(-200,200)
t.pendown()
```

2. 然后为矩形设置填充颜色为蓝色。

```
t.fillcolor('blue')
```

3. 接下来使用常规的代码行来绘制矩形。

```
# 绘制矩形
t.begin_fill()
t.goto(-100,200)
t.goto(-100,100)
t.goto(-200,100)
t.goto(-200,200)
t.end_fill()
```

4. 画好之后，我需要再次改变位置来画圆。所以，再次使用 penup，到 (200,-200)，也就是屏幕的另一边，然后 pendown。

```
# 再次移动笔
t.penup()
t.goto(200,-200)
t.pendown()
```

5. 将红色作为圆的填充色。

```
t.fillcolor('red')
```

6. 然后画一个半径为 50 点的圆。

```
# 画个圆
t.begin_fill()
t.circle(50)
t.end_fill()
```

就酱（这样）！我们在屏幕的两边有了两个图形！ ☺

7. 最后，我将使用 hideturtle() 函数来把小海龟藏起来，否则它还会停留在圆上。

```
t.hideturtle()
```

现在运行程序时，会得到以下结果，如图 7-9 所示。

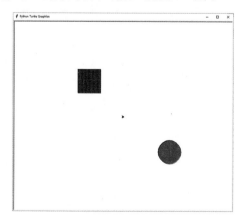

图 7-9　把 "t" 小海龟隐藏起来

如果只写 t.hideturtle() 的话，那么就只会隐藏其中一个小海龟（自己画出来看看是不是这样）。但你一定注意到小海龟有两个。一个在原点（0,0），它与 Turtle 包本身有关，还有一个（T 的预定义函数 Turtle()），它负责绘图。

所以，我们需要重复两次 hideturtle()。我们已经为 t 写了 hideturtle()。让我们为 turtle 包再写一次吧。

```
turtle.hideturtle()
```

添加了前面那行代码后，再次运行脚本，如图 7-10 所示。

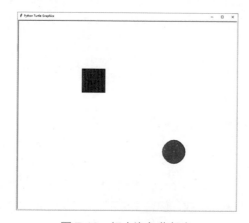

图 7-10　把小海龟藏起来

看见没？！屏幕中间的小海龟也消失了。太好了！

在屏幕上绘制文字

到目前为止，我们已经画了各种各样的图形，但不包含一些文字的图像是不完整的，对不对？想做到这点也很简单。想了解一下吗？

要输入一个简单的文本，只需使用 Turtle 的 write 方法并指定想要显示的文本，像下面这样：

```
import turtle
s = turtle.getscreen()
t = turtle.Turtle()
t.write(' 你好！ ')
```

运行后得到图 7-11 这样的结果。

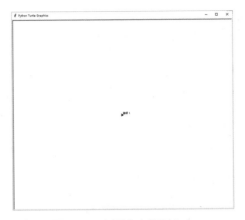

图 7-11　在屏幕中绘制文字

这字也太迷你了，真是可爱到没有存在感！我们能用任何方式来处理这个文本吗？当然可以啦。

让我们先把文本放在某个地方。

```
t.penup()
t.goto(200,200)
t.pendown()
```

现在，让我们再画一次，但有少许不同：

```
t.write(' 你好! ', move=True)
```

默认情况下，移动参数是 false。如果把它设为"true"，你会看到文本下面的箭头被画出来，像图 7-12 这样。

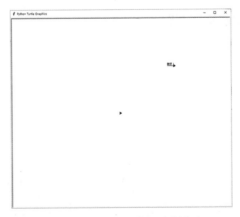

图 7-12　在不同的位置绘制文字

现在你可能还看不出有什么区别，因为文本太小太少了。

　　文字还是太小了！让我们添加一些文字样式，好吗？你知道你可以在文本上应用不同的字体样式，对不对？有宋体、黑体、楷体等等一大堆样式。在搜索引擎上简单搜索一下就能找到一个字体清单。

　　我打算用宋体。不仅如此，我还可以放大或缩小字体大小和改变文字类型。让我们都来试一遍吧！

　　再次改变位置，为将要绘制的"大号"文本腾出空间。

```
t.penup()
t.goto(-200,200)
t.pendown()
```

　　现在的 X 位置是 -200，而不是 200。

　　现在开始绘制文本。

```
t.write(' 你好! ', move=True,
font=(' 宋体 ',40,'normal'))
```

　　你注意到上面代码中的一些东西了吗？我已经提到了"字体"下的所有样式，它们都在一个组合括号内。 此外，字体样式（'宋体'）和类型（'normal'）要包含在引号内（可以是单引号或双引号）。现在运行上面的代码，会得到以下结果，如图 7-13 所示。

图 7-13　改变文本样式

　　可以通过使用 pencolor 工具来改变文本的颜色。

```
t.pencolor('Red')
```

　　也可以通过将文本作为数值与其他字体值一起加入，使文本变成粗体、斜体和下划线，像下面这样：

```
t.write(' 你好呀 ', move=True, font=(' 宋体 ',40,'normal','bold','it
alic','underline'))
```

运行上面的代码，结果如图 7-14 所示。

图 7-14　改变文本颜色

看起来真不错！☺

🎲 迷你项目 6：正方形中的内切圆

这是一个简单的项目。在这个项目中，我们要在正方形内画一个内切圆。

　　1. 让我们先设置一下 Turtle。我没有在这个程序中设置速度，但你可以这样设置。

```
import turtle
s = turtle.getscreen()
t = turtle.Turtle()
```

　　2. 接下来将正方形的填充色设为'red'，笔的尺寸设为 5。 我会先画正方形，然后再画其中的圆。

```
# 为正方形设置填充色和笔刷粗细
t.fillcolor('Red')
t.pensize(5)
```

　　3. 现在来画一个正方形。先到 -100,-100 的位置，这样就可以围绕屏幕中心（0,0）画圆了。

```
# 画一个正方形
t.penup()
```

```
t.goto(-100,-100)
t.pendown()
t.begin_fill()
t.goto(-100,100)
t.goto(100,100)
t.goto(100,-100)
t.goto(-100,-100)
t.end_fill()
```

4. 现在，为了将圆心设置为 0,0，我指令笔移动到 0,-100 的位置，这样的话，从这个点开始，以逆时针方向（默认方向）绘制 100 点半径时，圆心将是 0,0。我将圆的填充色设置为 'blue'。

```
# 设置位置，使圆的中心为 0,0。
t.penup()
t.goto(0,-100)
t.pendown()
# 画圆
# 颜色和大小
t.fillcolor('Blue')
# 圆
t.begin_fill()
t.circle(100)
t.end_fill()
```

最后把小海龟藏起来。

```
t.hideturtle()
turtle.hideturtle()
```

现在运行整个代码，看看是否会得到想要的东西，如图 7-15 所示。

呼！成功了！ :D

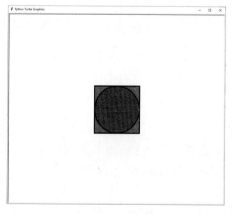

图 7-15　正方形中的内切圆

改变绘图方向

到目前为止，我们学过的改变方向的唯一手段是使用 right() 和 left() 方法。但是，在创建弧线的时候，你可能想要改变笔的角度，这样就可以把弧线放在你想要的地方，或者一个斜着的微笑？

Turtle 模块提供的 setheading() 方法可以做到这一点。先看看什么是 heading（方向）吧。heading() 方法给出了笔在某个特定时间的角度。

```
import turtle
s = turtle.getscreen()
t = turtle.Turtle()
print(t.heading())
```

运行前面的代码时，会得到下面这样的结果：

```
= RESTART: C:\Users\aarthi\AppData\Local\Programs\Python\Python38-
32\drawTurtle.py
0.0
```

现在，笔的角度是 0，这意味着它会在水平方向上绘图。但是通过 setheading()，这个角度是可以改变的。

让我们把它变成 90 度试试。只要在括号里写上到这个角度就可以了。

```
t.setheading(90)
```

现在让我们检查一下 heading。

```
Print(t.heading())
```

运行前面的代码，会得到下面这个结果：

```
= RESTART: C:\Users\aarthi\AppData\Local\Programs\Python\Python38-
32\drawTurtle.py
90.0
```

真不错，heading 是 90 度。这究竟意味着什么呢？要不要画一条线来检验一下？

```
t.pensize(5)
t.forward(100)
```

运行前面的代码后，结果如图 7.16 所示。

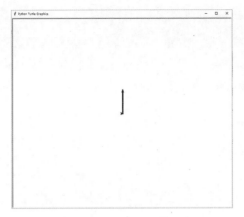

图 7-16　将 heading 设置为 90 度

看到了吗？它画了一条向上的线，所以当 heading 为 90 度时，笔是指向上方的。你已经知道了每个角度的位置，所以你可以通过 setheading() 来猜测你的笔在每个角度变化时的指向，但是让我们用一个小程序来演示一下，好吗？我们重新开始，请打开一个新的脚本或者清空你现在使用的脚本。

1. 先从设置 turtle 开始。我将打印出当前的 heading（程序开始运行时为 0 度，指向右方）。我还把笔刷粗细增加到 5，速度也增加到了 5。

```
import turtle
s = turtle.getscreen()
t = turtle.Turtle()
print(t.heading())
t.pensize(5)
t.speed(5)
```

2. 现在，我将使钢笔以当前的度数向前画 100 点。一旦画完，我将使用 heading() 方法让笔写下当前的度数。然后提起笔，回到 (0,0) 重新开始。

```
#0 degrees
t.forward(100)
t.write(t. heading())
t.penup()
t.home()
t.pendown()
```

3. 现在，把 heading 改为 90 度 (指向上方) 并向前画，重复刚才的操作。

```
#90 度
t.setheading(90)
t.forward(100)
```

```
t.write(t. heading())
t.penup()
t.home()
t.pendown()
```

4. 这次是 180 度（指向左边）。

```
#180 度
t.setheading(180)
t.forward(100)
t.write(t.heading())
t.penup()
t.home()
t.pendown()
```

5. 这次是 270 度（方向向下）。

```
#270 度
t.setheading(270)
t.forward(100)
t.write(t.heading())
```

6. 最后，把 turtle 隐藏起来。

```
t.hideturtle()
turtle.hideturtle()
```

运行以上代码，结果如图 7.17 所示。

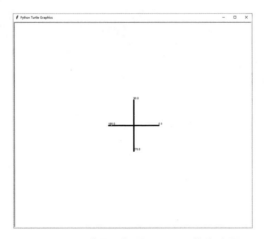

图 7-17　一个用于设置 heading 的角度图

看到使用 setheading() 的意义了吗？你可以把角度设置为任何想要的点。现在，我们只是把它设置为绘制垂直或水平线。你可以试着改变角度，看看会怎样。

⚃ 迷你项目 7：笑脸

在这个项目中，让我们迈出全新的一步，好吗？来一起画个笑脸吧！

1. 先设置好 Turtle 包。如果喜欢，你可以改变速度。

```
import turtle
s = turtle.getscreen()
t = turtle.Turtle()
```

2. 接下来，我让画笔移动到 0,-100 的位置，这样就可以中心在 0,0 的圆，也就是我们的脸。这可以让我更好地计算出眼睛、鼻子和嘴巴的位置。

```
# 来画个笑脸吧
# 准备就位
t.penup()
t.goto(0,-100)
t.pendown()
```

3. 现在开始画脸。填充色为黄色，笔刷大小为 5，圆的半径为 100 点。

```
# 开始画笑脸
# 颜色和大小
t.fillcolor('yellow')
t.pensize(5)
# 圆
t.begin_fill()
t.circle(100)
t.end_fill()
```

4. 接下来要画眼睛。眼睛的位置是我在经过了数次试验和错误后找出的。你可以在自己的程序中使用同样的方法或者改变位置，看看会得到什么，然后自己决定位置（我推荐你这样做）。

我要让画笔移动到 -40,30 的位置来画左眼，画一个直径为 30 的黑点。

```
# 开始画眼睛
# 第一只眼睛
t.penup()
t.goto(-40,30)
t.pendown()
t.dot(30)
```

5. 然后，到 40,30 的位置 (同样的水平线，相反的 X 值) 画右眼，它仍然是一个直径为 30 的点。

```
# 第二只眼睛
t.penup()
t.goto(40,30)
t.pendown()
t.dot(30)
```

6. 接下来画鼻子。这时，将圆心放在 0,0 处的重要性就体现出来了，因为笑脸要从 0,0 处开始。我们画一条从 0,0 到 0,-30 的直线。

```
# 开始画鼻子
t.penup()
t.goto(0,0)
t.pendown()
t.goto(0,-30)
```

7. 最后这个部分最棘手。我们要画微笑的嘴。让 turtle 走到第一只眼睛的 X 位置，也就是 -40，但把 Y 的位置改为 -40。同样，我也是经过反复试验才找到这个令我满意的值的。试试自己找出合适的值吧！

```
# 画一个微笑的嘴
# 移动到第一只眼睛的 X 位置，但 y 位置不同
t.penup()
t.goto(-40,-40)
t.pendown()
```

8. 微笑是一个半圆，对不对？但如果你试图像现在这样画一个半圆（尝试），你会得到一个歪斜的微笑，而不是一般的笑脸上看到的那种微笑。这就是设置 heading 的意义。我们需要改变笔的角度，这样就能以我们想要的确切角度来画半圆了。现在把角度改为 -60。别感到困惑！这和把角度设置为 120 度是一样的（你可以使用其中任意一种）。

接下来，画一个角度为 120 度的半圆，这样它不完全是一个半圆，但也不是一个四分之一圆，而是介于两者之间的形状。

```
# 改变笔的角度 (turtle)
t.setheading(-60)
t.circle(40,120)
```

最后，把小海龟藏起来吧！

```
# 最后把 turtle 藏起来
t.hideturtle()
```

```
turtle.hideturtle()
```

呼！花了不少时间呢。现在运行代码并检查一下我们的努力是否取得了成果（图 7-18）。

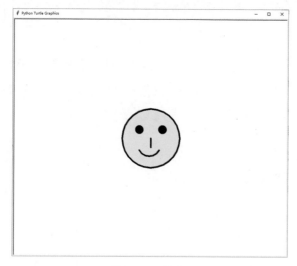

图 7-18　笑脸

耶！这个笑脸多可爱呀！你为什么不去试试创造不同的笑脸呢？比如说一个悲伤的笑脸、发愁的脸或者大笑的脸。有了所需要的各种工具（goto，setheading，等等），你现在可以创建任何图像，而不仅限于表情了！

小结

本章深入挖掘了 Python 的 Turtle 模块。我们学习了如何使用颜色，绘制弧线、圆和点，并操作它们的方向和大小，最后学习了如何在屏幕上绘制文本。

下一章将深入了解字符串，学习如何创建和使用它们以及 Python 为你提供的各种预定义的字符串方法，最后，一起用它们创造一些魔法吧！

 学习成果

第8章

玩转字母和单词

前几章中，我们从 Python 基础知识的学习中抽身出来，学习了有关 Turtle 模块的许多知识，并学习了如何用它来绘制直线、用直线组成图形、绘制圆形、曲线甚至是文本。最后用一系列炫酷且五颜六色的迷你项目做了收尾。

这一章中将回到 Python 的基础知识，学习字符串，内容包括：字符串是什么；如何创建字符串；如何使用 Python 中的各种预定义函数来操作它们；如何从程序的用户那里获得直接输入和使项目更加动态。我们将一如既往地通过一些迷你项目来结束这一章的学习，现在我们可以用 Turtle 模块来为项目增添色彩了。

什么是字符串

字符串……字符串……字符串。对于如此简单的东西而言，这个词听起来有些复杂。字符串就是字母和数字串在一起。句子、短语和单词，它们都是字符串。单个字母也可以是字符串。

还记得打印语句吗？我们刚开始使用 print() 函数时，在括号内的引号内写了一句话："Hello there！"对吧？

那就是个字符串。打印语句中通常含有字符串。但这并不是全部，变量中也可以存储字符串，就像存储数字那样。

现在明白了什么是字符串后，就来学习如何创建字符串吧！这一章会比其他章节要长一点，所以"前方高能预警，请系好安全带！"我保证练习和有趣的项目有助于缓解疲乏。

创建一些字符串

我将创建一个名为 strings.py 的新脚本文件，并在本章中使用它：

```
a = ' 这是一个字符串 '
```

变量 "a" 现在有了一个字符串：'这是一个字符串'。把这个字符串放在双引号内也是可以的：

```
a = " 这是一个字符串 "
```

现在试着打印这个字符串，好吗？这很简单。再次使用 print 语句，但不是在括号内输入字符串，而是直接输入包含该字符串的变量名称，不加引号，像下面这样：

```
print(a)
```

现在，如果运行前面的代码，会得到下面的结果：

```
RESTART: C:/Users/arthi/AppData/Local/Programs/Python/Python38.32/
strings.py
```

这是一个字符串

字符串成功打印了。哦耶！

字符串也可以包含数字，它们仍然会被认为是一个字符串。任何在引号内的东西都是一个字符串。现在把数字放在引号内，用 type() 方法检查它的类型。

```
a = "1234 "print(type(a))
```

运行前面的代码时，会得到下面的结果：

```
= RESTART: C:/Users/arthi/AppData/Local/Programs/Python/Python38.32/
strings.py
<class 'str'>
```

看到了吗？尽管"a"中含有数字 1234，但由于它被放在引号内，所以 Python 自动认为它是一个字符串。

我想要很多行字符串

如果只需要创建单行字符串，倒还好。但如果需要多行呢？不能为每一个新的字符串行都创建一个单独的 print 语句吧。在前面打印苏珊·史密斯自我介绍的时候我们就是那么做的，还记得吗？那样做非常繁琐！

现在为什么不试着在字符串格式中创建多行，看看结果怎样呢？

```
a =" 这是第一行，
这是第二行，
这是最后一行。"
```

在前面的例子中，"a"有三行字符串，用双引号括住。现在运行它，看看结果会怎样（图 8.1）。

图 8.1　带双引号的多行字符串：错误

哦嚯！这段代码甚至无法运行。一个写着上述错误的弹出窗口跳了出来。前面的代码根本就无法被接受。那么，怎样才能创建多行字符串呢？还记得第 3 章的多行注释吗？我们用了三个单引号，注释之前没有空格，在注释之后也是如此，这样就创造了一个多行注释。

其实，这种语法实际上是多行字符串的语法。我们只是借用它来创建一个多行注释，因为一个多行字符串如果没有被存储在一个变量中，而只是保持原样的话，会被 Python 忽略，所以它在技术上会被认为是一个注释（尽管其实并不是）。

好了，闲话少说。现在来创建一个多行字符串吧。我将复制苏珊·史密斯的自我介绍，但会用多行字符串来创建和打印它：

```
intro ='''大家好！
我的名字是苏珊·史密斯。
我今年 9 岁啦。
我最喜欢小狗了！'''
print(intro)
```

运行以上代码，会得到下面这样的结果：

```
= RESTART: C:/Users/arthi/AppData/Local/Programs/Python/
Python38.32/strings.py
大家好！
我的名字是苏珊·史密斯。
我今年 9 岁啦。
我最喜欢小狗了！
```

是不是简单而整洁呢？ ☺ 当然!

字符串含有引号！

哦，天哪，我们的字符串有引号，我们得到了一个错误！

```
intro =""你好！"，苏珊说"
```

我得到的结果如图 8.2 所示。

图 8.1　同一字符串中的单引号和双引号：错误

啊哦！☹

好吧，我可以改变字符串两边的引号试试。

```
intro ='" 你好 !", 苏珊说 '
print(intro)
```

这样能成功吗？

```
= RESTART: C:/Users/arthi/AppData/Local/Programs/Python/Python38.32/
strings.py
" 你好 !", 苏珊说
```

当然能！☺

但如果字符串中既有单引号又有双引号呢？比如下面这样的字符串。

```
"That's my Teddy ", 苏珊说。
```

我不能只是把双引号换成前面的字符串中的单引号，而是需要一种方法来告诉 Python："That's"中的单引号实际上是字符串的一部分，而不是代码的一部分。Python 中有一个叫"escape"的字符，它是一个反斜杠"/"。你可以在作为字符串一部分的引号 (无论是单引号还是双引号) 的前面加一个"/"，这样，在运行代码时，Python 就会忽略它。

下面来试试看吧。

```
intro = '"That\'s my Teddy", said Susan.'
print(intro)
```

运行以上代码，会得到下面这样的结果：

```
= RESTART: C:/Users/arthi/AppData/Local/Programs/Python/
Python38.32/strings.py
"That's my Teddy ", 苏珊说。
```

就酱（这样），搞定！

连接两个或更多的字符串

当用加号"+"连接两个或更多的数字时，它们会相加。想不想看看如果对字符串做同样的操作会发生什么？

我创建了两个变量 str1 和 str2，分别存放字符串'Hello'和'there!'。还创建了第三个变量"string"，将 str1 和 str2 之和分配给了它。

```
str1 = 'Hello'
str2 = 'there!'
string = str1 + str2
print(string)
```

现在打印字符串，看看会得到什么结果：

```
= RESTART: C:/Users/arthi/AppData/Local/Programs/Python/
Python38.32/strings.py
Hellothere!
```

哦，看见了吗？它只是把 str1 里面的字符串放在了 str2 里面的字符串后面。有意思。加法并没有发生，尽管我们用了加号"+"。

事实上，这个字符串操作有个名字，叫字符串连通。当你对两个或多个字符串使用加号"+"时，虽然会把它们加在一起，但并不是传统意义上的加法。而是按照它们被添加的顺序将它们合并在一起，。

但我对结果感到有些困扰。"Hellothere!"并不是我想要的。我想在这些词之间有一个空格。那样才是这个短语的正确用法。那么，为什么不直接加上呢？

```
str1 = 'Hello'
str2 = 'there!
string = str1 + " " + str2
print(string)
```

这很简单！只需要创建另一个只有一个空格的字符串，并把它加在 str2 之前就可以了。运行以上代码，会得到下面这样的结果：

```
= RESTART: C:/Users/arthi/AppData/Local/Programs/Python/
Python38.32/strings.py
Hello there!
```

这才对嘛！所以，如你所见，可以连接两个以上的字符串，它们既可以在变量中，也可以在原处（引号内）。如果放在引号中的话，空格甚至也是一个字符串。

print() 中的连接

也可以在 print() 中应用字符串连接。

```
a = '嗨！'
print('苏珊说，"' + a + '"')
```

看起来有点复杂吗？不用担心。我把字符串的第一部分"苏珊说"用逗号、空格和单引号结尾处的双引号包起来。字符串的下一部分是变量"a"中的任意内容，所以我把这两个字符串连接起来。字符串的最后一部分是结尾的双引号，它也被包在单引号中。另外，我！也可以在整个过程中使用双引号，并使用转义字符来区分字符串的双引号。

运行以上代码，会得到下面这样的结果。

```
= RESTART:C:/Users/arthi/AppData/Local/Programs/Python/
Python38.32/strings.py
苏珊说："嗨！"
```

做得很好！

空字符串

所有这些字符串操作都让我想起了一件事。有叫空字符串的东西，在引号之间不输入任何内容，甚至不输入一个空格。

```
a = ''
```

在前面的例子中，变量"a"存储的是一个空字符串。如果你把它打印出来，在输出中不会得到任何东西（甚至空格都没有）。试试看呗！ ☺

访问字符串中的字符

接下来我想介绍的是一个关于字符串的令人振奋的话题！实际上，你可以访问、检索甚至修改字符串中的特定字符（字母），这是不是很酷？可以用这个功能在字符层面上对字符串进行修改：

```
a = 'Hello there!'
```

请看下面的字符串索引图。字符串中的每个字符都有一个索引。事实上，它们有两个索引，一个是正索引，一个是等价的负索引。你可以通过使用这些索引来访问这些字符。

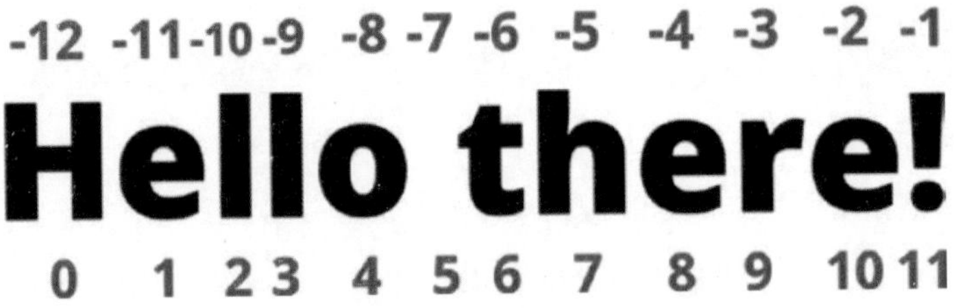

-12 -11 -10 -9 -8 -7 -6 -5 -4 -3 -2 -1

Hello there!

0 1 2 3 4 5 6 7 8 9 10 11

图 8.3　字符串索引图

正如你在图 8.3 中所看到的，正指数从 0 开始，数值向右递增。负指数从最后一个位置 -1 开始。空格有一个索引，感叹号也有一个索引，这不仅仅是为了字母 / 数字。

好了，这些都很好，但如何访问这些索引呢？键入字符串的名称并输入左右方括号，然后在方括号内键入相关的索引，就可以了。

正如你所看到的，索引从 0 开始，最后一个是字符串的长度减去 1，字符串中的空格也会占用索引。

所以，如果我想检索字符串的第一个字符"H"的话，就会这样做：

```
print(a[0])
```

运行以上代码，会得到下面这样的结果：

```
= RESTART: C:/Users/arthi/AppData/Local/Programs/Python/Python38.32/
strings.py
H
```

完美！

现在，如果我想检索字符串的最后一个字符的话，首先要计算出字符串的长度。本例中长度是 12，包括空格。现在把它减去 1，如下所示：

```
print(a[12-1])
```

当运行这个程序时，解释器（IDLE）会自动进行计算，得出 11 的索引。其结果如下：

```
= RESTART:C:/Users/arthi/AppData/Local/Programs/Python/
Python38.32/strings.py
!
```

是的，就是这样的啦！

负数指数

正如在前面的图片中所看到的，对于字符串中的相同字符，有正负两种指数。现在试着访问"o"，它在正指数 4（字符串的第五个位置），在负指数位置上是 -8：

```
print(a[-8])
```

运行以上代码，会得到下面这样的结果：

```
= RESTART: C:/Users/arthi/AppData/Local/Programs/Python/Python38.32/
strings.py
o
```

完美，成功了！

所以，第一个字符在 a[-12] 处，而最后一个字符在 a[-1] 处。

对字符串的一部分进行切分

可以用指数提取一个字符串的一部分，而不仅仅是一个字符。这就是所谓的切分。

切片与字符提取的模式相同，但唯一不同的是必须在方括号内给出一个范围。如果我想提取一个字符串中的前四个字符，会给出 0:4 的范围，因为第一个字符的索引是 0，第四个字符的索引是 3，在切分中，范围的末端（在例子中是 4）将被省略。因此，0:4 而不是 0:3。现现在来试试，看看会得到什么。

```
a = 'Hello there!'
print(a[0:4])
```

运行以上代码，会得到下面这样的结果：

```
= RESTART: C:/Users/arthi/AppData/Local/Programs/Python/Python38.32/
strings.py
Hell
```

好耶，成功了！

如果想换成最后四个字符呢？可以用两种方式来做。最后一个字符的正数索引是 11，而倒数第四个字符的正数索引是 8，所以可以这样做：

```
print(a[8:12])
```

运行以上代码，会得到下面这样的结果：

```
= RESTART: C:/Users/arthi/AppData/Local/Programs/Python/
Python38.32/strings.py
ere!
```

很好！到目前为止都不错。但是负指数怎么办？最后一个字符的负指数是 -1，倒数第四个字符的负指数是 -4，所以可以用下面的方法来代替：

```
print(a[-4:-1])
```

请注意，首先给出了 -4（倒数第四个字符），它将被包括在内。但是 -1不会被包括在内，对吧？这就是语法的作用，这就是最后的索引。

好的，现在运行前面的代码，看看它是否有效：

```
= RESTART: C:/Users/arthi/AppData/Local/Programs/Python/Python38.32/
strings.py
Ere
```

啊哦，没成功。少了一个"！"。☹

我们能做什么呢？嗯，在这样从一个地方开始，需要字符串的其余部分的情况下（倒数第四个位置到字符串的结尾），可以直接把范围内的最后一个数字留空，像下面这样：

```
print(a[-4:])
```

运行以上代码，会得到下面这样的结果：

```
= RESTART: C:/Users/arthi/AppData/Local/Programs/Python/
Python38.32/strings.py
ere!
```

完美！

字符串方法：字符串的魔法

就像对待数字一样（第 5 章），有很多预定义方法，可以帮助你玩转数字。其中一些看起来很神奇！你马上就可以看到。

在 Python 的官方文档中，有一个完整的 Python 字符串方法的列表及其用法说明。这里有一个链接：https://docs.python.org/2.5/lib/string-methods.html。

你以后都可以参考前面的文档。尽管因为篇幅限制，本章中不能涵盖每一个方法，但我会尝试把大多数重要方法涵盖进来。不过别担心。只要学会了一些，你就能触类旁通地解读剩下的方法。

好了，让我们切入正题吧！

先从简单的东西开始吧。len() 方法是用来查找字符串的长度的。

该方法的语法是 len(string)。

```
a = 'Hello there!'
print(len(a))
```

运行以上代码，会得到下面这样的结果。

```
= RESTART: C:\Users\aarthi\AppData\Local\Programs\Python\Python38.32\
strings.py
12
```

计算字符串中的字符数（包括空格），你会发现它的长度确实是 12。

大写和小写

好了，现在来看看其他的方法吧。capitalize() 方法可以将字符串中的第一个词大写。它并不会改变原来的字符串，而是只会创建一个副本，你可以把它赋给一个新的变量或打印出来。语法是这样的：string.capitalize()。

string 可以是引号内的准确字符串，也可以是存储该字符串的变量：

```
a = 'i am here'
print(a.capitalize())
print(a)
```

运行以上代码，会得到下面这样的结果：

```
= RESTART: C:\Users\aarthi\AppData\Local\Programs\Python\Python38.32\
strings.py
I am here
i am here
```

看，大写字母并没有对原来的字符串造成影响。

同样，你可以使用 upper() 方法将一个字符串的所有字符（字母）大写。

也是会创建一个副本。所有的字符串方法都会创建副本。它们很少会改动原始字符串：

```
a = 'i am here'
print(a.upper())
```

运行以上代码，会得到下面这样的结果：

```
= RESTART: C:\Users\aarthi\AppData\Local\Programs\Python\Python38.32\
strings.py
I AM HERE
```

同样，可以用 lower() 方法将一个字符串中所有的大写字母改为小写字母：

```
a = 'I AM here'
print(a.lower())
```

运行以上代码，会得到下面这样的结果：

```
= RESTART: C:\Users\aarthi\AppData\Local\Programs\Python\Python38.32\
strings.py
i am here
```

有没有注意到有些字母本来就是小写的？用这个方法，这些本就是小写的字母也不会改变。

你可以使用 title() 方法将字符串中每个单词的第一个字母大写，而不是像 capitalize 那样只将整个字符串的第一个字母大写：

```
a = ' i love chimpanzies!'
print(a.title())
```

运行以上代码，会得到下面这样的结果：

```
= RESTART: C:\Users\aarthi\AppData\Local\Programs\Python\
Python38.32\strings.py
I Love Chimpanzies!
```

杂项方法

使用 count 方法，可以返回一个单词或字母或短语在一个字符串中出现的次数。

语法是 string.count('word')。

就像 Python 中的其他方法一样，这个方法是区分大小写的，所以如果你想要"word"，就不要把它打成"Word"。

为了测试这个方法，我要创建一个多行字符串，用之前讲的方法：

```
a = '''苏珊是个可爱的女孩。
巴基是苏珊最好的朋友。
巴基和苏珊经常在一起玩'''
```

让我们计算一下前面的字符串中提到了多少次'Susan'和'Barky'，好吗？

```
print(a.count('苏珊'))
print(a.count('巴基'))
```

结果如下：

```
=== RESTART: C:/Users/zz432/AppData/Local/Programs/Python/Python39/
strings.py ==
3
2
```

呼！☺

用 strip() 方法可以去掉字符串中多余的空格。

```
a = '              Hello there!              '
print(a.strip())
```

运行以上代码，会得到下面这样的结果：

```
= RESTART: C:\Users\aarthi\AppData\Local\Programs\Python\
Python38.32\strings.py
Hello there!
```

多余的空格不见了！

同一个方法有左侧和右侧的版本。rstrip() 方法只会去掉字符串右侧的空白。lstrip() 方法则会去掉字符串左侧的空白。你可以试试，看看它们是不是这么用的。

还记得刚刚处理的那个大串字符吗？如果我们不小心搞错了，要说的是罗尼而不是苏珊呢？那就需要把苏珊替换成罗尼，对不对？可以使用替换方法来实现这个目的。语法是 string.replace('original','replaced')。

```
a = '''苏珊是个可爱的女孩。
巴基是苏珊最好的朋友。
```

巴基和苏珊经常在一起玩 '''
print(a.replace(' 苏珊 ',' 罗尼 '))

运行以上代码，会得到下面这样的结果：

```
=== RESTART: C:/Users/zz432/AppData/Local/Programs/Python/Python39/
strings.py ==
罗尼是个可爱的女孩。
巴基是罗尼最好的朋友。
巴基和罗尼经常在一起玩
```

看，现在变成罗尼了！

我们还可以找到一个特定的单词或字母或短语在一个字符串中的起始位置。记住，字符串的位置是从 0 开始的，所以永远要减去 1。

```
a = " 我喜欢编码。我对编码很感兴趣 "
print(a.find(' 编码 '))
```

运行以上代码，会得到下面这样的结果：

```
=== RESTART: C:/Users/zz432/AppData/Local/Programs/Python/Python39/
strings.py ==
3
```

数一数这些字符，你会注意到，"编码"第一次出现是在第 4 个位置（因此对于 Python 字符串来说是 3）。

如果找不到这个短语呢？

```
a = "I love coding. I have fun with coding"
print(a.find('Coding'))
```

我们都知道，在 Python 中，"coding"与"Coding"不同，所以在字符串中是找不到 Coding 的。

```
= RESTART: C:\Users\aarthi\AppData\Local\Programs\Python\Python38.32\
strings.py
-1
```

哦嚯，结果是 -1。

index() 方法与 find() 方法的作用几乎一模一样。唯一的区别在于，如果没有找到短语的话，index() 方法会显示出现错误，而不是显示 -1。尝试把 find() 换成 index() 试试吧。

用 split 方法可以把一个字符串分割成一个列表。我们将在以后的课程中研究什么是列表。现在，只需知道列表中包含用逗号隔开的多个值就可以了。

为了使用 split 方法，你需要给出一个分隔符。比方说，我想把字符串拆成几个单词。那么就把一个空格作为分隔符。

```
a = "I love coding."
print(a.split(' '))
```

运行以上代码，会得到下面这样的结果：

```
= RESTART: C:\Users\aarthi\AppData\Local\Programs\Python\Python38.32\
strings.py
['I', 'love', 'coding.']
```

这就是个容纳了被拆分成几个单词的字符串的列表。

真，还是假

在进一步介绍方法之前，我想介绍一下 Python 中（实际上是任何编程语言中都通用的）True 和 False（真和假）的概念。这个概念很简单。如果某件事是真的，那么程序将返回"True"。如果一个条件是假的，那么你将得到"False"。就是这么简单。

举个例子，假设我想看看字符串中是否有"最好的朋友"这个词。我想知道巴基是否是罗尼的最好的朋友。

那么就得用 in 这个关键词。关键词是在 Python 中起作用的特殊词。in 关键字会检查我们想要查询的单词或短语是否在字符串中。

```
string = " 巴基是罗尼最好的朋友 "
print(' 最好的朋友 ' in string)
```

运行以上代码，会得到下面这样的结果：

```
=== RESTART: C:/Users/zz432/AppData/Local/Programs/Python/Python39/
strings.py ==
True
```

正如你所知，Python 是区分大小写的。所以，"best friend"与"Best friend"或其他版本不一样。所以在写英文内容的时候要确认大小写一致，好吗？

让我们看看另一个例子吧。

```
print('Python' in 'Python 很好玩 ')
```

运行前面的代码时，会得到 True。

但如果这么写的话：

```
print(' 编码 ' in 'Python 很好玩 ')
```

就会得到 False，因为'编码'不在'Python 很好玩'这个字符串中。

以此类推，你可以在字符串中测试很多其他的字符串。

想知道字符串是否既有字母又有数字的话，可以使用 isalnum() 方法。只有当字符串中的每个字都有既有字母又有数字时，它才会返回 True，就像这样：

```
a = 'number123 number253'
print(a.isalnum())
```

前面的代码将返回 True，而下面的代码：

```
a = 'This is a number: 123'
print(a.isalnum())
```

将返回 False，因为大多数单词只包含字母，而不是既包含字母又包含数字。

如果字符串中的每个字符都是字母或者都是数字（没有特殊字符）的话，isalpha() 方法返回 True。

如果所有的字符都是小写的，则 Islower() 返回 True。如果每个字符都是大写的，则 Isupper() 返回 True。

我希望你在使用这些方法的同时尝试不同的可能性，并探索它们是如何真正发挥作用的。好不好？

你可以参考我在"字符串方法：字符串的魔法！"一节中给出的链接，浏览其余的方法，并在实验中应用它们。玩得开心呀！ :P

嘿，我知道你现在在想什么。

"天哪，讲了这么多方法，我怎么可能全都记得住？"

其实，你没必要都记住。我来告诉你一个大秘密……嘘……

刚刚起步的程序员不需要去尝试记住语法，在想不起来的时候，用搜索引擎查找一下就行。程序员只需要勤于练习就可以了。去解决更多难题，创造更多有趣的项目，被卡住的时候在网上查找语法就行了。随着时间的推移，这些语法会在程序员的脑海中留下痕迹，因为他们已经用过成千上万次了。

所以，大可不必去刻意记忆语法。将这本书作为参考。解开书中给出的谜题，用自己的方法创建小型项目，并将大型项目提升到新的水平，当完成所有这些项目的时候，你就是一名 Python 大师了。至于这个过程嘛，开心就好。☺

字符串格式化

print 语句很无聊，也很有局限性。☹你不能按照自己想要的方式格式化它，如果尝试这么做的话，你会被一堆引号淹没。但更重要的是，字符串不能被用来打印数字（即使它们在变量中）！:O

我来证明给你看。

```
a = 4
b = 5
sum = a + b
```

现在我想打印这个语句：4+5=9，我想用变量名而不是实际值来打印，以保持动态。这样的话，如果改变了一个变量的值，打印语句会跟着自动改变。

我们应该可以用之前学过的连接法来做这件事，对吗？来试试吧。

```
print('The answer is: '+ a + '+ '+ b + '= '+ sum)
```

运行前面的代码，理想中能得到这样的结果：

答案是：$4 + 5 = 9$

但实际得到的却是这样的结果：

```
= RESTART: C:\Users\aarthi\AppData\Local\Programs\Python\Python38.32\
strings.py
Traceback (most recent call last):
File "C:\Users\aarthi\AppData\Local\Programs\Python\Python38.32\
strings.py", line 4, in <module>.
print('The answer is: '+ a + '+ '+ b + '= '+ sum)
TypeError: can only concatenate str (not "int") to str
```

基本上，这个错误说的是：你只能将一个字符串（引号内的任何东西）与一个字符串连接起来，而其中包含数字（不含引号）的变量不是字符串。

对我而言，这句话非常难以理解，而且根本起不到什么帮助。

这就是格式化发挥作用的时候了。你可以格式化打印语句的书写方式。只要把 {}（不加空格）放在变量所在的地方，就可以在以后用格式化的方法来填充它们。

让我们从简单的东西开始。

```
a = '苹果'
```

假设我想打印'这是一个苹果'，其中'苹果'的值来自于变量 a。

我会把整个字符串打出来，但把 {} 放在'apple'的位置上，像这样：'这是一个 {}'

接下来，我将标记 format 方法并将变量"a"放在"{}"里面。Python 将自动用变量中的值替换 {}。

```
a = '苹果'
print('这是个{}'.format(a))
```

运行以上代码，会得到这样的结果。

```
= RESTART: C:\Users\aarthi\AppData\Local\Programs\Python\Python38.32\
strings.py
这是个苹果
```

非常简单，不是吗？不必再为空格和引号而烦恼了，太好啦！

现在来看看一个更复杂的例子，好吗？

```
a = '苹果'
b = '香蕉'
```

如果想要打印"苹果和香蕉对你的健康有好处"，我会像下面这样写：

```
print('{}和{}对你的健康有好处'.format(a,b))
```

运行以上代码，会得到这样的结果。

```
= RESTART: C:\Users\aarthi\AppData\Local\Programs\Python\Python38.32\
strings.py
苹果和香蕉对你的健康有好处
```

注意到我是如何把变量放在格式里面用 commas 分隔的吗？

也可以把字符串的第一部分放在一个变量里，像下面这样：

```
a = '苹果'
b = '香蕉'
s = '{}和{}对你的健康有好处'
```

```
print(s.format(a,b))
```

或者，如果我想先打印香蕉，然后再打印苹果，但我不想改变它们的排列顺序的话，可以在要打印的字符串中给它们加上标签，像下面这样：

```
s = '{1}和{0}对你的健康有好处'
print(s.format(a,b))
```

在 Python 中指数是从 0 开始的，记得吗？

运行以上代码，会得到下面这样的结果：

```
= RESTART: C:\Users\aarthi\AppData\Local\Programs\Python\Python38.32\
strings.py
香蕉和苹果对你的健康有好处
```

好了。现在我们已经是使用 format() 来设计打印的专家了，现在回到最初的问题。

```
a = 4
b = 5
sum = a + b
```

让我们来格式化字符串吧！

```
print('答案是：{} + {} = {}'.format(a,b,sum))
```

运行以上代码，会得到下面这样的结果：

```
= RESTART: C:\Users\aarthi\AppData\Local\Programs\Python\Python38.32\
strings.py
答案是：4 + 5 = 9
```

真不错！简单而整洁，这就是它本来的样子。☺

从用户处获得输入（开始自动化）

到目前为止，我们都只是在捣鼓变量的值。这真是太无聊了！我想学习自动化。那才是编程的意义所在，不是吗？

我想在每次运行加法程序时给出一个不同的数字，想在每次打印一条信息时给出一个不同的字符串。这就是输入的含义。用户或运行程序的人提供可以在程序中使用的值，然后得到一个结果。这些值被称为输入（input）。

在 Python 中，可以使用 input() 方法来获得输入。很直接，对不对？

当运行一个程序时，它将询问你的值是什么，并等待你给出这个值。这就是所谓的提示符。

先从简单的开始。我将得到一个可以立即打印出来的信息。在要求输入时包含一条信息总是好的，这样用户就会明白他们应该给出什么值。可以在 input 的小括号内的引号中包含消息。

```
message = input(' 输入你的消息 : ')
print(' 这是你输入的消息 : ' + message)
```

我提示用户输入一条信息，在变量 "message" 中收到了同样的信息。然后把它打印出来。非常简单。

当运行以上代码时，首先会得到这样的结果：

```
= RESTART: C:\Users\aarthi\AppData\Local\Programs\Python\
Python38.32\strings.py
输入你的消息：
```

程序在这个阶段暂停了，因为它在等待我的信息。

让我现在输入它：

```
输入你的消息 : 我爱 Python！
```

当我按下回车键时，我会得到这个。

```
这是你输入的消息 : 我爱 Python！
```

完美！信息以我想要的格式打印出来了。

字符串到整数或浮点数的转换

前面学习了输入以及如何动态获得数值并在程序中使用它们。计算正是使用动态值的最好方法之一。我想每次执行加法运算都能得到一个不同的数字。

现在用 input 看看是否有效。

```
a = input(' 第一个数字：')
b = input(' 第二个数字：')
sum = a + b
print('{} + {} = {}'.format(a,b,sum))
```

上述代码片段中，一切看起来都很好。它应该能行得通，对吗？然而，事实并非如此。

当运行它时，得到的是这样的结果：

```
= RESTART: C:\Users\aarthi\AppData\Local\Programs\Python\Python38.32\
strings.py
第一个数字: 5
第二个数字: 2
5 +2 =5 2
```

我的程序提示我输入两个数字，我照做了。到这里为止一切都很好。但接下来做加法的时候，就不对劲了。

为什么？

数字根本就没有输入成功。给出输入值时，程序认为它是一个字符串，而不是个数字。所以，这里发生的是字符串连接，而不是加法。

怎样才能让 Python 把我们的输入视为数字呢？显然，需要对它们进行转换！还记得我们是如何转换不同类型的数字的吗？类似，可以用 int() 方法将字符串转换成整数，或者用 float() 方法转换成浮点数。

现在修改一下代码。

```
a = input('第一个数字：')
# 将 'a' 转换为整数，并将其存回 'a'
a = int(a)
b = input('第二个数字：')
# 将 'b' 转换为整数，并存储在 'b' 中
b = int(b)
sum = a + b
print('{} + {} = {}'.format(a,b,sum))
```

我在代码中唯一改变的是得到每个输入后的整数转换。我把转换后的值也存回了相同的变量中。现在运行这段代码，看看是否有效。

```
=== RESTART: C:/Users/zz432/AppData/Local/Programs/Python/Python39/
strings.py ==
第一个数字：5
第二个数字：2
5 + 2 = 7
```

呼！总算成功了。

🎲 迷你项目 8：将 Turtle 文本升级到新的水平！

这是个简单的项目。我们要让实时输入用户的名字，并在 Turtle 的界面中用大号彩色字体打印出来。

1. 先做好准备工作。

```
import turtle
s = turtle.getscreen()
t = turtle.Turtle()
```

2. 接下来创建一个变量 name，将用户名作为输入。

```
name = input(" 你叫什么名字？ ")
```

3. 我们不需要以任何方式转换这个字符串，因为只是想把它和另一个字符串连接起来。现在要做的是在 Turtle 上创建自定义问候语。在这之前，先创建我们想要打印的确切字符串，并把它赋给变量"greeting"。

```
greeting = ' 嗨！{}！ '.format(name)
```

4. 现在设置笔的颜色 Dark Violet（深紫罗兰色）怎么样？同时把笔移到 -250,0 的位置，这样它就能在屏幕的中心进行绘制。

```
t.pencolor('DarkViolet')
t.penup()
t.goto(-250,0)
t.pendown()
```

5. 最后，创建文本。

```
t.write(greeting,font=(' 宋体 ',45,'normal', 'bold', 'italic'))
```

我将变量"greeting"与我们需要的文本放在一起，代替了实际的文本，我还将字体样式设置为'Georgia'，大小为 45，并且将文本变成粗体和斜体。我省略了移动属性，所以它默认为"false"（文本下面没有箭头）。

最后，把小海龟藏起来：

```
t.hideturtle()
turtle.hideturtle()
```

现在，运行这个程序。

```
= RESTART: C:\Users\aarthi\AppData\Local\Programs\Python\Python38.32\
strings.py
```

它问我叫什么名字。我输入了"苏珊·史密斯"，按了回车键，然后就大功告成了！（图8.4）。

我们成功绘制出了问候语，而且看着很漂亮！ ☺

嗨！苏珊·史密斯！

图 8.4　彩色的问候语

迷你项目 9：对着屏幕大喊

这个项目中要做的和标题一样。让我们对着屏幕大喊，好吗？哦，等等……还是屏幕要对我们大喊？不管怎样，先让我们大喊几声吧！月圆之夜？嗷呜！！！

概念很简单。先从用户那里得到一个字符串的输入。信息将是"输入你的想法（小于 3 个词）"。小于 4 个字的话，文本就可以在一行中以足够大的字体显示。在后面的章节中，你会学到一个工具，这个工具能让你的输入字数尽可能多，并确保打印时留有空间，所以现在先不用管这个问题。

然后，我们要把结果全都变成大写，在最后加上两个或更多的感叹号，然后全部用 Turtle 打印出来。很简单，对不对？那就现在开始行动吧！

1. 先做好准备工作。

```
import turtle
s = turtle.getscreen()
t = turtle.Turtle()
```

2. 然后获得输入。

```
message = input(" 输入你的想法（小于 3 个词）: ")
```

3. 最后，对想喊出的信息进行格式化！我们的"信息"可能都是小写的。那么如何将信息中的每一个字母都转换成大写字母呢？没错！用 upper() 方法。最后，记得在结尾处加上三个感叹号，让信息显得更加醒目。

```
shout = '{}!!!'.format(message.upper())
```

4. 现在，我要把笔移到 -250,0 处，并把笔的颜色改为红色，因为没有什么比红色更能适合大喊了。

```
t.pencolor('Red')
t.penup()
t.goto(-250,0)
t.pendown()
```

5. 现在，进入程序的主要部分。让我们来创建 Turtle 文本。我将选使用 "Arial Black" 字体，字体的大小是 45，但这次不会加粗，也不是斜体。

```
t.write(shout,font=('Arial Black',45,'normal','bold'))
```

6. 最后，把 turtle 藏起来。

```
t.hideturtle()
turtle.hideturtle()
```

现在运行以上代码。我将输入的信息是 "what is this?"。我们来看看会得到什么。

```
= RESTART: C:\Users\aarthi\AppData\Local\Programs\Python\Python38.32\
strings.py
输入你的想法（小于 3 个词）: what is this?
```

按下回车键后，我的 Turtle 界面是这样的（图 8.5）。

好耶，成功了！ ☺

轻松学 Python

图 8.5　对着屏幕大喊

⠿ 迷你项目 10：把名字倒过来

在进行这个项目的同时，我将教你一些有趣的东西。到目前为止，我们已经了解了各种可以操作字符串的方法。在本章结束之前，不妨再看一个吧。

你知道可以把字符串倒过来吗？是的，没错！只需区区一行代码，就可以完全倒过来。想试试吗？

让我们创建一个程序，将用户的名字作为输入，反转他们的名字，并将其显示在 Turtle 屏幕上。

1. 先像往常一样设置 Turtle。

```
import turtle
s = turtle.getscreen()
t = turtle.Turtle()
```

2. 获取用户的名字并将其放入变量"name"中。

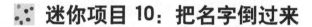

```
name = input(" 你叫什么名字 ?")
```

3. 现在，有趣的部分来了！我们要像往常一样对我们想要显示的字符串进行格式化。我们已经创建了一个变量"reverse"来存储字符串。但是，如何把它们倒过来呢？我们学过如何使用方括号来访问独立的字符，提取字符串的一部分，等等。另外，还记得负指数吗？这就对了！使用这个语法就可以反转字符串：string[::-1]。这其实就是个双冒号，后面跟着一个 -1。
就这么简单！

```
reverse = '{}'.format(name[::-1])
```

4. 最后，把笔的颜色改为"Gold"，把位置移到 -250,0，然后在屏幕
上绘制出反转后的字符串。

```
t.pencolor('Gold')
t.penup()
t.goto(-250,0)
t.pendown()
t.write(reverse,font=(' 宋体 ',45, 'normal','bold'))
t.hideturtle()
turtle.hideturtle()
```

5. 现在运行这个程序。

```
= RESTART: C:\Users\aarthi\AppData\Local\Programs\Python\Python38.32\
strings.py
你叫什么名字？苏珊·史密斯
```

现在按回车键，会得到图 8.6 所示的结果。

图 8.5　倒过来的名字

哈哈，名字倒过来了。:P

迷你项目 11：五颜六色的动态数学

在数字那一章中，我们不得不用预定义的数字做枯燥的计算，还没法改变颜色！

所以我在想，进入下一章之前，我们可以和数字一起做一些真正好玩的事情。怎么样？

在这个项目中，我们要对两个数字进行加法、乘法、减法和除法运算。我知道听起来有点无聊！但这一次，我们将从用户那里获得这两个数字的动态输入，并在 Turtle 中用彩色显示结果。是不是觉得挺有意思的呢？

1. 首先设置 Turtle。

```
import turtle
s = turtle.getscreen()
t = turtle.Turtle()
```

2. 然后，获取将在操作中使用的第一个和第二个数字的输入。但是有一个问题！我们不能直接使用它们。因为它们是 string 格式。所以，我们得将其转换成整数，并把它们赋值给同样的变量。

```
num1 = input("输入第一个数字：")
num1 = int(num1)
num2 = input("输入第二个数字：")
num2 = int(num2)
```

3. 现在，先来做加法。创建一个叫 display 的变量，用来保存四个操作的所有格式化字符串。

```
#加法
add = num1 + num2
display = "{} + {} = {}".{}+{}={}".format(num1,num2,add)
```

4. 格式化完成后，将笔移动到 -150,150 处，这样就会在屏幕的中央绘制。然后，让我们把笔的颜色改为 "Red" 并绘制文字。

```
t.penup()
t.goto(-150,150)
t.pendown()
t.pencolor("Red")
t.write(display,font=("Georgia",40, "normal", "bold"))
```

5. 同理，现在来做减法，只不过这次位置是 -150,50，颜色是 "Blue"。

```
# 减法
sub = num1- num2
display = "{}- {} = {}".format(num1,num2,add)
t.penup()
t.goto(-150,50)
t.pendown()
t.pencolor("Blue")
t.write(display,font=("Georgia",40, "normal", "bold"))
```

6. 至于乘法，位置将是 -150,-50，颜色将是"Green"。

```
# 乘法
mul = num1 * num2
display = "{} * {} = {}".format(num1,num2,add)
t.penup()
t.goto(-150,-50)
t.pendown()
t.pencolor("Green")
t.write(display,font=("Georgia",40,"normal","bold"))
```

7. 至于除法，位置将是 -150,-150，颜色将是"Violet"。

```
# 除法
div = num1 / num2
display = "{} / {} = {}".format(num1/num2)
t.penup()
t.goto(-150,-150)
t.pendown()
t.pencolor("Violet")
t.write(display,font=("Georgia",40, "normal", "bold"))
```

8. 最后，把小海龟藏起来。

```
t.hideturtle()
turtle.hideturtle()
```

9. 现在运行该程序。它首先要求输入。我输入了 10 和 5。

```
= RESTART: C:\Users\aarthi\AppData\Local\Programs\Python\Python38.32\
strings.py
输入第一个数字: 10
输入第二个数字: 5
```

按下回车键，结果如图 8.7 所示。

漂亮！ ☺

Python Turtle Graphics — □ ✕

$$10 + 5 = 15$$

$$10 - 5 = 15$$

$$10 * 5 = 15$$

$$10 / 5 = 15$$

图 8.7 丰富多彩且动态的数学

小结

本章研究字符串，介绍了它们是什么，介绍了如何创建单行、多行和空字符串，用引号创建字符串，如何连接两个或多个字符串，如何访问字符串中的字符，如何提取字符串的一部分，如何字符串切片，如何以不同方式处理字符串，如何从用户那里获得输入并在程序中使用它们。

　　下一章将学习如何命令程序做我们想做的事情。下一章将研究 if 语句，用 if else 和 if elif else 语句创建多个选项，等等，很好玩的！

 ## 学习成果

第 9 章

听从我的命令

第 8 章学习了关于字符串的所有知识以及如何用它们来创建字母和数字的字符串，怎样以想要的方式操作这些字符串，怎样从用户那里获得输入并将其转换为理想的数据类型，怎样按照喜好来格式化输出（特别是在打印语句中）。

本章将了解如何用 if 和 else 语句来给计算机下达命令。

真或假

在编程中，（真或假）True 或者 False 决定了程序的方向。如果"某事"是真的，就做"某事"，如果是假的，那就做"其他事情"。你可以只用前面的"条件"来创建很多程序。

因此，给系统下达命令需要三个要素（图 9.1）。

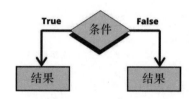

图 9.1　条件和结果

1. 一个将由 Python 评估的条件。

2. 一个真或假的结果。

3. 一个根据结果决定下一步发生什么的语法，换句话说就是，一个根据结果指向两个结果之一的语法。

首先看一下真或假的结果。True 和 False 也是 Python 中的值，称为"布尔值"。就像我们有字符串和数字一样，可以把布尔值赋给变量，将其转换成另一种类型的值，找到它的类型（布尔），等等。想知道具体是怎么做的吗？

为本章创建一个新的脚本文件。我之前已经创建了一个叫 condition.py 的文件，将在本章中多次重复使用这个文件。请记住，True 和 False 需要用大写的 T 和 F 来写，否则会得到错误提示。

创建变量"a"和"b"，并为它们赋值"True"和"False"。

```
a = True
b = False
print('a is {} & b is {}'.format(a,b))
```

运行前面的代码，会得到下面这样的结果：

```
= RESTART: C:/Users/aarthi/AppData/Local/Programs/Python/Python38-32/
condition.py
a is True & b is False
```

好的，现在知道如何使用布尔值了，但它们到底是什么？你知道布尔值实际上只是 1 和 0 吗？:0

没错，计算机将 True 读作 1，将 False 读作 0。电脑是一个简单的东西，会把所有接收到的复杂、奇怪的代码和脚本转换成非常简单的基于 1 和 0 的值。True 的值和 False 的值会被全部转换为它们的基础：一个 1 和一个 0。

下面来验证是否是真的吧。如果我把布尔值转换成一个整数，那么应该得到一个 1 或 0。

```
a = True
a = int(a)
b = False
b= int(b)
print('a is {} & b is {}'.format(a,b))
```

我修改了前面的代码，并插入了整数转换。我们来看看得到了什么：

```
= RESTART: C:/Users/aarthi/AppData/Local/Programs/Python/Python38-32/
condition.py
a is 1 & b is 0
```

快看！ True 转换成了 1，而 False 转换成了 0 ！

同样，通过使用 bool() 方法可以将数字和字符串转换为布尔值。 任何不是空字符串或者数字 0 的东西将返回 True。没错，即使是负数，也会返回 True ！来测试一下吧。

我将直接在 Shell 中测试同样的内容。

1 转换为 True。

```
>>> bool(1)
True
```

0 转换为 False。

```
>>> bool(0)
False
```

一个包含字符的字符串会转换为 True，即使是只包含一个空格的字符串，也如此。

```
>>> bool('hi there!')
True
```

空的字符串转换为 False。

```
>>> bool('')
False
```

在 Python 中有一个"None"值。它基本上意味着里面没有任何东西。如果"None"被赋给一个变量，该变量中的值将被替换为空值。自然，"None"就会转换为 False。

```
>>> bool(None)
False
```

后面的章节将研究列表、元组和集合。到时候，你会注意到，在内部包含东西的列表、元组和集合会转换为 True，而空的列表、图元和集合则会转换为 False。

比较和决定

好了，我们已经看到结果了，但如何得到它们呢？我们需要返回这些结果的条件。Python 有很多可以使用的条件！想看看吗？这里，我要让你再次回忆一下数学课上老师讲的东西。

还记得大于号（>）和小于号（<）吗？它们的作用是比较两样东西，通常是数字，并决定该表达式是真的还是假的。能明白我的意思吗？

是的，你可以使用这些符号作为条件！在 Shell 中测试一下吧。

3 比 5 大吗？

```
>>> 3 > 5
False
```

不。

```
>>> 3 < 5
True
```

那 3 比 5 小吗？没错！

看看这个，成了！你甚至可以测试是否相等。两个数字相等吗？只要用两个等号代替一个就可以了！

```
>>> 3 == 3
True
```

太棒了！

也可以测试两个数字是否不相等，用不等号！=，像下面这样：

```
>>> 2 != 2
False
```

2 不等于 2 吗？错，是相等的，所以结果是 False。

也可以使用字符串，而不仅仅是数字。

```
>> 'hello' == 'Hello'
False
```

结果是一个 False。知道为什么吗？没错！Python 是区分大小写的，所以"h"不等于"H"。

可以通过使用 <= 符号测试某物是否小于或等于其他东西来缩短时间。

```
>>> 2 <= 2
True
```

前面的代码是 True，因为即使 2 不小于 2，但肯定等于 2。由于其中一个条件是 True，所以结果也是 True。

同样，可以用 >= 符号来测试某物是否大于或等于其他东西。

```
>>> 3 >= 5
False
```

3 既不大于也不等于 5，所以结果是 False。

如果这样，就这样做（命令！）

现在知道了所有关于"True""False"和条件的知识。下一个是什么？当然是命令！

在 Python 中，可以用一个不错的小工具来发出命令。它叫 if 语句（如果语句）。能猜到它的作用吗？给你一个提示：与"如果"有关。:P

你现在已经知道了如何创建条件以及如何解释它们的结果（真或假），现在通过把这一切放在一起来给出一个命令吧。

其实这一点也不难。简单来讲，这就是 if 语句的作用：检查一个条件，如果这个条件是真的，那么就执行这一个或多个语句。如果不是真的，那么这些语句就不会被执行，而程序将跳到下一行代码。

让我展示一个 if 语句如何工作的快速图示，以便你能够更好地理解（图 9.2）。

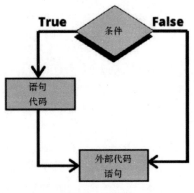

图 9.2　if 语句

if 语句的语法是下面这样的：

```
if comparison:
    lines of code
```

if 有一个小写的 i，if 语句内的语句应该进行缩进，也就是一个空格或一个制表位。"comparison"之后的冒号"："也是必须的。如果不缩进"内部的"代码行，那么 Python 就不会知道这些代码行属于 if 语句，并且也不知道只应该在条件为真时再执行。所以，一定要记得缩进。

好的，知道了 if 语句是如何工作的之后，就来测试一下吧。如果某人的年龄小于 5，那就打印"你是个小孩子"。

该怎么做呢？嗯……条件可能是 age<5 岁或类似的情况。如果想在这个列表中包含 5 岁，那么可以用 age <= 5。我可以在语句中包含一个打印语句，说"你是个小孩子"。这样应该是可行的，来测试一下吧！

```
age = input(" 你多大年纪了 ?")
age = int(age)
if age <= 5:
    print(" 你是个小孩子！: )")
```

我创建了一个变量 age，从用户那里获取输入，并将默认字符串转换为整数，以便可以与数字进行比较。

运行前面的代码，会得到下面这样的结果：

```
=== RESTART: C:/Users/CZO/AppData/Local/Programs/Python/Python39/
condition.py ==
你多大年纪了？5
你是个小孩子！：)
```

好耶，成功了！ ☺ 你已经在 Python 中执行了第一个条件命令。庆祝一下吧！

现在，我想让你给出任意一个大于 5 的数，并试试结果如何。

你试过了吗？什么都没有得到对不对？这个结果并不理想，下一节让我们来修复这个问题。

else 语句

我们发现，如果一个条件为 True，就可以执行 if 语句的内部语句。但如果它不为 True，那就不会发生任何事情。但是如果我希望其他事情发生呢？如果孩子大于 5 岁，那么我希望"你是个大孩子了"被打印出来。该如何做到这一点呢？

if 语句伴随着一个叫 else 的语句。如果 if 语句是 False，else 语句就会被执行。让我举例说明它的工作原理（图 9.3）。

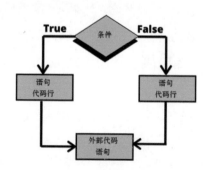

图 9.3　if else 语句

else 语句的语法很简单：

```
else:
        inner lines of code
```

"else" 后面应该放一个冒号，因为这次不需要检查条件。另外，就像 if 语句一样，把内部代码行放在缩进、制表位或空格之后。

现在来测试一下它是如何工作的吧！

```
age = input(" 你多大年纪了 ?")
age = int(age)
if age <= 5:
    print(" 你是个小孩子！：)")
else:
    print(" 你是个大孩子了！：)")
```

现在给出一个年龄，8 就不错，我们来看看会发生什么：

```
=== RESTART: C:/Users/CZO/AppData/Local/Programs/Python/Python39/
condition.py ==
你多大年纪了？8
你是个大孩子了！：)
```

哇哦，完美！

多个条件

有时候，事情并不只是黑白分明的。如果有人超过 5 岁，他们不一定就是个孩子。如果超过 12 岁，就是青少年。如果超过 18 岁，就是个成年人了。

但程序并没有考虑到这些，所以还不完整。下面来解决这个问题吧。

有一种叫 elif 的语句，可以插入 if 和 else 语句之间。能猜到 elif 的作用吗？名字里就有这个意思，不是吗？如果某件事情是 False，那么我们就要检查第二个条件，看它是否是 True。你可以把随意数量的 elif 语句叠加起来，一个接一个，然后用 else 语句作为结尾。让我来举例说明这是如何做到的吧。

elif 语句的语法（在 if 之后和 else 之前）如图 9.4 所示。

```
elif condition:
    内部的代码
```

现在来测试一下 elif 吧。我将创建一个主要的 if 条件，测试年龄是否 <=5（小孩子）。如果这个条件不是真的，我们将包括另一个条件，测试

年龄是否 <=12（大孩子）。同样，我们将包括第三个条件，测试年龄是否
<=19 岁（青少年）。最后是第四个条件，测试年龄是否 >=20 岁（成年人）。

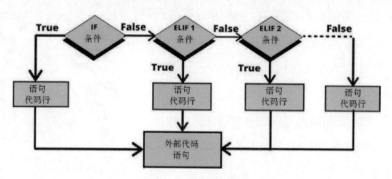

图 9.4　if elif else 语句

听起来不错，但是 else 语句是干什么的呢？嗯哼，else 语句是用来捕
捉其他一切条件的。例如，如果用户错误地给了一个字符串或任何其他非
数字的值作为输入，那么 else 语句将"捕捉到"这一点并要求他们重新运
行程序。这样说够清楚了吗？要不要把这个写进代码里，看看它是否有效？
好的！下面来试试吧。

```
age = input(" 你多大年纪 ?")
age = int(age)
if age <= 5:
    print(" 你是个小孩子! : )")
elif age <= 12:
    print(" 你是个大孩子了! : )")
elif age <= 19:
    print(" 你是个青少年! : )")
elif age >= 20:
    print(" 你已经是个成年人了! ")
else:
    print(" 看起来你并没有输入数字，请重新运行程序 ")
```

我将要运行这个程序并输入 13。

```
=== RESTART: C:/Users/CZO/AppData/Local/Programs/Python/Python39/
condition.py ==
你多大年纪 ? 13
你是个青少年! : )
```

现在，我希望你试试用不同的年龄值（数字和其他）来运行程序，看
看能够得到了什么。 也可以试试字符串。开心就好！ ☺

迷你项目 12：猜数字游戏（1）

这会是一个简单的小游戏。这里将不会用到
Turtle，但如果你想用的话，也是可以的。

　　游戏的原理是这样的：当游戏开始时，程
序会生成一个 1 到 10 之间的数字（包括 1 和
10）。然后，玩家有三次机会来猜测这个数字。
如果猜对了任何一次，他们就赢了。反之，他
们就输了。很简单对不对？来试试吧！

　　1. 首先导入"随机"模块。游戏开始时，需要用该模块生成一个 1 到
10 之间的数字，也就是玩家需要去猜测的数字。

```
import random
```

　　2. 由打印一条介绍该游戏的信息作为开始。然后再去生成随机数。这
里将使用"随机"模块的 randrange() 方法。还记得这个方法吗？它从范围
内生成一个随机数，但不包括范围内的最后一个数字。这里需要一个 1 到
10 之间的数字，所以范围将是 1 到 11。

```
print(' 猜对数字赢游戏！')
number = random.randrange(1,11)
```

　　3. 然后，玩家进行第一个猜测。输入的信息通常是字符串，所以先把
它们转换成整数

```
guess1 = input(' 猜一个 1 和 10 之间的数字——第一次机会：')
guess1 = int(guess1)
```

　　4. 现在，要开始进行比较。如果第一个猜测数字等于答案，那么打印
一个成功的信息。如果不是，就开始一个 else 语句。在 else 语句中，重新
开始。得到第二个猜测，在 else 语句里面，启动一个 if 语句，检查第二个
猜测的数字是否与答案相同。

```
if(guess1 == number):
    print(' 你猜对啦！：)')
else:
    guess2 = input(' 再猜一次——第二次机会：')
    guess2 = int(guess2)
```

```
    if(guess2 == number):
        print(' 你猜对啦！：）')
```

5. 第三次猜测也是一样的。

```
else:
    guess3 = input(' 再猜一次——最后一次机会 ')
    guess3 = int(guess3)
    if(guess3 == number):
        print(' 你猜对啦！：）')
```

6. 最后，就是最后一条 else 语句了。如果玩家试了三次还没有猜出来

的话，那么程序就会运行最后一条 else 语句，并打印出一条悲伤的信息。

☺我们来告诉他们数字是多少吧，他们应该想知道正确的答案。

7. 这就是一个简单的程序了！

```
else:
    print(' 对不起！机会用光了！：（')
    print(' 这个数字是 {}'.format(number))
```

我们来试试这个游戏能不能成功吧！运行前面所有的代码，会得到下

面的结果：

```
= RESTART: C:\Users\CZO\AppData\Local\Programs\Python\Python39\
chapter9Mini1.py
猜对数字赢游戏
猜一个 1 和 10 之间的数字——第一次机会：5
再猜一次——第二次机会：7
你猜对啦！：）
```

我第二次就猜对了！太棒了！☺

再来试一次吧：

```
= RESTART: C:\Users\CZO\AppData\Local\Programs\Python\Python39\
chapter9Mini1.py
猜对数字赢游戏
猜一个 1 和 10 之间的数字——第一次机会：5
再猜一次——第二次机会：2
再猜一次——最后一次机会：3
对不起！机会用光了！：（
这个数字是 4
```

哎呀呀，太难了，我三次机会都没有猜对，正确结果是 4。

条件越来越多

有时，你可能想同时检查多个条件，或者可能希望条件与它的内容相反。

Python 给你两个选项来实现这一点。这些称为"逻辑运算符"，可以用它们来组合条件语句 (比较) 并得出最终的 True 或 False 的结果。别感到困惑，让我来解释一下。

第一个是 and 运算符。如果在两个或更多的比较中使用 and 运算符，那么只有当所有的比较都为真的时，该条件才会返回 True。

语法如下：

```
(comparison1) and (comparison2)
```

你也可以在写比较的时候不加括号，执行仍然会正常进行（比较的优先级比逻辑运算符高），但为了使执行的顺序更清晰，加入括号是一个不错的做法。

我来解释一下 and 运算符的作用。and 的中文意思是什么？是"和"。意味着围绕着"和"的一切东西，对吗？因此，当在两个或多个条件周围使用这个语句时，只有当周围的所有条件都是真的时，最后的结果才是真的。如果其中有一个条件是假的，那么最终会得到一个假的，即使其他的条件都是真的。通过一个插图来解释这个问题吧。(图 9.5)

AND 语句

条件1	条件1	结果
True	True	True
True	False	False
False	True	False
False	False	False

图 9.5　and 语句和结果

现在，理解 and 是怎么工作的了吗？

接下来，有一个 or 运算符。它是如何工作的？真的很简单。在中文中，or 翻译成"或者"，的意思是"要么是"，对吗？所以，如果 or 运算符周围的任意一个条件是真的，那么整个语句就是真的。

如果在两个或更多的比较中使用"or"运算符，那么如果这些比较中有任何一个为真，条件将返回 True。

语法如下：

```
(comparison1) or (comparison2)
```

同样的，用插图来解释一下 or 语句是如何工作的（图 9.6）。

OR 语句

条件1	条件2	结果
True	True	True
True	False	True
False	True	True
False	False	False

图 9.6　or 语句和结果

最后是 not 运算符。这里没有什么要猜的。这很简单，不是吗？ not 运算符只是将结果反转过来。如果一个比较的结果为 True，那么在该比较语句上使用 not 运算符会得到 False，反之亦然。

语法如下：

```
not(comparison)
```

也可以在其他逻辑语句中使用 not 运算符：

```
not((comparison1) and (comparison2))
```

在编程中，需要确保关闭括号。

在前面的语法中，每个比较的周围有两组括号，and 运算符在中间，另一个括号囊括了所有的内容。

通过 Python Shell 去测试这些语句来结束本章吧。

```
>>> (5 > 3) and (4 < 3)
False
```

5 大于 3，但 4 不小于 3，如果用 and 运算符来代替，

```
>>> (5 > 3) or (4 < 3)
True
```

我们得到一个 True，因为其中一个比较为 True。

现在，把逻辑语句结合起来吧！可以用数学运算做比较，尝试点更复杂的操作吧。

```
>>> ((5 > 3) or (4 < 3)) and ((3 + 2) == 5)
True
```

花一分钟时间仔细阅读前面的语句。首先看一下括号的位置。每一个

运算（大于、小于和加法）旁边都有括号，一个括号包含了 or 语句，一个括号包含了等于运算。如果漏掉了其中的一个括号，要么就会得到一个错误提示，要么操作顺序会被打乱，答案就会是错误的。

现在来测试一下 not 运算符吧。

```
>>> not(5 > 3)
False
```

5 确实大于 3，但因为这里用了 not 运算符，就得到了一个 False。

```
>>> not((5 > 3) or (4 < 3))
False
```

这段关于 or 的操作的结果为 True，因为其中一个语句为 True，但是因为用了 not 运算符，最终结果便成了 false。

最初，前面的操作得出 false，因为 4<3 不为真。但我在 4<3 上使用了 not 运算符，这使得比较的最终结果为 True。所以 True 和 True 就为 True。

我打算就此打住，但希望你能继续探索！可以试试把知道的所有数学运算符、比较运算符和逻辑运算符结合起来。看看不同的组合能得到什么。编程，就是要在实践中检验真理。快快动手吧！ ☺

小结

本章学习了所有关于命令计算机做我们想做的事情的知识。了解了布尔值和条件以及它们的结果。然后继续学习了 if、else 和 elif 语句以及如何使用它们来命令计算机。最后研究了 and、or 和 not 以及它们的用途，并像往常一样，完成了一些迷你项目。

下一章将介绍用循环来实现自动化处理。在用 Turtle 创建图形时，可以为我们省很多事。

 学习成果

第 10 章

初识自动化

第 9 章学习了关于条件、if、else 和 elif 语句的知识以及如何结合多个条件来创建复杂的命令。

　　这一章将学习如何用循环来实现自动化,使用 for 和 while 循环来自动创建图形,用 break 语句提前结束循环,等等。这一章将看到很多丰富多彩的趣味迷你项目。

神奇的循环

Python 魔法无限，而循环尤其让人印象深刻！还记得我
们为了在 Turtle 中画一个简单的小图形而写过的大量代
码吗？想用更简单的方法来做同样的事情吗？如果能在
Turtle 中只用四五行代码就能一个接一个地画出几百个方
块会怎样？这只是一个例子。如果想在 Turtle 中打印数字 1 到 100，同样
只用四到五行代码呢？那是 100 条打印语句，但只用四行代码就可以实现。
怎么做到的？这就是循环的力量。

通过循环，可以使程序重复相同的动作任意次数。你想从 1 打印到
100 吗？可以创建一个自动化代码，从 1 开始，打印 1，然后将 1 递增 1，
也就是 2；打印，然后再次递增；如此循环。

请看图 10.1。我们有一堆的代码行。这里有一个范围，只要这个范围
为真，就运行相同的几行代码。这个范围从一个数字开始，每重复一次循
环就递增 1。一旦达到这个设定的数字，就停止运行这个"循环"。每一
次运行这些相同的代码行，都被称为一个迭代。这个例子中，将有 100 次
这样的迭代来打印从 1 到 100 的数字。

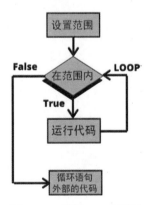

图 10.1　循环：一个图例

Python 中有两种类型的循环，我们将对这两种循环进行研究，并通过
很多迷你项目来展示这些循环的功能。准备开始了，有没有感到兴奋呢？
我已经热血沸腾，有些燃了！☺ 循环是真正的要点。你已经成功了一半了！

for 循环

for 循环是最常用的循环，它们不仅限于迭代指定的次数。它们确实可以那么做，但还可以用 for 循环来迭代字符串、列表和很多类似这样的复杂数据。

这一章将只会重点了解在一个给定的数字范围或字符串范围内使用 for 循环。当我们之后研究复杂的数据类型（如列表和字典）时，会再重新审视 for 循环以及如何在这些数据类型中使用它们。

好的，现在就开始吧！

用前面的例子操作，打印从 1 到 100。你已经知道需要什么了。先看看如何在一个范围内写一个 for 循环，然后试着解决问题吧，好不好？

语法非常简单。首先必须以关键字 for 开始，并全部使用小写字母。然后需要创建一个临时变量。它可以是一个 x（随机的、未知的数字）或一个 i（表示迭代），也可以是任何名称的变量。这个变量将在每次迭代的范围内存储当前的数字。

所以，如果范围是从 1 到 5，假设把临时变量命名为 x。

```
Iteration 1 : x is 1
Iteration 2 : x is 2
Iteration 3 : x is 3
Iteration 4 : x is 4
Iteration 5 : x is 5
```

而当 x 达到 5 时，循环停止执行。明白这是怎么一回事了吗？

另外，你可以设置任何的数字范围，只要有连续性。如果给出的范围是 range(1,6)，那么这意味着你想让 x 值在每次迭代中从 1 到 5。范围内的最后一个数字将被忽略。

不要忘记添加冒号！就像 if 语句中一样，for 语句以冒号结束，而里面的代码行应该放在缩进之后。

因此，语法应该是下面这样的：

```
for x in range(1,6):
    line of code
```

我知道这有点儿乱，而且过于理论化。下面来看一些例子，好吗？

问题是什么来着？打印从 1 到 100，对吗？范围是 range(1,101)，因为想把 100 包括在内，并且只需要在循环里有一个打印语句。

代码应该是下面这样的：

```
for x in range(1,101):
print(x)
```

运行前面的代码，会得到下面这样的结果：

```
= RESTART: C:\Users\aarthi\AppData\Local\Programs\Python\ Python38-
32\numbers.py
1
2
3
.
.
.

98
99
100
```

代码打印了全部内容，但我认为这一章没有足够的篇幅来显示所有的东西，所以这里是它的缩略版本。你应该也运行了代码，很神奇，对吗？用两行代码就完成了这一切，仅此而已。这就是循环的力量。

这只在我想打印范围内的所有数字时才有效。如果只想打印偶数呢？可以在范围内给出一个条件，使之发生。

比方说，我想打印的范围是这样的：range(2,101,2)

基本上是要求代码打印从 2 到 100 的数据，但是每一次迭代，我希望"x"的当前值增加 2，而不是 1。

因此，x 在第一次迭代中是 2，在第二次迭代中是 4，以此类推。下面来测试一下吧。

```
for x in range(2,101,2):
    print(x)
```

运行前面的代码，会得到下面这样的结果：

```
= RESTART: C:\Users\aarthi\AppData\Local\Programs\Python\Python38-
32\numbers.py
2
4
6
```

```
8
10
.
.
.
94
96
98
100
```

如果希望每次递增 3，那么就将 3 作为第三个参数，以此类推。

for 循环中的 if 语句

另外，也可以使用在第 5 章中学习的模块运算符来过滤掉不需要的数字。因此，如果只想打印出舍入后的数字的话，可以做一个 x % 2 的操作，只要得到的结果是 1，那我就可以确认当前的数字是一个奇数并打印出来。

1 % 2 是 1

2 % 2 是 0

3 % 2 也是 1。

看出规律了吗？一起来试试吧！

```
for x in range(1,101):
if (x % 2) == 1:
print(x)
```

现在你知道如何在 for 循环中使用 if 语句了。同样，也可以在 if 循环中使用 for 语句。

```
= RESTART: C:\Users\aarthi\AppData\Local\Programs\Python\Python38-
32\numbers.py
1
3
5

7
.
.
. 93
```

嵌套 for 循环

也可以在 for 循环中创建 for 循环。这些被称为"嵌套 for 循环"。为了演示嵌套循环是如何工作的，我将在本节末尾创建一个在每次迭代中打印出星星的模式，作为一个迷你项目。

但在开始迷你项目之前，我想介绍一个打印中的概念。你注意到每个新的打印语句是写在一个新的行中的吗？那是默认的。但如果不希望这样呢？如果希望下一个打印语句与上一个打印语句在同一行呢？可以用 end = 语法来实现这个目的。

```
print('Hello', end = " ")
print('there！')
```

运行前面的代码，会得到下面这样的结果：

```
= RESTART: C:\Users\aarthi\AppData\Local\Programs\Python\Python38-
32\numbers.py
Hello there！
```

end=" "指示打印语句以空格结束，并指示 IDLE 在空格后直接打印下一个语句，而不是换行。

现在你知道如何操作打印语句了，再来看看嵌套循环。

实际上，语法非常简单。比方说，我想打印数字 123，一个接一个，排成一行，重复 10 次。所以，外循环的范围是 range(1,11)，内循环的范围是 range(1,4)，打印语句只在内循环中出现，因为我们只需要打印出 1、2 和 3。下面来测试一下吧。

```
for x in range(1,11):
    for i in range(1,4):
        print(i, end = "")
```

在前面的几行代码中，没有在 end = 后面给一个空格，因为我想让 1、2、3 一个接一个地打印出来。另外，如果给出这样的代码：end="，"那么就会在每一行中得到类似 1,2,3 的东西。你可以按照自己的意愿来设计这个。试着给出其他特殊字符来处理结果。

运行前面的代码，会得到下面这样的结果：

```
= RESTART: C:\Users\aarthi\AppData\Local\Programs\Python\Python38-
32\numbers.py
123123123123123123123123123123
```

哎呀呀，出了点问题！是什么呢？我们从来没有换行，对吗？我们需要在每一行完成后换行，这样就可以在下一行重复同样的事情，来试试吧。

在 Python 中有一段代码，可以创建一个新的行。它叫 \n ，它类似于在想免除单引号和双引号被认为是代码的一部分时使用的反斜杠，记得吗？所以只需要在内部 for 循环结束后再添加一行代码。

在 Python 中有一段代码可以创建一个新的行，叫 \n ，用来防止单引号和双引号被视为代码的一部分时使用的反斜杠，所以只需要在内部 for 循环结束后再添加一行代码。

```
for x in range(1,6):
    for i in range(1,4):
        print(i, end = "")
    print("\n")
```

看到缩进了吗？第一个打印语句位于内部 for 循环的内部，第二个打印语句位于外部 for 循环的内部。缩进可以使 Python 中的代码成功或失败，所以要非常小心地使用，好吗？

如果将第二个打印语句写在与第一条相同的行中，那么 Python 会认为我想要在打印每个数后换行。而不是在打印每一行之后。这一切都将变得不一样了，难道不是吗？

运行前面的代码，会得到下面这样的结果：

```
= RESTART: C:\Users\aarthi\AppData\Local\Programs\Python\Python38-
32\numbers.py
123
123

123

123

123
```

另外，也可以在外部 for 循环结束时使用一个空的 print()，这样就会得到一个新的行，因为打印语句默认产生新的行。

对字符串进行迭代

与 while 循环相比，for 循环的好处是可以对事物进行迭代，而不仅仅是数字范围。例如，可以对一个字符串中的每一个字母进行迭代。想试试吗？

我将创建一个变量 a 并在其中放置一个字符串"Hello there"。然后使用同样的语法，但这一次，将只提到 a，它包含字符串，而不是一个范围。

```
a = 'Hello there！'
for x in a:
    print(x)
```

我们来看看得到了什么：

```
= RESTART: C:\Users\aarthi\AppData\Local\Programs\Python\·Python38-
32\numbers.py
H
e
l
l
o

t
h
e
r
e
！
```

看，每一个单独的字符都被打印在单独的一行。是不是很整齐？想一想像这样强大的东西可以带来的所有可能性吧！

while 循环

现在已经彻底探索了 for 循环，相信我，while 循环只是小菜一碟。与 for 循环不同，while 循环内只要一个条件为 True，那就会一直执行循环内的语句。还记得 if 语句吗？它与此类似，但这里有一个额外的迭代元素。

语法非常简单：

```
initialize
while condition:
    lines of code
    Increment
```

语法有点令人困惑，对吗？让我用一个例子来解释。它类似于 for 循环，但只是有点长。在 for 循环中，我们给出一个范围。比方说，范围从 1 开始，所以在 while 循环中，需要在范围的起点初始化临时变量，像下面这样：

```
x = 1
```

然后需要条件。比方说，希望这个范围以 11 为终点，这意味着它需要从 1 到 10 进行迭代，所以可以这样给出条件：

```
while x < 11:
```

另外，也可以让条件为 x<=10。可以自由地使用 while 循环来执行此操作。

最后，需要代码行。代码行可以是任何东西，真的，并且可以是任何数量的语句行。但是，就像 for 循环一样，内部的代码行需要在缩进后输入。

目前就是这样：

```
x = 1
while x < 11:
    print(x)
```

但如果在这里结束循环，就会创造一个永不结束的循环。"x"将永远是 1，并且将永远小于 11，所以条件将永远为真，而且循环将永远不会停止执行。这很危险。

所以，我们需要循环在一个点上停止，对吗？这就是 increment 登场的时候了。用你想要的任何数字来增加 x，所以在某一点上，循环确实结束了。

这是最终的代码：

```
x = 1
while x < 11:
    print(x)
    x += 1
```

运行前面的代码：

```
= RESTART: C:\Users\aarthi\AppData\Local\Programs\Python\Python38-
32\numbers.py
1
2
3
4
5
6
7
8
9
10
```

完美！ ☺

中止任务！中断并继续

结束并继续。不难猜到这些是做什么的。无论范围或条件是否为真，break
语句都会中断循环。

```
for x in range(1,11):
    if(x == 5):
        break
    print(x)
print('循环中断 :(')
```

在前面的几行代码中，我实际上是在中间中断了 for 循环。当 x 为 5 时，
我要求循环中断，执行的行会立即跳到循环后的行，也就是打印“循环中
断☺”的语句。下面来测试一下这是否有效。

```
=== RESTART: C:\Users\CZO\AppData\Local\Programs\Python\Python39\for
loops.py ==
1
2
3
4
循环中断。:(
```

看到了吗？我甚至没有得到 5，因为 break 语句在 print 语句之上。这
就是“break”的作用。

但另一方面，continue 语句只是跳过了那个特定的迭代，仍然执行其
余的迭代。这次用 while 循环来测试吧。使用同样的例子，但这次我想在 x

为 5 时继续执行。

```
x = 1
while x < 11:
if x == 5:
x += 1
continue
print(x)
x += 1
print('5 被跳过了！')
```

仔细阅读前面的几行代码。你注意到什么了吗？我在 continue 语句之前又加了一条 increment 语句。为什么？还记得我告诉你需要小心 while 循环中的无限循环吗？现在，如果只是继续循环，那么 x 就会一直停留在 5，因为在每次迭代时，程序都会检查 x 是否为 5，而且总是为真，因为增量没有发生。所以，while 循环可能是很棘手的，要小心。

运行代码：

```
== RESTART: C:/Users/CZO/AppData/Local/Programs/Python/Python39/
while loops.py =
1
2
3
4
6
7
8
9
10
5 被跳过了！
```

是的，5 确实是被跳过了！

你现在已经是循环的专家了，庆祝一下吧！

⚃ 迷你项目 13：猜数字游戏（2）

这里将再次尝试第 9 章中的猜数字游戏，但这一次会把自动化的魔法引入其中。

像上次一样，玩家有三次尝试的机会，但每一次失手，都会得到一个小提示，告诉玩家他们所猜测出的数字是比要猜的答案高还是低。

1. 首先导入随机模块，因为要从中生成要猜测的数字。

```
import random
```

2. 打印出一条信息，然后在 1 到 10 的范围内生成一个随机整数（整个数字）。范围内的最后一个数字是 11，因为 randrange() 不考虑这个。

```
print(' 欢迎来到猜数字游戏！')
number = random.randrange(1,11)
```

3. 接下来，创建一个运行三个迭代的 for 循环（范围为 1,4，即从 1 到 3）。对于每一次迭代，要求玩家输入一个 1 到 10 之间的数字。获取输入，并将其转换为整数。

```
for i in range(1,4):
    guess = input(' 输入一个 1 到 10 之间的数字：')
    guess = int(guess)
```

4. 一旦输入，就要开始比较了。首先，需要检查最后的迭代，因为如果已经是最后一次机会，而玩家仍然没有猜对的话，就需要终止游戏。所以，检查一下 i 的值是否为 3，而猜测的结果还是不对的话，打印一个 "对不起"，并告诉玩家这个数字是什么。

```
if(i == 3 and number ! = guess):
    print(' 对不起，机会用光了 :(')
    print(' 正确的数字是 {}'.format(number))
```

5. 如果玩家最后一次猜对了，就打印消息告诉玩家成功了。

```
elif(i == 3 and number == guess):
    print(' 你猜对了！: )')
```

6. 现在已经完成了检查，我们来创建一个 else 语句，它将包含前两次尝试的代码。

对于前两次猜测，检查当前的猜测是否是错误的。如果是，那么在检查 "猜测" 是否小于或大于要猜测的数字后打印一条信息。如果他们在任何一次尝试中都猜对了，那么就打印一个显示成功的信息，并中断 for 循环，因为不需要再进行任何迭代了。

如果在第三次迭代中，那就不需要 break 语句，因为那将是循环的最后一次迭代。

```
else:
```

轻松学 Python

```
    if(number ! = guess):
        if(guess < number):
            print('你猜的数太小了，试试更大的。')
        else:
            print('你猜的数太大了，试试更小的。')
    else:
        print('你猜对！:）
        break
```

就酱（这样），非常简单，对吧？一起来看看效果。

运行前面的代码，会得到下面这样的结果：

```
= RESTART: C:\Users\CZO\AppData\Local\Programs\Python\Python39\guess
a number 2.py
欢迎来到猜数字游戏！
输入一个 1 到 10 的数字 5
你猜的数太小了，试试更大的。
输入一个 1 到 10 的数字 8
你猜的数太小了，试试更大的。
输入一个 1 到 10 的数字 9
你猜对了！:）
```

我在最后一次机会中猜对了，呼！太好了！

这个小游戏是不是很有趣呢？和朋友们一起试试吧。根据自己的意愿
去增加或嫌少范围，大胆尝试吧！☺

⸭ 迷你项目 14：自动画出正方形

这将是一个简单的项目，将在 Turtle 中自动画出正方形。

创建一个 for 循环，并给出 1:5 的范围，使它迭代 4 次来画出一个正方
形。只是要在整个循环中重复向前 100 个点和向右转 90 度。

```
import turtle
s = turtle.getscreen()
t = turtle.Turtle()
t.pensize(5)
t.color('Red','Green')
t.begin_fill()
for x in range(1,5):
    t.forward(100)
    t.right(90)
    t.end_fill()
t.hideturtle()
turtle.hideturtle()
```

运行前面的代码，看看！正方形已经出现了（图 10.2），而且只是写了之前写的一小部分的代码。

图 10.2　自动画出正方形

迷你项目 15：自动画出任何基本形状

在这个项目中，要把给程序的任何形状都自动画出。

所以，只要输入有几条边以及边的角度，程序就会画出相关的图形。很酷，对吗？开始吧！☺

1. 首先设置 Turtle。

```
import turtle
s = turtle.getscreen()
t = turtle.Turtle()
```

2. 画笔的大小设置为 5，使图形看起来更好。笔的颜色将是蓝色，而图形的填充颜色将是橙色。

```
t.pensize(5)
t.color('Blue','Orange')
```

3. 接下来，把边的数量数和角的度数作为输入，并转换成整数。

```
sides = input("图形有多少道边？ ")
sides = int(sides)
angle = input("每两道边之前的夹角是多少度？ ")
angle = int(angle)
```

4. 现在，开始绘制。从 begin_fill 开始，然后打开一个 for 循环，从 0 到 sides-1（给 0,sides 作为范围）。这意味着，如果 sides 的值是 5，循环将运行 5 次，并且在循环的每一次迭代中绘制一个边。

```
t.begin_fill()
for x in range(0,sides):
```

5. 在 for 循环中创建一个 if 语句，检查是否已经到达最后一面。如果已经到达，那么将把笔放回原位（0,0），并中断循环。

```
if(x == sides-1):
    t.home()
    break
```

6. 在剩下的迭代中，要把笔向前推 100 点，并在给定的角度下改变笔的方向。

```
t.forward(100)
t.right(angle)
```

7. 这就是 for 语句的内容。结束填充和隐藏小海龟，完成这个程序。

```
t.end_fill()
t.hideturtle()
turtle.hideturtle()
```

8. 用 4 和 90 作为输入：

```
===== RESTART: C:\Users\CZO\AppData\Local\Programs\Python\Python39\
mini2.py ====
图形有多少道边？ 4
每两道边之前的夹角是多少度？ 90
```

输入输出后按回车键。检查 Turtle 屏幕，会看到图 10.3 所示的图像。

图 10.3　四条边和 90 度的角：正方形

这是个正方形！

9. 现在，3 和 60（图 10.4）。

===== RESTART: C:\Users\CZO\AppData\Local\Programs\Python\Python39\
mini2.py ====

图形有多少道边？ 3

每两道边之前的夹角是多少度？ 60

一个等腰三角形！

图 10.4　三条边和 60 度的角：三角形

10. 现在，6 和 60（图 10.5）。

===== RESTART: C:\Users\CZO\AppData\Local\Programs\Python\Python39\
mini2.py ====

图形有多少道边？ 6。

每两道边之前的夹角是多少度？ 60。

图 10.5　6 条边和 66 度的角：六边形

一个六边形，很棒！

试试用 8 和 60 得到一个五边形，用 8 和 45 得到一个八边形，尝试更多的数据来看看能得到什么吧。好好玩！

迷你项目 16：自动绘制曼陀罗

这个项目将自动绘制曼陀罗。很简单，试试就知道了。

1. 首先设置 Turtle。

```
import turtle
s = turtle.getscreen()
t = turtle.Turtle()
```

2. 把笔的速度设为 0，这样就会画得很快。笔的大小将是 5，颜色是红色。

```
t.speed(0)
t.pensize(5)
t.pencolor('Red')
```

3. 接下来打开一个 for 循环，需要让它循环 7 次（范围是 0,7）。现在，我已经通过试验和错误提示得出了这个 for 循环中的所有数值。你可以随心所欲地改变它们，看看能得到什么。☺

```
for i in range(0,7):
```

4. 在 for 循环的每次迭代中，将画出一个 100 点的圆形，并以 50 度的角度向左转。

```
t.circle(100)
t.left(50)
```

5. 好样的！如果现在运行这个程序，你会看到曼陀罗的图案。但是，这里可以更进一步，在设计里面画一个圆。把笔的大小改为 7，移到 -10,-50 的位置（通过试验找到的位置通过试验和错误找到的），把笔的颜色改为蓝色，然后画一个半径为 50 的圆。最后，把 turtle 藏起来。

```
t.pensize(7)
t.penup()
t.goto(-10,-50)
t.pendown()
t.pencolor('Blue')
t.circle(50)
t.hideturtle()
turtle.hideturtle()
```

运行前面的代码，会得到图 10.6 这样的结果。

看起来不错！试试改变数值和颜色，看看结果如何。

图 10.6　通过循环创建基本款曼陀罗

⚃ 迷你项目 17：弧形螺旋线

这个项目要做一个 Python 中 setheading() 方法的演示，画出弧形螺旋线！期待吗？ ☺

　　1. 首先设置 Turtle。

```
import turtle
s = turtle.getscreen()
t = turtle.Turtle()
```

　　2. 把当前的航向（方向）打印到 Shell 上作为开始。当开始时，它是 0。把笔的大小改为 5，速度改为 5，这样会画得快一些。

```
print(t.heading())
t.pensize(5)
t.speed(5)
```

　　3. 把开始的角度设为 0。

```
angle = 0
```

　　4. 然后，打开一个运行 12 次的 for 循环，因为我想在弧线中展示圆的 12 个角度。

```
for i in range(12):
```

　　5. 每次循环运行时，都会画一个半径为 100 的半圆。在半圆的末端，将写下当前的标题。然后把笔移回起点，这样就可以为下一个弧线做好准备。

```
t.circle(100,180)
t.write(t.heading())
t.penup()
t.home()
t.pendown()
```

6. 最后，在循环的每一次迭代中把角度增加 30，并把航向设置为该特定角度。

```
angle += 30
t.setheading(angle)
```

7. 运行前面的代码，会得到图 10.7 这样的结果。

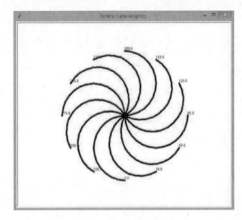

图 10.7　半圆形的螺旋线

8. 将圆的角度改为 90 度，画四分之一圆（弧线），结果如图 10.8 所示。

图 10.8　四分之一圆螺旋形

如果想的话，可以把文字去掉，在所有的东西上画一个圆圈，也可以设计一个新的曼陀罗！ ☺

小结

本章学习了如何通过使用循环在程序中实现入门级的自动化。学习了所有关于 for 循环、while 循环和范围的知识以及如何用 break 语句和 continue 语句来操作循环。同时，利用本章所学的概念完成了许多迷你项目。

下一章将了解如何用 Python 的内置数据结构在一个变量中存储多个值和不同种类的值。

 学习成果

轻松学 Python

第 11 章

大量的信息

第 10 章学习了如何用 for 循环和 while 循环来自动化代码。同时研究了 break 语句和 continue 语句，并完成了许多丰富多彩的迷你项目。

在理论密集型的这一章中，要研究的是 Python 提供的各种内置数据结构。我们将了解如何使用这些数据结构在一个变量中一次存储多个值，并看看在真实程序中使用这些数据结构的实际例子。

存储多个值

现在，我们一次只能存储一个值。当然，这些值可以
被改变，但不能在同一个地方存储两个值。这是不是
有点不方便？假设我想存储六个不同的颜色值，以便
能在代码中一个接一个地使用它们。

那该怎么做呢？我可能会像下面这么做：

```
color1 = 'Red'
color2 = 'Orange'
color3 = 'Blue'
color4 = 'Yellow'
color5 = 'Green'
color6 = 'Violet'
```

然后，每次我想在代码中使用这些值时，都必须记住并参考它们。
哇……这是个漫长的过程。

如果说，可以把所有六种颜色都保存在同一个地方及同一个变量中呢？
看起来像图 11.1 一样。

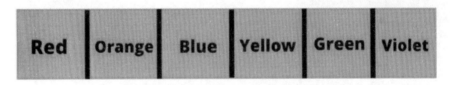

图 11.1 一个变量中的多个值

在 Python 中，这被称为"**数据结构**"（data structure）。看到数据是
如何结构化（组织）和存储的吗？有四个这样的预制数据结构，可以用来
在同一位置存储多个值。不仅节省了大量的代码行和时间，代码也更有效
率。不同类型的数据也可以被存储。同一数据结构中可以同时存储字符串、
数字和布尔值。

访问这些数据也很容易，只需遵循类似于我们在访问字符串中的单个
字符时使用的格式。稍后会说到这一点。

先来看看这四个数据结构。

● 列表（List）：Python 的确是一种容易学习的语言，不是吗？这种

语言中使用的关键字非常容易记忆。列表就是这样。它是一个信息的列表，但是是**有序的**。列表中的单个值可以**改变**，而且**允许有重复的值**存在。

- 元组（tuple）：元组类似于列表。唯一的区别是，**值一旦固定就不能改变**。这意味着不能添加或删除值。

- 集合（set）：集合，与元组的列表不同，是**无序的**，没有索引可以访问特定的值，也**不允许有重复的值**，因为这些值是无序的。

- 字典（dictionary）：顾名思义，字典中的值存储为**单词：描述**的形式。字典也是无序的，但是可以被改变，并且，"词"，在 Python中，被称为"键"，作为一个索引，通过它可以访问值（描述）。

你现在可能有些懵。不用担心，乍一看这些数据结构很吓人，但事实绝对不是这样的。下一节会用有趣的、容易理解的例子来解释它们，你很快就会明白的。☺

列表

先来看一下列表，创建它们非常容易。用逗号把想存储在列表中的多个值分开，然后把所有的东西放在方括号（[]）里，这样就有了一个列表。你想试试吗？

下面来试试把前面的例子中写的六行代码转换成一个列表吧。

```
colors = ['Red', 'Orange', 'Blue', 'Yellow', 'Green', 'Violet']
```

前面的例子中只有字符串（因此有引号），但可以创建一个只有数字的列表，或只有布尔值，或两个或多个数字的组合。只要根据需要，创建想要的就可以了。

你现在可能正眯着眼睛看这一页。不用担心，乍一看，这些数据结构很吓人但绝对不是这样的。我会用简单且有趣的方法来解释。

```
a = [1, 'Hello', True, False, 34.5, '*']
```

前面的代码是一个异质值的列表（不同的数据类型）。

访问列表中的值

好的,现在有一个值的列表,那该如何访问(存取)它们呢?猜一猜?你已经知道怎么做了。

没错,使用索引,就像我们对字符串所做的那样。列表中的第一个值的索引是 0,第二个值的索引是 1,以此类推。

假设我想访问并打印列表 "a" 中的第三个值,在索引 2 的地方。

```
print(a[2])
```

运行前面的代码,会得到下面这样的结果:

```
= RESTART: C:/Users/aarthi/AppData/Local/Programs/Python/Python38-32/
dataStructures.py
True
```

成功访问!

也可以做负索引,就像对字符串做的那样。也就是说,要访问列表中的最后一个元素(值),只需要给出 -1 就可以了。

```
print(a[-1])
```

运行前面的代码,会得到下面这样的结果:

```
= RESTART: C:/Users/aarthi/AppData/Local/Programs/Python/Python38-32/
dataStructures.py
*
```

好耶,成功了! ☺

切分列表

如果负索引和访问的方法与字符串中的方法通用,那么使用范围提取列表的一部分也应该是可行的,对吧?我们来测试一下。

假设我想提取第二到第五个值,索引为 1 到 4。我的范围应该是 1:5,因为范围中的最后一个数字不包括在内。

```
print(a[1:5])
['Hello', True, False, 34.5]
```

好的,起作用了!那么通过负索引提取应该也可以,对吗?比方说,我想从第三个负索引中提取所有的东西。

```
print(a[-6:-3])
```

你已经知道负索引的工作原理了吧？如果运行前面的代码，会得到下面这样的结果：

```
[1, 'Hello', True]
```

你也可以改变数值。比方说，我想把第二个值（字符串）改成一个数字。那么，就必须访问第二个值（第一个索引），并给它赋予其他东西。

```
a[1] = 100
print(a)
```

下面将来整个名单打印出来，看看现在的变化如何：

```
= RESTART: C:/Users/aarthi/AppData/Local/Programs/Python/Python38-32/
dataStructures.py
[1, 100, True, False, 34.5, '*']
```

操作列表

有很多预定义方法可以用来以多种方式操作列表。还记得关于字符串的方法吗？你会发现其中一些方法在这里也有重复的。准备好玩转列表了吗？准备好了！

像往常一样，可以用 len() 方法找到字符串的长度：

```
a = [1, 'Hello', True, False, 34.5, '*']
print(len(a))
```

运行前面的代码，会得到下面这样的结果：

```
= RESTART: C:\Users\aarthi\AppData\Local\Programs\Python\Python38-
32\dataStructures.py
6
```

是的！列表的长度是 6，这个方法是有效的。

有一个完整的方法列表，用于本章中要看的每个数据结构。让我给出一个到 Python 文档中的那一页的链接，那里列出了所有这些方法和它们的解释。

链接是 https://docs.python.org/3/tutorial/datastructures. html.

也就是说，本章中将介绍最重要的一些方法，准备好了吗？

复制和追加

append() 方法可以在列表的末尾追加或增加一个元素。

```
a.append('new')
print(a)
```

运行前面的代码，会得到下面这样的结果：

```
= RESTART: C:\Users\aarthi\AppData\Local\Programs\Python\Python38-
32\dataStructures.py
[1, 'Hello', True, False, 34.5, '*', 'new']
```

copy 方法创建了一个列表的副本，这个副本可以被赋给任何变量来创建一个复制的列表。

```
b = a.copy()
print("List b contains: {}".format(b))
```

运行前面的代码，会得到下面这样的结果：

```
= RESTART: C:\Users\aarthi\AppData\Local\Programs\Python\Python38-
32\dataStructures.py
List b contains: [1, 'Hello', True, False, 34.5, '*', 'new']
```

字数统计与清除

列表可以有重复的值。比方说，这里有一个数字列表，其中的数字是重复的，并且我想检查一个特定的数字在列表中出现了多少次，可以使用 count 方法来实现这一目的。

```
l = [1,2,1,1,4,5,3,5,3,2]
print(l.count(1))
```

我以列表的名称"1"开始语法，方法的名字是"count"，然后提到了想统计的值（1）。如果它是一个字符串，我就会在引号中提到同样的内容。运行前面的代码，会得到下面这样的结果：

```
= RESTART: C:\Users\aarthi\AppData\Local\Programs\Python\Python38-
32\dataStructures.py
3
```

答案正确！数字 1 在列表中出现了三次。你可以用“clear”的方法清除整个列表。

```
l.clear()
print(l)
```

运行前面的代码，会得到下面这样的结果：

```
= RESTART: C:\Users\aarthi\AppData\Local\Programs\Python\Python38-
32\dataStructures.py
[]
```

现在有一个空的列表了！

连接

使用 extend 方法可以连接或串联两个列表。

```
list1 = [1,2,3,4,5]
list2 = [6,7,8,9]
list1.extend(list2)
print(list1)
```

正如前面的代码中所看到的，你希望首先列出的列表里的元素会先出现，然后是一个句号（“.”），接着是 extend 方法，最后在括号内，提到希望加入第一个列表中的列表的名字。

运行前面的代码，会得到下面这样的结果：

```
= RESTART: C:\Users\aarthi\AppData\Local\Programs\Python\Python38-
32\dataStructures.py
[1, 2, 3, 4, 5, 6, 7, 8, 9]
```

快看！以我们想要的顺序完美地连接起来了。☺

在列表中搜索

index 方法返回你要搜索的值的第一个实例的索引。例如，如果想在一个列表中找到数字 3，但它重复出现了两次及以上，那么只返回 3 的第一次出现的索引。让我举一个例子。

```
list1 = [1,2,3,2,3,1,3]
print(list1.index(3))
```

运行前面的代码，会得到下面这样的结果：

```
= RESTART: C:\Users\aarthi\AppData\Local\Programs\Python\Python38-
32\dataStructures.py
2
```

看看这个！列表中有三个 3，但我们只得到了第一个 3 的索引，太棒了！

但如果你愿意的话，可以缩小搜索范围。如果想在列表的后半部分找到 3 的话，从第三个索引开始怎么样？也可以把搜索的开始和结束作为参数来指定。让我来告诉你怎么做。

```
print(list1.index(3,3,6))
```

我要求程序从索引三到五中搜索 3。你知道这些东西是如何工作的吧？范围内的最后一个值不会被包括在内。所以，如果最后一个值是 5，那么程序将只搜索到第五个索引。

运行前面的代码，会得到下面这样的结果：

```
= RESTART: C:\Users\aarthi\AppData\Local\Programs\Python\Python38-
32\dataStructures.py
4
```

看看吧！我们得到了列表中 3 的第二个实例的索引。很好！

添加和删除元素

你知道如何用方括号向列表中添加元素了，同样的方法可以用来改变元素。但如果想在列表中间插入元素：其他的值仍然在，而只是再往前移一步呢？

可以使用 insert 方法来实现这个目的。该方法的第一个参数是你想要的值所在的位置，第二个参数是你想要添加的值。

```
colors = ['Red', 'Orange', 'Blue']
colors.insert(1,'Green')
print(colors)
```

我已经把"绿色"这个值添加到第一个索引中。现在"橙色"应该被推开一格。检查一下吧。

```
= RESTART: C:\Users\aarthi\AppData\Local\Programs\Python\Python38-
32\dataStructures.py
```

```
['Red', 'Green', 'Orange', 'Blue']
```

成功了！☺

pop() 方法默认会删除列表中的最后一个元素。如果给了一个位置（索引），它就会删除这个位置的元素。

下面来试着删除前面列表中的第二个元素，也就是刚刚插入的元素。

```
colors.pop(1)
print(colors)
```

运行前面的代码，会得到这样的结果：

```
= RESTART: C:\Users\aarthi\AppData\Local\Programs\Python\Python38-
32\dataStruct5ures.py
['Red', 'Green', 'Orange', 'Blue']
['Red', 'Orange', 'Blue']
```

看看这个，列表原来有四个元素，使用 pop() 方法成功地删除了第二个元素。

另外，也可以使用 remove() 方法。唯一的区别是你可以指定想删除的确切元素。

我们的列表目前有 ['Red'，'Orange'，'Blue']。我不想要蓝色了，我们试试把它删掉吧。

```
colors.remove('Blue')
print(colors)
```

下面来看看效果。

```
= RESTART: C:\Users\aarthi\AppData\Local\Programs\Python\Python38-
32\dataStructures.py
['Red', 'Orange']
```

好耶，行啦！

代码变得有点太长了，不是吗？别担心！就快完成了。用一个有趣的迷你项目来分散注意力，怎么样？☺

反转和排序

还有一个方法叫 reverse() 方法。能猜到它的作用吗？猜对了，是将一个列表中的元素逆转。试试吧！

```
li = [1,2,3,4,5]
li.reverse()
print(li)
```

运行前面的代码，会得到下面这样的结果：

```
= RESTART: C:\Users\aarthi\AppData\Local\Programs\Python\Python38-
32\dataStructures.py
[5, 4, 3, 2, 1]
```

成功！

最后（是的，最后），还有一个方法叫 sort() 方法，它按字母顺序对元素进行排序。

默认情况下，排序是按升序进行的。

```
colors = ['Red', 'Orange', 'Blue', 'Yellow', 'Green', 'Violet']
colors.sort()
print(colors)
```

运行前面的代码，会得到下面这样的结果：

```
= RESTART: C:\Users\aarthi\AppData\Local\Programs\Python\Python38-
32\dataStructures.py
['Blue', 'Green', 'Orange', 'Red', 'Violet', 'Yellow']
```

简直就像魔法一样！ :O

那对数字是否也有效呢？

```
li = [1,4,3,6,2,8,7,9,5]
li.sort()
print(li)
```

运行前面的代码，会得到下面这样的结果：

```
= RESTART: C:\Users\aarthi\AppData\Local\Programs\Python\Python38-
32\dataStructures.py
[1, 2, 3, 4, 5, 6, 7, 8, 9]
```

嘿嘿，对数字也是有效的！

但如果我想按降序进行排序呢？在这种情况下，我将修改 sort() 函数的调用，像下面这样：

```
li.sort(reverse=True)
print(li)
```

当给参数 reverse=True 时，程序将以降序排列列表。默认情况是 reverse=False，以升序对列表进行排序。当某件事在默认情况下发生时，不需要把它作为一个参数来提及。

运行前面的代码，会得到下面这样的结果：

```
= RESTART: C:\Users\aarthi\AppData\Local\Programs\Python\Python38-
32\dataStructures.py
[9, 8, 7, 6, 5, 4, 3, 2, 1]
```

很好……列表现在是按降序排列的。Python 简直是无所不能，不是吗？

列表，真的是乐趣多多

可以使用 in 关键字检查某物是否存在于列表中。

```
print('Hello' in a)
```

在前面的一行代码中，我们询问了字符串"Hello"是否是列表的一部分。

```
= RESTART: C:\Users\aarthi\AppData\Local\Programs\Python\Python38-
32\dataStructures.py
False
```

其结果是假的。之前把第二个值从"Hello"改为 100，记得吗？所以，"Hello"不再是列表的一部分。和 Python 中的一切一样，这些搜索也是区分大小写的。所以，"Hello"和"hello"是不同的，如果字符串是"Hello there!"，那么就需要搜索整个东西。局部搜索不起作用。来看看吧：

```
a[1] = 'Hello there!'
print('Hello' in a)
```

我把第二个值改为"Hello there！"，当我在列表"a"中搜索"Hello there！"时，看看会得到什么。

```
= RESTART: C:\Users\aarthi\AppData\Local\Programs\Python\Python38-
32\dataStructures.py
False
```

看看这个。这仍然是一个假的，因为没有用正确的术语进行搜索。

现在知道了列表的工作原理，我想回到以前的话题。还记得 for 循环吗？还记得我说在学习列表时会重新讨论 for 循环吗？现在来了！

可以用 for 循环来迭代一个列表。这很简单。只要创建列表，然后用它来代替一个范围，像下面这样：

```
l = [1,2,3,4,5]
for i in l:
    print(i)
```

结果是这样的：

```
= RESTART: C:\Users\aarthi\AppData\Local\Programs\Python\Python38-
32\dataStructures.py
1
2
3
4
5
```

另外，也可以直接指定列表，像这样：

```
for i in [1,2,3,4,5]:
```

用前面那行代码修改并运行代码，会发现得到了同样的结果。

除了 extend 方法外，还可以使用 + 运算符来连接两个列表，就像对字符串所做的那样，像这样：

```
list1 = [1,2,3,4,5]
list2 = [6,7,8,9]
list1 += list2
print(list1)
```

或者，可以创建一个新的变量并将 list1+list2 的值赋给它。这两种方法都可以。

```
= RESTART: C:\Users\aarthi\AppData\Local\Programs\Python\Python38-
32\dataStructures.py
[1, 2, 3, 4, 5, 6, 7, 8, 9]
```

clear 方法只是清除列表，但是如果使用 del 关键字，就可以完整地删除该列表。想测试一下吗？

下面我们来删除前面的列表。

```
del list1
print(list1)
```

删除 list1 后尝试打印它时，得到了一个错误提示，像下面这样：

```
= RESTART: C:\Users\aarthi\AppData\Local\Programs\Python\Python38-
32\dataStructures.py
```

```
Traceback (most recent call last):
  File "C:\Users\aarthi\AppData\Local\Programs\Python\Python38-
  32\dataStructures.py", line 10, in <module>
    print(list1)
NameError: name 'list1' is not defined
```

看看吧！list1 完全从程序中删除了。

你也可以对列表中的元素做同样的事情。

```
a = [1, 'Hello', True, False, 34.5, '*']
del a[2]
print(a)
```

我让程序删除列表中的第三个元素，然后打印，得到了这个：

```
= RESTART: C:\Users\aarthi\AppData\Local\Programs\Python\Python38-
32\dataStructures.py
[1, 'Hello', False, 34.5, '*']
```

第三个值 True 不再存在于列表 a 中了。

⠠⠵ 迷你项目 18：五彩自动星

这个项目将用 Python 画一个星星，但每一面都有不同的颜色。这就是列表
的用处。我将创建一个包含五种颜色的列表并在其中运行一个 for 循环。
对于 for 循环的每一次迭代，Turtle 将用列表中的一种新颜色绘制星星的
一面。

下面来看看具体是如何完成的，好吗？

1. 像往常一样以用代码设置 Turtle 来开始：

```
import turtle
s = turtle.getscreen()
t = turtle.Turtle()
```

2. 将笔的大小设置为 5，这样图会看起来很好看。

```
t.pensize(5)
```

3. 接下来创建一个名为"colors"的变量，并将 'Red' 'Brown' 'Green'
'Blue' 和 'Orange' 这五种颜色列表赋予它。我前面已经给过一个颜色
列表的链接，去选择自己喜欢的一组颜色吧。☺

```
colors = ['Red', 'Brown', 'Green', 'Blue', 'Orange']
```

4. 接下来创建一个临时变量 x，通过 for 循环，迭代整个列表：

```
for x in colors:
```

5. 在循环的每一次迭代中，笔的颜色将改变为临时变量"x"中的当前颜色。我将要求 Turtle 向前移动 200 点，向右转 144 点，因为一颗星的外角是 144 度，需要转这么多才能得到一个合适的星星作为结果。

```
t.pencolor(x)
t.forward(200)
t.right(144)
```

6. 这结束了 for 循环和缩进。最后，隐藏海龟。

```
t.hideturtle()
turtle.hideturtle()
```

运行前面的代码，结果如图 11.2 所示。

图 11.2　五彩的星星

是的！我们成功了！你也可以尝试用不同的颜色或不同的形状做同样的事情，或者，可以尝试在每次迭代中随机选择颜色？你已经知道怎么做了（我已经教过你了），所以动手试试吧。☺

元组

现在我们已经详细了解了列表，剩下的三种数据结构很容易理解，所以我将快速浏览一下它们，好吗？

正如以前提到的，元组类似于列表。唯一的区别是，它是有序的（就像列表一样，有索引和所有的东西），但不可改变（不像列表）。这意味着什么呢？好吧，只是意味着不能添加、删除或改变列表中的元素。

这可真让人扫兴啊！这是否意味着元组没有列表那么酷呢？嗯，我可不会这么说。有时候，你可能需要创建一个不希望以后被任何人操控的列表，我说得对吗？像一个"只读"的列表？在这种情况下，元组是最好的朋友。否则还是选择列表更好。☺

你可以用括号创建一个元组，元组项目用逗号分隔，像下面这样：

```
t1 = ('Red', True, 2, 5.0)
print(t1)
```

运行前面的代码，会得到这样的结果：

```
= RESTART: C:\Users\aarthi\AppData\Local\Programs\Python\Python38-
32\dataStructures.py
('Red', True, 2, 5.0)
```

元组中的大多数东西都遵循与列表相同的格式，所以我只是要把它们列出来，希望你在电脑中尝试一下。这将是一个小活动，好吗？

就像你对列表所做的那样，可以用方括号访问元组中的元素。

t1[1] 将返回第二个元素，即 True。元组的索引和列表的一样，第一个索引都是 0。

就像列表一样，可以使用负索引来访问一个元组中的值。所以，t1[-1] 将返回列表中的最后一个元素。

你也可以用索引来分割一个元组。

如果想提取第二个到第四个值（最后一个），那么可以指定 t1[1:4]）或者只指定 t1[1:]，因为无论如何我们都要从第一个索引中提取所有的东西。

如果想用负索引写同样的东西，该这样做：t1[-3:] 因为你想要从 -3 到元组结尾的所有东西。

你可以使用 len(t1) 方法来获得元组的长度，并使用 in 关键字来检查某物是否在元组内，就像对列表所做的那样。你可以自己试试看。

然后是 for 循环，可以通过图元进行循环。这个过程是一样的。

```
for x in t1:
    print(x)
```

下面来运行前面的代码，检查循环是否对图元有效吧。

到目前为止，元组看起来就像写在括号里的列表。那它们到底有什么用呢？还记得我怎么说的吗，图元是不可改变的。而且还没有尝试过改变元素或向元组添加元素，对吗？来试试吧。

尝试把第二个元素的值从 False 改为 True。

```
t1[1] = False
```

运行前面的代码，会得到这样的结果：

```
= RESTART: C:\Users\aarthi\AppData\Local\Programs\Python\Python38-
32\dataStructures.py
Traceback (most recent call last):
  File "C:\Users\aarthi\AppData\Local\Programs\Python\
  Python38-32\dataStructures.py", line 4, in <module>
  t1[1] = False
TypeError: 'tuple' object does not support item assignment
```

哎呀呀，出现了一个错误提示！元组不支持项目的赋值，这意味着里面的元素不能被改变。

试着在元组中添加一个新元素。访问第四个索引（第五个元素）并添加一些东西。当你这样做时，会发现遇到同样的错误。

这是元组的最重要用途。可以创建列表不可改变列表，用来存储不应该被改变的敏感信息。如果创建一个程序来存储同学的 ID 号码呢？你不希望这些被改变，不是吗？那就把它们存储在一个元组中。就这么简单！

但是，就像在列表中一样，你可以像下面一样用 del 关键字删除整个元组：

```
del t1
```

如果现在试图访问 t1，会得到一个错误提示。

元组也有方法，但只有少数方法可以用来访问元素，没有一个方法可以操作元素或元组本身。

count 方法返回一个元组中一个值重复的次数。记住，元组可以有重复的值，就像列表一样。

index 方法返回一个元组中值的位置（索引）。

```
t1 = ('Red', True, 2, 5.0)
print(t1.index(5.0))
```

运行前面的代码，会得到这样的结果：

```
= RESTART: C:\Users\aarthi\AppData\Local\Programs\Python\Python38-
32\dataStructures.py
3
```

是的！5.0 是在第三个索引（第四个位置）。

这就是元组的情况。很简单，对不对？接下来，让我们看看列表中的下一个数据结构。

集合

还记得我关于集合的知识吗？它们是无序的，而且不能有重复的值，这是个双重打击。但集合也有自己的用途。想看一看吗？

很好！在花括号内写集，像这样：

```
colors = {'Red', 'Orange', 'Blue'}
```

前面的代码是一个由"Red""Orange"和"Blue"组成的颜色集合。

但是，集合是无序的！那么，这些值真的会像我们创建的那样出现吗？想检查一下吗？

```
= RESTART: C:\Users\aarthi\AppData\Local\Programs\Python\Python38-
32\dataStructures.py
{'Blue', 'Orange', 'Red'}
```

哇哦，看到了没？！顺序变了。你可以再次运行程序，告诉我结果。

顺序又变了，对不对？是不是很酷？ ☺

但现在确实有一个问题。集合是无序的。那么，如果不知道索引，该如何访问这些元素呢？如何将元素添加到集合中？如何在一个特定的位置插入元素？不幸的是，有些事情你不能用集合来做，任何与秩序有关的事情都属于这个范畴。

虽然不能用方括号来寻找某个特定位置的元素，但是，可以使用 in 关键字来检查一个元素是否存在于一个集合中。

```
print('Red' in colors)
```

运行上面的代码，得到结果 True。

你也可以通过集合来进行循环，就像对列表和元组所做的那样。

```
for i in colors:
    print(i)
```

运行前面的代码，会得到下面这样的结果：

```
= RESTART: C:\Users\aarthi\AppData\Local\Programs\Python\Python38-
32\dataStructures.py
Orange
Blue
Red
```

但如果不知道索引，又该如何向集合中添加元素呢？有一个 add() 方法可以用来添加单个元素，尽管不知道它们最终会出现在哪里。

```
colors.add('Green')
print(colors)
```

运行前面的代码，会得到下面这样的结果：

```
= RESTART: C:\Users\aarthi\AppData\Local\Programs\Python\Python38-
32\dataStructures.py
{'Blue', 'Green', 'Orange', 'Red'}
```

太有趣了！我们把"Green"加入到程序中，结果它被放在了第二个位置。再次运行程序，发现它被放到了别的地方。

如果想在集合中添加多于一种颜色怎么办？可以通过使用 update() 方法来节省空间。

在方括号内创建一个数值列表，并把它放在小括号内。让我试着把"Green"和"Yellow"都添加到集合中。

```
colors.update(['Green','Yellow'])
print(colors)
```

运行前面的代码，会得到下面这样的结果：

```
= RESTART: C:\Users\aarthi\AppData\Local\Programs\Python\Python38-
32\dataStructures.py
{'Red', 'Yellow', 'Blue', 'Orange', 'Green'}
```

看看 Green 和 Yellow 最后的结果吧。:D

就像列表一样，也可以使用 len() 方法来查找列表的长度。

现在，我们来看看操纵集合的其他方法，好吗？我只会举出了那些在列表中看到的相似的例子。

在一个列表中，pop() 方法会移除一个随机值，而不是最后一个。可以使用 remove() 方法来删除一个特定的值，只需要把它作为一个参数。

另外，也可以使用 discard() 方法来删除一个特定元素。discard 和 remove 之间的唯一区别是，如果提到的元素不存在，discard 不会引发错误提示。这在现实世界的编程中是很重要的。当运行一个程序时，你不希望因为一行代码的不正确而导致整个程序停止执行。

clear() 方法清除了集合，copy() 方法复制了列表。

可以使用 del 关键字来删除整个集合，但不能用它来删除某个特定的元素，因为没有可以访问的固定索引。

最后来看连接集合的问题。可用 union() 或 update() 方法连接两个集合。

```
colors = {'Red', 'Orange', 'Blue'}
colors1 = {'Green', 'Yellow'}
```

假设我们有两个集合，colors 和 colors1，它们有各自的值，我们想把它们合并成 colors 集合。

可以使用 union() 方法。它用两个集合中的值创建一个新的集合。

```
colors2 = colors.union(colors1)
print(colors2)
```

运行前面的代码，会得到下面这样的结果：

```
= RESTART: C:\Users\aarthi\AppData\Local\Programs\Python\Python38-
32\dataStructures.py
{'Yellow', 'Green', 'Red', 'Blue', 'Orange'}
```

但 update 方法只是用两个集合的值来更新语法中的第一个集合。如果打印出语法中的第二个集合，会发现它是没有变化的。update 方法只是改变了第一个集合。

```
colors.update(colors1)
print(colors)
```

运行前面的代码，会得到下面这样的结果：

```
= RESTART: C:\Users\aarthi\AppData\Local\Programs\Python\Python38-
32\dataStructures.py
{'Orange', 'Yellow', 'Red', 'Blue', 'Green'}
```

集合完成。哦耶！你现在已经是一名相当专业的 Python 程序员了。☺

字典

列表中的最后一个数据结构是字典。让我们迅速完成它，然后进行一些更有趣的迷你项目，你觉得如何？！

字典是无序的，但是有索引，而且可以被改变。我喜欢字典的一点是，它们可以用来模拟真实世界的东西。你想看看吗？

字典也是在花括号内创建的，但在里面，需要以键值对的形式提到值。这里的"键"是指索引。

因为我希望字典能模拟真实世界的物体，所以将创建一个字典来代表一个人的特征：名字、年龄、眼睛的颜色、头发的颜色，等等。

我会这样做：

```
person1 = {"name":" 苏 珊 ","age":9,"pet":" 巴 基 ","hair":" 黑 色 ",
"eyes":" 蓝色 "}
```

一个字典已经被创建好了"person1"。她叫苏珊，9 岁，宠物叫巴基，她有黑色的头发和蓝色的眼睛。看起来不错，不是吗？

现在，我们来操作这个字典。可以像这样用"键"来访问值。

```
print(person1["name"])
```

或者

```
print(person1.get("name"))
```

请记住，必须在所有提到键的地方成对使用引号。

运行任意一行代码，会得到一样的结果：

轻松学 Python

```
= RESTART: C:/Users/CZO/AppData/Local/Programs/Python/Python39/
dataStructures.py
苏珊
```

她的名字！

数值也可以被改变。苏珊实际上是 8 岁，而不是 9 岁！赶快，在她伤心之前纠正一下她的年龄吧！

```
person1["age"] = 8
print(person1)
```

运行代码，会得到下面这样的结果：

```
= RESTART: C:/Users/CZO/AppData/Local/Programs/Python/Python39/
dataStructures.py
{'name': ' 苏珊 ', 'age': 8, 'pet': ' 巴基 ', 'hair': ' 黑色 ', 'eyes':
' 蓝色 '}
```

好极了！

也可以用同样的方式添加一个新的键值对。添加性别的键，比如女性。

```
person1["gender"] = ' 女性 '
print(person1)
```

运行前面的代码，会得到下面这样的结果：

```
= RESTART: C:/Users/CZO/AppData/Local/Programs/Python/Python39/
dataStructures.py
{'name': ' 苏 珊 ', 'age': 8, 'pet': ' 巴 基 ', 'hair': ' 黑 色 ',
'eyes': ' 蓝色 ', 'gender': ' 女性 '}
```

添加进去了，哦耶！

也可以用关键词 in 检查一个键是否存在。

```
print('pet' in person1)
```

运行前面的代码，会得到下面这样的结果：

```
= RESTART: C:\Users\aarthi\AppData\Local\Programs\Python\Python38-
32\dataStructures.py
True
```

没错，"pet"是存在于字典中的一个键。

就像平时一样，可以用 len 方法找到字典的长度。

下面的代码将删除字典：

```
del person1
```

person1.clear() 将会清空字典。

可以用 copy() 方法来复制字典。

像往常一样，可以通过字典来循环，但由于字典的每个一个键都有一个值，所以我们可以用不同的方式进行循环。

先创建一个较小的字典：

```
person1 = {"name":" 苏珊 ","age":8}
```

先循环浏览所有的键并打印它们：

```
for i in person1:
    print(i)
```

这里应该打印所有的键：

```
= RESTART: C:/Users/CZO/AppData/Local/Programs/Python/Python39/
dataStructures.py
name
age
```

哦耶！

如果想要一个值的话，只要改变 "i" 的位置，像下面这样：

```
for i in person1:
    print(person1[i])
```

运行前面的代码，会得到下面这样的结果：

```
= RESTART: C:/Users/CZO/AppData/Local/Programs/Python/Python39/
dataStructures.py
苏珊
8
```

我们现在得到这些值了，太棒了！！

另外，也可以像这样使用 items() 方法，循环键和值。

```
for i,j in person1.items():
    print("{} = {}".format(i,j))
```

运行前面的代码，会得到下面这样的结果：

```
= RESTART: C:/Users/CZO/AppData/Local/Programs/Python/Python39/
dataStructures.py
name = 苏珊
age = 8
```

呼！好极了！ ☺

在结束之前,一起来看看最后一个东西。pop() 删除给定的键值对,同时 popitem() 删除字典中的最后一个项目。

```
person1.pop("name")
print(person1)
```

运行前面的代码,会得到下面这样的结果:

```
= RESTART: C:/Users/CZO/AppData/Local/Programs/Python/Python39/
dataStructures.py
{'age': 8}
```

只剩下"age"这个键了。☹

再次重写这个字典,这一次,试试 popitem()。

```
person1.popitem()
print(person1)
```

运行前面的代码,会得到下面这样的结果:

```
= RESTART: C:/Users/CZO/AppData/Local/Programs/Python/Python39/
dataStructures.py
{'name': '苏珊'}
```

现在,"name"是唯一剩下的键了!

关于字典,我们就介绍到这里。

🎲 迷你项目 19:永不消逝的色彩

另一个稍稍作了一些改动的简单项目! ☺ 我们将在间隔 1 秒后随机改变背景颜色,同时在 turtle 屏幕上打印当前颜色。

变化是什么?我们将使用一个叫"time"的新包,使 Turtle 屏幕在每次颜色变化之间暂停。准备好了吗?开始吧!

1. 正如我所说的,需要 time 和 turtle 两个模块。同时导入这两个模块。

```
import time
import turtle
```

2. 接下来,像往常一样设置 turtle。

```
s = turtle.getscreen()
t = turtle.Turtle()
```

3. 一旦设置好,把刚刚创建的画笔移动到希望它画出颜色的位置。这

将是 -80,0 点。

```
t.penup()
t.goto(-80,0)
t.pendown()
```

4. 现在，创建一个颜色字典。这次创建的是一个字典，而不是一个列表，因为我打算让键值（颜色）为大写，这样就可以在屏幕上写出来。

```
colors = {'红色':'Red', '棕色':'Brown','绿色':'Green', '蓝色':'Blue', '橙色':'Orange'}
```

5. 在开始绘图之前，先把海龟隐藏起来。到运行这个程序时，你就知道为什么了。☺

```
t.hideturtle()
turtle.hideturtle()
```

6. 现在，有趣的部分来了。我们希望这个程序永远不结束，记得吗？所以，很明显，这里需要一个循环，但需要什么样的循环呢？如何创建一个永不结束的循环？还记得我说过，如果不小心，while 循环真的可以永远运行下去吗？也就是说，如果条件在某一时刻没有变成 False 的话。

如果我们正是这样做呢？如果把 while 循环的条件设为"True"呢？那么，如果在 while 循环的任何地方没有中断语句，它真的会永远运行下去。

```
#永不结束的循环
while True:
```

7. 下一步很简单，创建一个循环然后循环浏览这个 colors 字典。

```
for x in colors:
```

8. 对于每一次迭代，把 turtle 屏幕的背景颜色改为 for 循环中的下一个颜色（值）。另外，用宋体，50pt，黑体字写出关键值（x）。

```
turtle.bgcolor(colors[x])
t.write(x,font=('宋体',50,'bold'))
```

9. 现在，在每一次颜色变化之后，需要在下一次颜色变化（循环迭代）之前有一个 0.5 秒的延迟，或间隙。这就是 time 包的作用。它有一个内置的函数叫 sleep()，将真正把循环暂停到所述的秒数。在这个例子中，它将是 0.5。

```
time.sleep(0.5)
```

10. 好吧，从技术上讲应该是这样，但如果把它留在这里，那么海龟会把下一个文本写在旧文本的上面，事情会继续变得混乱。一起来试试看吧。

turtle 包里有一个 clear() 函数，可以清除屏幕。那么，我们可以在改变下一个颜色和绘制下一个文本之前清除屏幕。

```
t.clear()
```

一起来运行这个程序吧，你会得到如图 11.3 的结果。

图 11.3　永不消逝的色彩

你会发现程序在无限循环地浏览 colors 字典，很厉害，对不对？ ☺

迷你项目 20：名和姓颠倒

在这个项目中，这是我想要的结果：当输入一个名字时，例如，苏珊·史密斯，希望程序能够返回姓名的颠倒版，即史密斯·苏珊。

与其说这是一个迷你项目，不如说是一个谜题。逻辑非常简单。

1. 从获取名字作为输入开始程序。条件是名和姓需要用一个空格分开。这很重要。你会明白为什么。

```
name = input('输入你的姓和名，中间用空格分开：')
```

2. 正如我所说的，字符串的输入格式是否正确对这个程序的运行很重要。因此，我将计算字符串中单个空格的数量。如果没有，或者多于一个，那么程序就会以错误信息停止。

创建一个变量 count，并把它赋值为 0 来开始。

```
count = 0
```

3. 接下来创建一个 for 循环，循环浏览刚刚得到的字符串。每当出现一个空格，就加 1 来计算。

```
for i in name:
    if i == ' ':
        count += 1
```

4. 如果 count 只有 1，那么就可以开始了。通过使用 split 方法将字符串转换成一个列表，在这个列表中，名字和姓氏被分离成独立的列表项，使用单空格作为分隔符。

```
if count == 1:
    #将字符串转换为列表，其中条件是空格
    l = name.split(' ')
```

5. 接下来，颠倒这个列表。

```
#颠倒列表
l.reverse()
```

6. 最后，在列表的第一个位置插入一个带空格的逗号，这样当连接所有的东西时，就会得到我们想要的确切格式。

```
# 在列表的第一个位置添加一个带空格的逗号
l.insert(1,', ')
```

7. 现在把这个列表连接成一个字符串，用一个空字符串作为连接条件。这样，所有的东西都会被粘在一起，唯一将姓和名分开的是", "。

```
#把列表连接成一个字符串
name = ''.join(l)
```

8. 最后，打印所有的东西。

```
print(' 你的姓名颠倒之后是：{}'.format(name))
```

9. 如果 count 不是 1，就打印一个错误提示。

```
else:
    print('请用正确的格式输入你的姓名 ')
```

现在，一起来运行程序吧！

```
= RESTART: C:\Users\CZO\AppData\Local\Programs\Python\Python39\mini-
reverse your name.py
输入你的姓和名，中间用空格分开：苏珊 史密斯
你的姓名颠倒之后是：史密斯 ，苏珊
```

完美！☺

小结

这一章深入研究了 Python 提供的四种预定义数据结构，即列表、集合、元组和字典。我们研究了如何创建、删除和操作它们以及更多的东西。最后研究了如何在程序中使用它们以及它们在现实世界的编程场景中起到了什么作用。

下一章将从理论知识的学习中稍作休息，开始创作！我们将创建大量程序和很多迷你项目。☺

学习成果

第12章

乐趣无穷的迷你项目

第 11 章深入研究了由 Python 提供的四种预定义数据结构：list、set、tuple 和 dictionary。我们研究了如何创建、删除、操作以及更多内容。最后，我们看了如何在程序中使用它们以及为什么它们在现实世界的编程场景中是有用的。

　　本章将从理论知识中稍作休息，开始脑洞大开，创作！我们将一起创建大量的程序和许多迷你项目。你可以通过创建这些迷你项目来复习到目前为止所学的知识。所以，一起来编码吧。好好玩！☺

项目 12.1：奇偶判定

先从简单的开始。这个项目在任何编程语言中都是一个经典谜题。

我们将分两部分来完成这个项目。在第一部分中，要检查一个给定的数字是偶数还是奇数。在第二部分中，我们将从用户那里得到一个数字范围，并打印该范围内的偶数或奇数。

但是，在开始讨论这些程序之前，让我先问你一个问题："如何判断一个数字是奇数还是偶数？嗯，任何除以 2 之后没有任何余数的数字都是偶数，是不是？"

这个概念很简单。你还记得取模运算符吗，就是返回除法运算的余数的那个？

用一个偶数除以 2 会得到什么？0。

用一个奇数除以 2 会得到什么？1。

这就是了！所以，如果数字和 2 的模数返回 0，就意味着它是一个偶数。如果不是，那它就是个奇数。

现在，开始创建程序吧，好不好？

第一部分：数字是奇数还是偶数

1. 获取输入并将其转换为整数。

```
num = input('输入一个数字：')
num = int(num)
```

2. 然后，检查模数。如果是 0，就是偶数；否则就是奇数。

```
if((num % 2) == 0):
    print('{}是一个偶数'.format(num))
else:
    print('{}是一个奇数'.format(num))
```

3. 现在运行这个程序。我输入的数字是 45。

```
=RESTART: C:\Users\aarthi\AppData\Local\Programs\Python\Python38-
32\dataStructures.py
输入一个数字：45
45是一个奇数
```

第二部分：在一个范围内打印奇数或偶数

现在来创建第二个程序，先从用户那里得到一个范围，再询问他们想打印这个范围中的偶数还是奇数，最后打印对应的数字。

1. 获取范围并将其转换为整数。同时得到"choice"。

```
start = input(' 输入范围的最小值：')
end = input(' 输入范围的最大值：')
start = int(start)
end = int(end)
choice = input(' 偶数（even）还是奇数（odd）？ 输入 e 或 o: ')
```

2. 在循环遍历这个范围之前，先检查看看它是否正确。"start"的值应该小于"end"的值。

```
if(start < end):
```

3. 如果是的话，就创建一个 for 循环，循环遍历这个范围。如果选择了奇数，就只有当取模的结果是 1 时才打印；如果选择是偶数，就只有当取模的结果是 0 时才打印；如果两者都不是的话，就给出一个无效的选择并打印一个错误信息。

```
for i in range(start,end+1):
    if(choice == 'o' or choice == 'O'):
        if((i % 2) == 1):
            print(i)
    elif(choice == 'e' or choice == 'E'):
        if((i % 2) == 0):
            print(i)
    else:
        print(' 输入一个有效的范围并重试 ')
```

4. 最后，也为这个范围打印一个错误信息。

```
else:
    print(' 输入一个有效的范围 ')
```

5. 现在运行这个程序。我输入的范围是从 1 到 10，想打印的是这个范围内的奇数。

```
= RESTART: C:\Users\aarthi\AppData\Local\Programs\Python\Python38-
32\dataStructures.py
输入范围的开始。1
输入范围的终点。10
Even or Odd? 输入 e 或 o: o
1
```

```
3
5
7
9
```

真棒！☺

项目 12.2：妈妈给够你小费了吗

这个项目将创建一个小费计算器。输入账单总额和妈妈给服务员的小费数目，计算妈妈给的小费是多少百分比，如果是 10%~15% 就是"偏少"，如果是 15%~20%，就是"还好"，如果是 20%+ 就是"很多"。如果低于 10%，就说明妈妈给你的小费太少了。

现在开始动手编程吧，好不好？

1. 获取账单金额和小费，并将其转换为整数。

```
bill = input(' 账单总额是多少？ ')
tip = input(' 给了多少小费？ ')
bill = int(bill)
tip = int(tip)
```

2. 现在计算一下小费的百分比。先把小费乘以 100，然后除以账单金额。然后把百分比（由于除法，它将是一个浮点数）转换成一个整数。

```
percent = (tip * 100) / bill
percent = int(%)
```

3. 现在，使用 if elif else 来打印出正确的信息。很简单的！☺

```
if((percent >= 10) and (percent <= 15)):
    print('{}%。你给的小费偏少了点 '.format(percent))
elif((percent >= 15) and (percent <= 20)):
    print('{}%。你给的小费很适中！ '.format(percent))
elif((percent >= 20)):
    print('{}%。哇，你给的小费很丰厚！ :)'.format(percent))
elif(percent >= 20): print("{}%:
    print("{}%。你给的小费太少啦 :(".
    format(percent))
```

运行该程序，会得到下面这样的结果。

```
= RESTART: C:\Users\aarthi\AppData\Local\Programs\Python\Python38-
32\dataStructures.py
账单总额是多少？ 400
```

给了多少小费？ 45
11%。你给的小费偏少呦。

好耶！成功啦！ ☺

项目 12.3：画一棵圣诞树

你知道吗，用基本的 Python 语法就可以画出一棵圣诞树。不需要包或模块，只需要 Python 就可以了。想试试吗？

基本上就是给出一个树的高度，然后让程序画出这个高度的树。很简单，是吗？

你可能已经猜到了，完成这个任务需要用到循环，画出来的树如图 12.1 所示。

图 12.1　高度为 5 的圣诞树

这个程序是如何工作的呢

我们需要一个循环来循环树的每一行，另一个循环来循环它的高度。这就是所谓的嵌套式循环。在这个嵌套式循环中，循环树的高度由外循环负责，在外循环的每一次迭代中，我们将使用一个内循环来绘制相关的行。

开始动手编程吧！

每当我们想解决谜题或任何类型的问题时，最好先写一个算法，以帮助我们更好地编写程序。现在，我将使用前面的树来逆向设计算法。想看看具体是怎样做的吗？

算法

算法如下。

1. 在图 12.1 中，树的高度是 5。因此，我们需要五行树叶和一个树干（在树的正中间）。

2. 第一行有 1 颗星，第二行有 1+2（3）颗星，第三行 3+2（5）颗星，以此类推，直到最后一行叶子。

3. 第一颗星（第一行）被画出来之前的空格数是 4，也就是树的高度减去 1。第二行的空格数是 3，以此类推。

4. 树桩也是在四个空格后被画出来的，所以它和第一行是一样的。需要一个单独的循环来画树桩，因为它不被包含在输入的树的高度中。

好了，算法现在已经有了，开始动手编程吧！

创建程序

创建程序的步骤如下。

1. 先得到树的高度并将字符串转换为整数。

```
n = input("你的圣诞树的高度是多少？")
n = int(n)
```

2. 接下来是分配变量。我将创建一个变量 sp，用来表示空格的数量。它将从 n-1 开始。我可以在循环中减少这个值。同样，我将创建另一个变量 star，它将从 1 开始。

```
sp = n-1
star = 1
```

3. 现在来画圣诞树！主要的 for 循环将循环整个树的高度（0 到 n-1，所以范围是 0,n）。

```
#绘制圣诞树
for i in range(0,n):
```

4. 在主 for 循环里面需要有两个内部 for 循环，一个用来绘制空格，一个用来绘制星星。

我们需要从 0 到 sp 进行循环，并且在循环的每一次迭代中，打印一个空格。但这里有个问题。打印语句在新的行上结束，所以如果想在同一行上，需要使用一个名为 end 的属性，并给它一个空字符串作为它的值，这将确保下一个空格是紧挨着第一个空格绘制的。

```
# 绘制空格
for j in range(0,sp):
    # 默认情况下，打印函数以换行结束。使用 end='' 来使它以一个空字符串结束，
    这样就可以画出星星了
    print(' ',end='')
```

5. 现在来绘制星星。我们需要在 0,star-1 的范围内进行循环。再次使用 end='' 来确保它们能画在同一条直线上。

```
for k in range(0,star):
    print('*',end='')
```

6. 现在已经完成了内部的 for 循环。在开始下一个外层 for 循环的迭代之前（树的下一行），先改变变量值。把 star 递增 2，把 sp 递减 1。在最后放置一个空的 print()，因为这一行已经完成了，需要在新的一行继续写。

```
star += 2
sp -= 1
print() # 这样就有了新的一行
```

7. 树叶的部分就完成了！现在，对于树干。就像在第一行中做的那样。创建一个单一的 for 循环，从 0 到 2（范围 0,n-1），并用 end='' 打印一个空格。循环结束后，打印一个星星，然后就完成了！ ☺

```
# 绘制树干
for i in range(0,n-1):
    print(' ',end='')
print('*')
```

呼！花了不少时间呢！现在来运行这个程序吧。

```
= RESTART: C:/Users/aarthi/AppData/Local/Programs/Python/Python38-32/
mini_projects.py 你的圣诞树的高度是多少？ 10
```

按回车键，会得到如图 12.2 所示的结果。

图 12.2　高度为 10 的圣诞树

好耶！成功啦！☺

项目 12.4：漩涡

这个项目中，我们将绘制不同种类的随机颜色的螺旋，会非常好玩哦！☺

正方形螺旋

先来画正方形螺旋

    1. 首先，让我们制作一个正方形螺旋。因为要随机选择颜色，所以需要同时导入 turtle 和 random 这两个模块。

```
# 正方形螺旋
import turtle, random
```

    2. 先设置 turtle 界面，并设置笔的大小为 5，速度为 0。

```
s = turtle.getscreen()
t = turtle.Turtle()
t.pensize(5)
t.speed(0)
```

    3. 由于这是一个正方形漩涡，我要把长度设置为 4，你会明白为什么我要这么做。

```
length = 4
```

4. 创建一个颜色列表，我们将在循环中从列表中随机选择颜色。

```
colors = ['Red', 'Brown', 'Green', 'Blue', 'Orange', 'Yellow',
'Magenta', 'Violet', 'Pink']
```

5. 现在创建循环，让它从 1 到 149（所以范围是 1-150）。我经过了多次试验和错误才最终选出了这个范围。然后，我将使用 random.choice 方法，从一个列表中随机选择项目，并将所选项目分配给变量"color"。

```
for x in range(1,150):
    color = random.choice(colors)
```

6. 把笔的颜色改为 color，并使笔按"length（长度）"向前移动，然后以 90 度角向右移动。然后，在当前的长度值上加 4，这样在下一次迭代中，笔又向前移动了 4 个点。这样不断重复，就能创建一个大小不断增加的螺旋（因为长度增加了，并且也因为在每条线画完后马上转 90 度）。

```
t.pencolor(color)
t.forward(length)
t.right(90)
length += 4
```

7. 最后，把小海龟藏起来。

```
t.hideturtle()
turtle.hideturtle()
```

运行以上代码，会得到图 12.3 这样的结果。

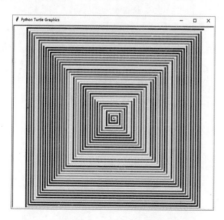

图 12.3　正方形螺旋

改变范围和长度的初始值（和增量），会得到不同大小的正方形螺旋。

试试看吧！ ☺

随机螺旋线

既然我们意识到了螺旋形状取决于长度和角度，那么如果改变角度，比如改成 80 度，会发生什么？显然，我们会创造出一个不同形状的螺旋。

这会看起来很像一个五边形，但又不完全是，因为五边形的外角是 72 度，而我们这里给出的是 80 度。这里，只是想说明你可以天马行空，充分发挥自己的想象力，得到很酷的结果！

```
# 螺旋五边形
import turtle, random
s = turtle.getscreen()
t = turtle.Turtle()
t.pensize(5)
t.speed(0)
length = 4
colors = ['Red', 'Brown', 'Green', 'Blue', 'Orange', 'Yellow',
'Magenta', 'Violet', 'Pink']
for x in range(1,200):
    color = random.choice(colors)
    t.pencolor(color)
    t.forward(length)
    t.right(80)
    length += 2
t.hideturtle()
turtle.hideturtle()
```

运行以上代码，会得到图 12.4 这样的结果。

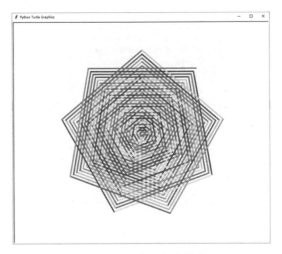

图 12.4　任意形状的螺旋

等边三角形螺旋

因为等边三角形的外角是 120 度，所以把角度改为 120，就可以得到等边三角形的螺旋了！

```
# 等边三角形螺旋
import turtle, random
s = turtle.getscreen()
t = turtle.Turtle()
t.pensize(5)
t.speed(0)
length = 4
colors = ['Red', 'Brown', 'Green', 'Blue', 'Orange', 'Yellow',
'Magenta', 'Violet', 'Pink']
for x in range(1,120):
    color = random.choice(colors)
    t.pencolor(color)
    t.forward(length)
    t.right(-120) #-120 度的话就能得到一个朝上的三角形
    length += 4
t.hideturtle()
turtle.hideturtle()
```

运行以上代码，会得到图 12.5 这样的结果。

图 12.5 等边三角形螺旋

星形螺旋

因为星星的外角是 144 度，所以把角度定为 144，我们就能得到星形螺旋！

```
# 星形螺旋
import turtle, random
```

```
s = turtle.getscreen()
t = turtle.Turtle()
t.pensize(5)
t.speed(0)
length = 4
colors = ['Red', 'Brown', 'Green', 'Blue', 'Orange', 'Yellow',
'Magenta', 'Violet', 'Pink']
for x in range(1,130):
    color = random.choice(colors)
    t.pencolor(color)
    t.forward(length)
    t.right(144)
    length += 4
t.hideturtle()
turtle.hideturtle()
```

运行以上代码，会得到图 12.6 这样的结果。

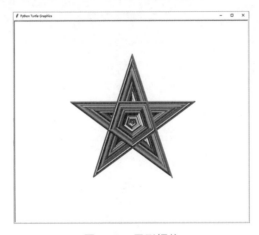

图 12.6　星形螺旋

圆形螺旋

圆形的螺旋和其他的形状有点不同。长度仍然是 4，但每次只向前移动一个点，以得到一个圆形，这次，我把角度定为 20 度。可以改变角度来使螺旋线的间距缩进或是能够分得更开。

```
# 圆形螺旋
import turtle, random
s = turtle.getscreen()
t = turtle.Turtle()
t.pensize(5)
```

```
t.speed(0)
length = 4
colors = ['Red', 'Brown', 'Green', 'Blue']
for x in range(1,100):
    color = random.choice(colors)
    t.pencolor(color)
    t.forward(length)
    t.right(20)
    length += 1
t.hideturtle()
turtle.hideturtle()
```

运行以上代码，会得到如图 12.7 所示的结果。

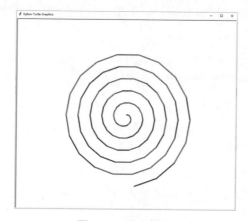

图 12.7　圆形螺旋

项目 12.5：复杂版曼陀罗：完全自动化

这个项目中，我们将用一个 for 循环画一个复杂的曼陀罗。这也将会是随机填色的。看起来会显得非常壮观！

　　1. 导入 random 模块和 turtle 模块，首先设置 turtle 界面和笔。把笔的大小改为 5，速度改为 0。

```
#曼陀罗
import turtle, random
s = turtle.getscreen()
t = turtle.Turtle()
t.pensize(5)
t.speed(0)
```

2. 接下来创建一个颜色列表。

```
colors = ['Red', 'Blue', 'Green']
```

3. 然后让循环在 1 到 24 之间循环（1,25 为范围）。

```
for x in range(1,25):
```

4. 选择随机颜色，并把笔改成对应的：

```
color = random.choice(colors)
t.pencolor(color)
```

5. 现在，有趣的部分来了。曼陀罗中的圆形很绘制起来复杂，对不对？那么，我们每次迭代都画 100 个点的圆，但每次都把角度改变 15 度，这样就能得到一个紧密结合在一起的曼陀罗设计了（你马上就知道了）。

```
t.circle(100)
t.right(15) #紧密结合的曼陀罗
```

6. 最后，把海龟藏起来。

```
t.hideturtle()
turtle.hideturtle()
```

运行以上代码，会得到图 12.8 这样的结果。

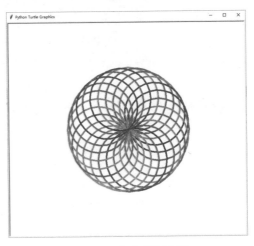

图 12.8　复杂版曼陀罗

尝试改变循环的范围、圆的半径和角度，绘制各式各样的曼陀罗。你真的可以创造出好几百款不重样的设计！ ☺

项目 12.6：海龟赛跑与循环

这会是一个非常有趣的小游戏，它展示了循环和 Python random 包的巨大威力。我们还会学习之前在 turtle 那几章中省略的一些 turtle 方法。有没有兴奋起来呢？反正我是跃跃欲试的啦！

概念很简单。现在有三只海龟，要在它们之间举办一场赛跑。就这么简单。当程序写好后，我们的屏幕上会出现一场看起来很真实的、实时举办的比赛。那么，具体该如何实现呢？

首先，我们需要球员，而幸运的是，在 turtle 中创建海龟非常简单。

1. 导入 random 模块和 turtle 模块，首先设置 turtle 界面。

```
# 海龟
import turtle, random
s = turtle.getscreen()
t = turtle.Turtle()
```

2. 现在，我们不打算用通常的方式绘制海龟，而是要用 turtle.Turtle() 命令创建三只不同的海龟，分别命名为 red、blue 和 green，Turtle 允许我们这样做。我们可以创建很多海龟，数量不限，并把它们放在任何地方，让它们同时画不同的东西。是不是很酷呢？

3. 创建了一名选手（海龟）后，把它的大小改为 5，使用 color() 方法改变 'turtle' 的颜色，使用 shape() 方法改变海龟的 shape（形状）为 'turtle'。你很快就会看到这些是如何工作的。

```
red = turtle.Turtle()
red.pensize(5)
red.color('Red')
red.shape('turtle')

blue = turtle.Turtle()
blue.pensize(5)
blue.color('Blue')
blue.shape('turtle')

green = turtle.Turtle()
green.pensize(5)
green.color('Green')
green.shape('turtle')
```

4. 最后，把屏幕中央的海龟藏起来。

```
t.hideturtle()
turtle.hideturtle() # 把屏幕中央的 turtle 藏起来
```

5. 如果现在运行这个程序的话，将只能看到绿乌龟，因为那是最后一个绘制出来的。为了看到每只海龟，需要把它们移到各自的跑道起点上。我在尝试了很多次之后，选择了以下几个值。你可以选择任何自己想要的起点。

```
# 让海龟各就各位
red.penup()
red.goto(-250,150)
red.pendown()

blue.penup()
blue.goto(-250,0)
blue.pendown()

green.penup()
green.goto(-250,-150)
green.pendown()
```

6. 现在运行以上程序，会得到图 12.9 这样的结果。

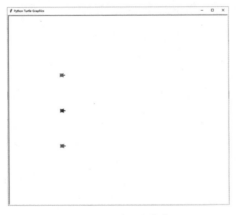

图 12.9　三只小海龟

现在，三只小海龟选手都各就各位了。完美！

7. 最后，让它们开始比赛吧！创建一个 for 循环并迭代 100 次。在每一次迭代中，每只小海龟会向前移动一个从 1 到 10 的随机数字。这样一来，我们就不知道哪只海龟会移动多远，而且有一种真实世界中看赛跑比赛的感觉。（真哒，亲测！）

```
#让小乌龟跑起来
for i in range(100):
    red.forward(random.randint(1,10))
    blue.forward(random.randint(1,10))
    green.forward(random.randint(1,10))
```

差不多就酱（这样）！现在运行以上程序，你会看到三只不同颜色的海龟在屏幕上以不同的速度移动并在不同的位置停了下来。你的海龟赛跑举办得很成功！（图 12.10）☺

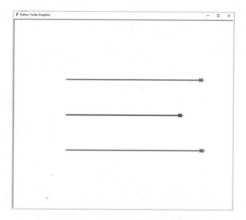

图 12.9　三只小海龟在赛跑

项目到这里就结束啦！希望你在创建程序的过程中感受到了乐趣，你的类腓肽在炸裂。☺

小结

本章中，我们进行了六个有趣的项目。在做丰富多彩的项目的同时，进一步强化了在前几章中学到的概念。我们还学习了如何创建算法来解决编程中遇到的问题和谜题。

下一章将学习用函数实现真正的自动化、为用户定义的函数获取参数和用函数节省时间和大量的代码行以及更多内容。

学习成果

第13章

用函数实现自动化

第12章中，我们从学习中抽身出来，做了许多有趣的项目。元气满满之后，精力充沛的我们继续进行几章的学习，好不好？☺

这一章将介绍一个非常有趣的概念。前面介绍了如何在 Python 中用循环实现自动化，但在这一章中，将讲述如何用函数实现真正的自动化。它像魔法一样神奇，你很快就能体会到。

真正的自动化

为什么我要称之为"真正的"自动化？前面讲的循环已经可以做很多自动化的工作了。我们只用了几行代码就创造了完整的图形，对吧？那为什么还需要函数呢？☺

假设需要重复代码呢？举个例子，回顾一下我们在循环的那章中写的代码。还记得我们是如何创建一个程序并根据给它的输入来创建一个图形的吗？必须多次运行这个程序来绘制不同的图形。如果我想给多个输入，让程序一个接一个地画出每个形状，同时擦除前一个形状，该怎么办？你会怎么做？

你可能需要多次编写同样的代码，只是改变角度和边的输入，对不对？所以，如果你想画 5 个图状，你需要 5 个 for 循环，一个接着一个，每个循环之间有一个 clear() 方法。这也太冗长了！能否简化这个过程呢？

有了函数，你当然可以简化这个过程！你可以用函数（function）来创建 for 循环。到目前为止，我们已经使用了很多函数。但我们称其为预定义方法，因为它们已经在 Python 中被创建好了。但现在，你可以创建自己的函数。多么令人激动啊！你已经成为一名经验丰富的程序员了，你现在可以创建自己的函数，调用它们，发送参数，实现自动化，等等。

现在，for 循环在你的函数中，你可以"调用函数（calling the function）"，每次都给出不同的值，以确保 for 循环每次都能画出不同的形状。稍后，我将教你具体如何做。

但是现在，先来学习一下如何写一个基本的函数。

我们的第一个函数

每个函数都有两个部分。一个是函数定义，它是你想多次执行的代码。然后是函数调用，也就是真正"调用"函数定义的那行代码。它可能会发送参数/值，作为对函数的输入。

但我们首先要做的是创建一个没有参数的函数，这样你就能理解它们的基本工作原理。

那么，函数有一个定义，不是吗？经过到目前为止的学习，你应该可以看出 Python 是非常直观的。它的语法有理可循。if 与英文单词 if 同义；while 指的是某件事情要持续一段时间，所以是一个循环；等等。同样，def 意味着正在创建一个函数定义（definition）。

只需简单提到 def 和你要创建的函数的名称，后面一如既往地接上小括号和冒号，然后在下一行进行一个缩进后写上代码，就搞定了！

现在来创建一个函数，当我们调用它时，它会打印出"你好！"这样的结果。记得为函数命名，以便以后调用。我们调用过许多预定义函数，如 len() 和 join()，记得吗？这个概念对你创建的函数也是一样的：用户定义的函数。我把函数命名为 greet()，因为它要问候调用它的人。☺

```
def greet():
    print('你好！')
```

很好！我们有自己的函数了。下面来运行它吧！

……什么都没发生。为什么会这样？☹

啊，对了，我们还没有调用它呢！如何调用呢？嗯，调用自己的函数和调用预定义函数的方式一样。函数的名称，后跟括号。就这么简单！

现在来改正错误吧。先定义函数，再调用函数，这才是它应该的样子。

```
def greet():
print('Hello there!')
greet()
```

现在运行以上程序，会得到下面这样的结果：

```
= RESTART: C:/Users/arthi/AppData/Local/Programs/Python/
Python38-32/functions.py
你好！
```

啊哈！成功了！

为什么我们需要函数

但函数究竟有什么用处呢？我有点迷茫。你呢？无需增加额外的代码来进行创建和调用，函数就可以做我们一直在做的事情。

嗯……假设小组里有 5 个人，而我想问候用户 5 次，而不是一次。在学习本章之前，我需要添加 5 条打印语句。但现在，我只需添加 5 个函数调用，就像下文这样，函数就会被调用，"你好！"就会被打印出来。太酷了，对不对？！

```
greet()
greet()
greet()
greet()
greet()
```

运行以上代码，会得到下面这样的结果：

```
= RESTART: C:/Users/arthi/AppData/Local/Programs/Python/Python38-32/
functions.py
你好！
你好！
你好！
你好！
你好！
```

我们得到了想到的结果！但这又有什么用呢？我们还是得写五行代码。本来就得写这么多。我们既没有节省到时间，也没有节省到空间。真是烦人！

每次都做不同的事情

当你每次调用函数时都向它发送不同的值，就会明白函数的真正用途。现在试试改变 greet() 程序，让它每次调用时都向不同的人打招呼。

现在，如果想让这个函数每次都叫一个人的名字并对其致以问候的话，需要让函数知道他们的名字是什么，对吗？这该怎么做到呢？或许，函数可以在被调用时接收它？是的！在创建函数时，可以在括号内囊括你发送的一个或多个参数的名称（想多少就多少）。

好了，暂停一下！形参（parameter）？实参（argument）？这两个有什么区别？不用担心，其实都是一样的，但具体来讲，函数在调用中发送的值被称为"形参"，而函数定义中收到的值是实际参数。很简单，对吗？看过下面的例子后，你就会有更深刻的理解了。

创建（定义）函数

下面来看看具体是如何运作的吧。

```
def greet(name):
    print(' 你好，{}！'.format(name))
```

看到了吗？我把参数 name 放进了括号里，然后在打印语句中使用它。这本身不是个变量，但它的表现就像变量一样。你可以给参数起任何想要的名字。完成这个例子后，你可以试着把参数的名字从 name 改成 n，看看它是否还能照常工作。

现在定义已经创建好了，接着来创建程序的其余部分。先创建一个变量名并获得输入。然后调用 greet() 函数，但这次在括号内加上参数的名称 name。

```
name = input(" 你叫什么名字？ ")
greet(name)
```

很好！不要被同样的 name 所迷惑。这只是让变量的名字和函数接收的参数的名字相同，这样你就不会混淆了。但是，参数的名字可以是任何东西，程序仍然可以正常工作。

运行以上代码，会得到下面这样的结果：

```
= RESTART: C:\Users\aarthi\AppData\Local\Programs\Python\
Python38-32\functions.py
你叫什么名字？苏珊
你好，苏珊！
```

耶！你看，成功了！

可以重复使用代码

现在，我将向你展示函数的真正用途。它的真正用途在于，你不需要一次又一次地重复同一行代码了。

现在来创建一个叫"calculation"的函数，它可以对它所收到的任何两个数字进行加减乘除运算。

这个函数将接收两个数字 n1 和 n2 作为参数。我接下来要进行计算并在四个单独的行中把结果打印出来。

```
def calculate(n1,n2):
    n1 = int(n1)
    n2 = int(n2)
    add = n1 + n2
    sub = n1- n2
    div = n1 / n2
    mul = n1 * n2
    print('' 加法: {}
减法: {}
乘法: {}
除法: {}
    '''. format(add,sub,mul,div))
```

在前面的几行代码中，我接收了 n1 和 n2 两个数字作为参数。然后把它们转换成整数，因为我将使用 input() 方法接收数字，而这些值默认为字符串。然后，我做了计算，最后用多行字符串引号把所有东西打印出来。

接下来的就是重点了。现在，calculate 函数已经创建好了，任何时候都可以调用它。如果我们想做三次呢？在发现函数的妙用之前，我们需要多次编写相同的代码行，因为没有其他的办法来接收不同的输入并对不同的值进行相同的计算。

但是现在，我们有办法了！

```
calculate(input("输入第一个数字："),input("输入第二个数字："))
calculate(input("输入第一个数字："),input("输入第二个数字："))
calculate(input("输入第一个数字："),input("输入第二个数字："))
```

我创建了三个函数调用，其中每个函数调用都有两个参数，这些参数只不过是输入语句。

现在运行以上程序。

```
= RESTART: C:\Users\aarthi\AppData\Local\Programs\Python\Python38-32\functions.py
输入第一个数字：10
输入第二个数字：5
加法：15
减法：5
乘法：50
```

```
除法: 2.0

输入第一个数字: 5
输入第二个数字: 10
加法: 15
减法: -5
乘法: 50
除法: 0.5

输入第一个数字: 100
输入第二个数字: 20
加法: 120
减法: 80
乘法: 2000
除法: 5.0
```

看！用一模一样的几行代码，我就能做三组不同的计算，而不用像以前那样运行程序三次。

这就是函数的真正用途。**真正的自动化！**

参数未定义，怎么办

但是，在函数调用中发送参数时要小心。如果你没有发送函数定义所期望的参数数量，运行函数时就会出现错误。无论发送的参数少了还是多了，都是这样。

```
def greet(name):
    print(' 你好, {}! '.format(name))
```

对于上述函数:

```
greet()
```

没有参数的函数调用会产生这样的错误:

```
==== RESTART: C:/Users/zz432/AppData/Local/Programs/Python/Python39/
ch13.py ====
Traceback (most recent call last):
  File "C:/Users/zz432/AppData/Local/Programs/Python/Python39/
ch13.py", line 3, in <module>
    greet()
TypeError: greet() missing 1 required positional argument: 'name'
```

这个函数的调用缺少一个必要的参数。

另一方面，如果调用有两个参数的话:

```
greet(name1,name2)
```

会出现以下错误：

```
==== RESTART: C:/Users/zz432/AppData/Local/Programs/Python/Python39/
ch13.py ====
Traceback (most recent call last):
  File "C:/Users/zz432/AppData/Local/Programs/Python/Python39/
ch13.py", line 3, in <module>
    greet(name1,name2)
NameError: name 'name1' is not defined
```

这个参数没有被定义！所以，一定要确保参数的数量与函数定义中参数的数量相匹配。

给出答案

到目前为止，我们只是在把东西打印出来。比方说，我有一个表达式，我通过 add() 和 mul() 函数得到了多个数字的加法和乘法的结果。但如果我想把它们全部相除呢？当我不知道操作的结果是什么的时候，要怎么做呢？打印结果并不总能满足需求，不是吗？

对此，Python 也有一个简单的解决方案！只需返回结果就可以。就是这么简单。使用 return 语句返回结果，它将在函数调用中被接收。然后，就可以把函数调用分配给一个变量并使用其结果，或者把函数调用本身作为一个值。

有点儿迷糊了？别担心，亲爱的。这里有一个有趣的练习可以帮助理解这个概念。

首先，创建两个函数 addition() 和 multiply()，它们分别接收参数 n1 和 n2，并对这两个数字进行加法和乘法运算。

```
def addition(n1,n2):
    add = n1 + n2
def multiply(n1,n2):
    mul = n1 * n2
```

但我不能使用这些值，对不对？所以，让我返回它们。

```
def addition(n1,n2):
    add = n1 + n2
    return add
```

```
def multiply(n1,n2):
    mul = n1 * n2
    return mul
```

现在，我已经返回了这些数字的加法和乘法的结果。另外也可以在返回语句中执行操作，像下面这样：

```
def addition(n1,n2):
    return n1 + n2
def multiply(n1,n2):
    return n1 * n2
```

这样做的话，可以省下很多行代码。但这只有在整个函数只有一行代码的情况下才有效。

好了，现在，函数已经准备就绪，一起把它们用起来吧！

```
num1 = input("输入第一个数字：")
num1 = int(num1)
num2 = input("输入第二个数字：")
num2 = int(num2)
mul = multiply(num1,num2)
add = addition(num1,num2)
calc = mul /add
print("{} / {} = {}".format(mul,add,calc))
```

在上述几行代码中，我接收了两个数字作为输入，并将字符串转换为了整数。然后，我创建了一个名为"calc"的变量，将这些数字的乘法结果除以这些数字的加法。

我没有在这里进行操作，而是在变量 mul 和 add 中接收数值。从技术上讲，这就是我们所需要的，因为这些函数中的返回语句会将运算结果返回给函数调用，然后它们就可以被用于 calc 操作中了。

要不要检查一下这是否有效？

```
=RESTART: C:\Users\aarthi\AppData\Local\Programs\Python\Python38-
32\functions.py
输入第一个数字：10
输入第二个数字：5
50 / 15 = 3.3333333333333335
```

好耶！成功了！用不同的操作试试看。想要多复杂就可以有多复杂，尽情享受虐数学的乐趣吧！

没有参数，怎么办

有时，你可能不知道要发送什么参数。可能你只想测试一下这个函数。但是，当函数期望有参数时，不发送参数会出现错误！这时候该怎么办呢？有什么能做的呢？

默认参数派上用场的时候到了！

你可以在定义函数时给参数指定默认值，这样，即使在调用函数时忘记发送参数了，它们也能正常运转。想试试吗？

在下面的例子中，我创建了一个 printName 函数，只是打印出给定的名字。我调用了这个函数两次，一次带参数，一次不带参数。现在来看看会发生什么吧。

```python
def printName(name=' 苏珊 '):
    print(' 我叫 {}'.format(name))
printName(' 约翰 ')
printName()
```

运行，然后会得到以下结果：

```
= RESTART: C:\Users\aarthi\AppData\Local\Programs\Python\Python38-
32\condition.py
我叫约翰
我叫苏珊
```

它完全按照我们的预期运行！当我们真的从函数调用中发送了一个参数时，默认参数会被忽略。而忘记发送参数的时候，默认参数就会派上用场。完美！ ☺

参数太多了，怎么办

函数还以其他方式使得编程变得简单。当你不知道要发送多少个参数，但希望不出任何差错地接收所有的参数的时候该怎么办？

"任意参数"将帮助你做到这一点。用 *listName（列表名称）来代替参数的名称，就可以像访问一个列表项一样访问每个参数。我来告诉你怎么做。

假设我想打印函数调用所发送的数字的总和，但我不知道有多少个数字相加，那么我就把它们作为一个任意参数来接收。

因为 *listName 本质上是一个列表，所以可以像在一个列表中那样循环浏览它。

```
def addNums(*nums):
    sum = 0
    for num in nums:
        sum += num
    return sum
```

现在用任意参数调用函数。

```
print(addNums(1,5,3,7,5,8,3))
print(addNums(1,3,5,7,9))
print(addNums(1,2,3,4,5,6,7,8,9))
```

运行以上程序，会得到下面这样的结果：

```
= RESTART: C:\Users\aarthi\AppData\Local\Programs\Python\Python38-
32\condition.py
32
25
45
```

哇哦！这个简简单单的功能却能给我很大的自由，让我可以在程序中做任何事情。另一方面，直接发送一个列表作为参数也是可以的。你可以试着修改前面的程序来发送和接收一个数字列表。

试过了吗？是不是看起来像下面这样：

```
def addNums(nums):
    sum = 0
    for num in nums:
        sum += num
    return sum
print(addNums([1,5,3,7,5,8,3]))
print(addNums([1,3,5,7,9]))
print(addNums([1,2,3,4,5,6,7,8,9]))
```

棒棒哒！ ☺

全局与局部

可以看出，一旦创建了一个变量，就不能再重新定义它。但是可以重新给它赋值，比如：

```
for i in range(1,10):
    print(i,end='')
print()
print(i)
```

在上述程序中，我创建了一个变量 i，在同一行中打印从 1 到 9 的数字。在 for loop 结束后，打印新的一行和 i 的当前值。

现在运行这个程序，会得到这样的结果：

```
= RESTART: C:\Users\aarthi\AppData\Local\Programs\Python\Python38-
32\condition.py
123456789
9
```

看！没有发生错误，而是成功地得到了 9 这个结果。因为一旦 i 被创建，即使它是在 for loop 中创建的，也可以被整个程序访问。

函数中的变量

但函数的情况却并非如此。现在，让我们在一个函数中创建同样的变量。

```
def printNum():
    for i in range(1,10):
        print(i,end='')
printNum()
print()
print(i)
```

运行以上程序，会得到下面这样的结果：

```
= RESTART: C:\Users\aarthi\AppData\Local\Programs\Python\Python38-
32\condition.py
123456789
Traceback (most recent call last):
  File "C:/Users/zz432/AppData/Local/Programs/Python/Python39/ch13.
py", line 6, in <module>
    print(i)
NameError: name 'i' is not defined
```

看到前面的输出了吗？当函数还在执行过程中的时候，情况还不错。它按照我们想要的顺序打印出了数字。但是，当我们试图在函数之外打印 i 的当前值时，就得到了一个"not defined（未定义）"错误。为什么会这样呢？变量 i 是在函数的 for loop 中定义的，不是吗？

是的，它是在函数的 for loop 中定义的，但它是该函数的局部变量，不能在外面使用。由此可以得出，任何在函数内部创建的变量都被称为"局部变量"（local variable）。

返回局部变量

如果想在一个函数之外使用它，就需要返回它，像下面这样：

```
def printNum():
    for i in range(1,10):
        print(i,end='')
    return i
i = printNum()
print()
print(i)
```

现在运行以上程序，会得到下面这样的结果：

```
= RESTART: C:\Users\aarthi\AppData\Local\Programs\Python\Python38-
32\condition.py
123456789
9
```

完美，又成功了！☺

全局变量

同理，在函数之外创建的任何变量都被称为**"全局变量"（global variable）**，如果你想在函数中使用它，你需要使用 global 关键字。

假设我想创建一个全局变量"sum"。每次发送一个数字列表，它们就会被添加 sum 的"当前"值中，这样我们基本上可以得到多个列表的总和。如何做到这一点呢？

创建一个变量 sum，并在程序开始时将其赋值为 0。接下来定义这个函数。如果我想在函数之外使用相同的 sum，那么就需要在函数的开头将其作为 global sum（不带引号）提及。在函数定义的一开始就提到全局变量总是很好的做法。

就这么简单。该程序的其余部分都与之前写的程序差不多。

```
sum = 0
def addNums(nums):
```

```
    global sum
    for num in nums:
        sum += num
    return sum

print(addNums([1,5,3,7,5,8,3]))
print(addNums([1,3,5,7,9]))
print(addNums([1,2,3,4,5,6,7,8,9]))
```

运行这段代码，会得到以下结果：

```
= RESTART: C:\Users\aarthi\AppData\Local\Programs\Python\Python38-
32\condition.py
32
57
102
```

sum 的旧值被保留下来，然后被添加到了后续函数调用中发送的新值中。真好！

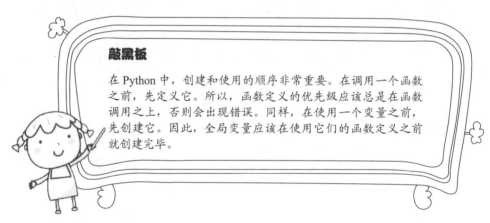

敲黑板

在 Python 中，创建和使用的顺序非常重要。在调用一个函数之前，先定义它。所以，函数定义的优先级应该总是在函数调用之上，否则会出现错误。同样，在使用一个变量之前，先创建它。因此，全局变量应该在使用它们的函数定义之前就创建完毕。

匿名函数 lambda

lambda 是一个匿名函数。它没有名字，可以接受任何数量的参数，但只能有一行代码。听起来很简单，不是吗？我们都有伟大的函数可以用了，为什么还需要 lambada 呢？

在后续的章节中，我们将与事件一起工作。这些事件将让你在点击应用程序上的按钮、

按下鼠标按钮以及点击键盘按钮等时调用函数。在这些情况下，非常需要Lambda，那么事不宜迟，赶紧来了解一下吧（即使现在它们对我们还没什么用处）。

lambda 的语法非常简单：

```
变量 =lambda 参数：代码行
```

为什么要把 lambda 分配给一个变量？当然是为了能够调用它啦！现在来看一个具体的例子：

```
sum = lambda num1,num2: num1 + num2
```

现在，我们可以通过调用 sum() 来调用这个 lambda，像下面这样：

```
print(sum(3,5))
print(sum(100,240))
```

运行前面几行代码，会得到下面这样的结果：

```
= RESTART: C:\Users\aarthi\AppData\Local\Programs\Python\Python38-
32\condition.py
8
340
```

🎲 迷你项目 21：用 Python 做数学作业

这个项目很简单。如果使用像 Tkinter 这样的包，我们可以把它变成一个方便的应用程序。但现在还没有讲到 Tkinter，所以这次我们先在 Shell 中完成这个项目。

我们的计算器将被设计成下面这样。

1. 每种运算都有不同的函数：加法、乘法、除法、减法和模数。

2. 我们将从用户那里获得输入。先得到两个数字，再让用户选择要执行的操作。

3. 然后打印结果并问他们是否要继续使用计算器。

4. 如果答案是"y"或"Y"，我们就会问他们是否想把前面的结果作为计算中的一个数字。如果答案还是"y"或"Y"，那么就再要求一个输入并询问想要执行什么操作。

5. 计算器可以永无止境地这样运行下去。当用户回答"n"，表示不再继续使用计算器时，就跳出循环，结束程序。

好玩不？已经迫不及待地想要开始了吗？我也是！ ☺

1. 再次创建进行这些操作的函数。由于函数定义在被调用之前需要被创建，这一步需要最先完成。

```python
# 加法
def add(n1,n2):
    return n1 + n2
# 减法
def sub(n1,n2):
    return n1- n2
# 乘法
def mul(n1,n2):
    return n1 * n2
# 除法
def div(n1,n2):
    return n1 / n2
# 模数
def mod(n1,n2):
    return n1 % n2
```

2. 现在创建一个永无止境的 while 循环，这意味着条件始终为 true，直到用 break 语句跳出循环为止。

3. 在 while 循环中，我们将要求用户给出两个数字作为输入，并一如既往地将字符串转换为整数。

4. 然后，询问要进行什么操作。这里，将使用 if...elif...else 语句来调用相关函数并获得结果。

```python
# 在全局范围内创建一个结果
result = 0 # 默认值
repeat = 0 # 如果用户决定重复使用之前的操作结果，这就变成1

while(True):
# 如果这是第一次 / 新的操作
    if(repeat == 0):
        # 第一个数字
        num1 = input(' 输入第一个数字；')
        num1 = int(num1)
```

```
    # 第二个数字
    num2 = input('输入第二个数字: ')
    num2 = int(num2)
    # 如果用户要求在这次操作中使用上次得到的结果
else:
    # 第二个数字
    num2 = input('输入第二个数字: ')
    num2 = int(num2)
# 获取操作符
op = input('''输入下列任意一个与操作对应的数字:
只输入数字,不要加句号。
1.加法
2.减法
3.乘法
4.除法
5.模数''')
op = int(op)
# 调用相关函数
if(op == 1):
    result = add(num1,num2)
elif(op == 2):
    result = sub(num1,num2)
elif(op == 3):
    result = mul(num1,num2)
elif(op == 4):
    result = div(num1,num2)
elif(op == 5):
    result = mod(num1,num2)
else:
    print('你输入了一个无效操作符。请重新运行程序')
    break
# 打印结果
print('答案是: {}'.format(result))
again = input('想再次进行运算吗? 输入 Y 或者 N: ')
if((again == 'y') or (again == 'Y')):
    reuse = input('你想让本次操作的结果成为下次操作的第一个数
        字吗? 输入 Y 或 N: ')
    if((reuse == 'y') or (reuse == 'Y')):
        num1 = result
        repeat = 1
    else:
        repeat = 0
else:
    print('好的,再见! ')
    break
```

迷你项目 22：自动绘图（进阶版）

循环是自动化的，但函数才应该是真正的自动化，不是吗？那何不看看函数能为自动绘制图形的迷你项目起到什么帮助呢？

接下来，我将创建一个名为 draw_shape() 的函数，并将代码放入其中。我会在函数中接受两个参数：边和角。

如果边的数目为 1，就画一个圆。否则，就画一个多边形。就这么简单。

在这个项目中，我将使用另一个叫 "time" 的包。有了它，就可以在下一个形状被画出来之前有一段延迟，大约 300 毫秒，以方便用户可以看到正在发生什么：

1. 先导入 turtle 和 time 这两个包。

```
import turtle
import time
```

2. 然后设置 turtle。把笔的颜色设置为红色，填充颜色设为黄色。

```
s = turtle.getscreen()
t = turtle.Turtle()
t.pensize(5)
t.color('Red', ' Yellow')
```

3. 然后定义 draw_shape() 函数。在这个函数的一开始，我将使用 time 包的 sleep() 方法使程序停止运行 0.3 秒（300 毫秒）。然后清空屏幕，以便在绘制下一个形状之前将之前的形状擦掉。

```
def draw_shape(sides,angle):
    time.sleep(0.3)
    t.clear()
    t.begin_fill()
    # 如果边长大于 1，那么它就是一个多边形
    if sides > 1
        for x in range(0,sides):
        if(x == sides-1):
            t.home()
            breakt.forward(100)
        t.right(angle)
    elif sides == 1:
        # 圆形
        t.circle(100,angle)
```

```
    t.end_fill()
    t.hideturtle()
    turtle.hideturtle()
```

4. 我将在各种函数调用中给出多个值。运行程序时，你会看到这些形状被连续画出来，中间有 0.3 秒的延迟。

```
draw_shape(4,90)
draw_shape(3,60)
draw_shape(5,50)
draw_shape(6,60)
draw_shape(8,45)
draw_shape(1,180)
draw_shape(1,360)
```

绘制的图形如图 13.1 所示。

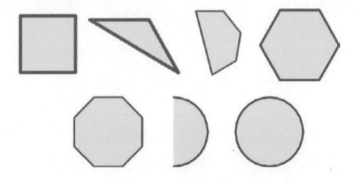

图 13.1　自动绘制的图形

看！赏心悦目，干净又漂亮！ ☺

小结

本章研究了使用函数实现真正的自动化。本章中学习的知识包括定义函数、调用函数、发送参数以使函数动态化、向函数调用返回值、接受任意参数，等等。我们还为前几章中的一些项目增加了自动化处理。

下一章中，我们将像真正的程序员那样编程。下一章将研究对象并模仿真实世界中的编程场景。

学习成果

轻松学 Python

第 14 章

创造现实世界中的对象

第 13 章研究了函数的真正自动化。研究了用函数节省时间、空间和代码行，定义函数，调用函数，向函数发送参数，使用默认参数，将值返回给调用语句以及接受任意参数和列表为参数。

这一章将了解如何用面向对象编程（OOP）来进行现实世界的编程。将关注类、初始化函数、self（类的实例）、用户定义的属性和方法以及在类上创建对象。我们还将研究访问属性和函数以及改变属性值。

什么是面向对象编程

在 Python 中，所有的东西都是一个对象，有自己的属性和方法，记得吗？现实世界中就是这样的。让我们以人类为例，人类有属性或者说特质，像身高、体重、瞳孔的颜色、头发的颜色，等等。同样，我们也有"方法"，比如跑步、走路、说话、做事情，对吗？

　　Python 中的一切都反映了现实世界的对象。例如，字符串有像长度这样的属性，但也有像拆分和大写等等的方法。人类是一个"组"，在这个"组"中存在着具有自己价值的人类个体（不同的头发颜色、体重和身高等）。同样，"字符串"也是一个组，在这个组下，可以创建单独的字符串，有自己的属性和方法。

　　这就是面向对象编程的核心：现实世界的编程。你可以为项目创建自己的对象，而不是使用预先定义的对象及其方法和属性。看到这里的可能性了吗？现在，世界触手可及！

　　但这是一个庞大的主题，不可能在一章中涵盖所有内容。我也不想让你过于困惑。你是来这儿学习 Python 并创建有趣的项目，而我们不需要 OOP(面向对象的编程) 就可以在本书中创建项目了。但我介绍一下 OOP，让你了解它的基本原理。听起来不错吧？那好，咱们开始吧！　☺

来来来，证明一切皆对象

我刚刚说过，在 Python 中，一切都是对象，现在就来证明一下。

　　从一个整数（一个数字）开始，检查它的类型。

```
num = 10
print(type(num))
```

运行前面的代码，会得到下面这样的结果：

```
= RESTART: C:\Users\aarthi\AppData\Local\Programs\Python\Python38-
32\oops.py
<class 'int'>
```

有趣。下一节会看到类是在 Python 中创建对象的方式，所以本质上，一个整数是一个类，持有整数的变量是对象。好吧，但其余的数据类型呢？

```
s = 'Hello' print(type(s))
b = True print(type(b))
f = 1.0
print(type(f))
def fName():
    pass
print(type(fName))
```

运行前面的代码，会得到下面这样的结果：

```
= RESTART: C:\Users\aarthi\AppData\Local\Programs\Python\Python38-
32\oops.py
<class 'int'>
<class 'str'>
<class 'bool'>
<class 'float'>
<class 'function'>
```

哇哦！它们都是类。所以，在 Python 中任何东西都是一个对象。☺

类

还记得前面谈到的组吗？如果想创建自己的对象，需要创建一个组，在这个组下可以创建这些对象。"类"一个组，而每个人都是一个独立的对象。每个人都有一组通用的属性和方法，对吧？

同样，每一组对象都会有一组通用的属性和方法，所以创建一个该组的蓝图，并分别创建每一个对象，且有自己的一组值。

别困惑，一会儿就会明白的。

你需要**类（class）**来创建这些蓝图。

为了模拟现实世界，让我们创建一个 Human 类，其属性和方法是我们人类的映射。

```
class Human:
    sample = 'Sample property value'
```

这就是了！你有了第一个类。这不是强制性的，但在命名类时，要把第一个字母大写，这样一来，在创建对象时，可以更好地进行区分。

好了。我们有了一个类，但接下来呢？对象在哪里？没错，你需要创建它们。创建一个叫"human1"的对象吧。

```
human1 = Human()
```

这很简单。现在可以访问这个类的属性值，像下面这样：

```
print(human1.sample)
```

运行前面的代码，会得到下面这样的结果：

```
= RESTART: C:/Users/aarthi/AppData/Local/Programs/Python/Python38-32/
oops.py
Sample property value
```

好耶！成功了！☺

对象有自己的值

我们现在还没有创建过根据在其上创建的对象来改变其属性值的动态类，。

为了创建这样的类，需要用一个"类"的预定义方法，叫 __init__() 函数。这是在 init 前后有两个下划线，接着是 ()。

这个方法可以在创建对象时为其发送单独的值，以便分配到类的属性中。一起来看看怎么做：

```
class Human:
    def __init__(self,name,age,hair,eye,pet):
        self.name = name
        self.age = age
        self.hair = hair
        self.eye = eye
```

因此，定义init函数并接受创建对象时需要的属性。属性将是姓名、年龄、头发（头发的颜色）、眼睛（眼睛的颜色）和宠物（宠物的名字）。

但这还不是全部。在开头有一个特殊的属性 self。这是什么？想猜一下吗？什么的 self？自己吗？那么它应该是被创造的对象，对吧？

self 是正在创建的对象，我们正在为该对象创建属性，并将接受的值赋给它。你可以把它命名为任何想要的名字，只要遵循变量的命名惯例。

程序员使用 self，以便知道它是什么。

好了，现在已经创建了一个"合适的"类，下面来创建对象吧。

```
human1 = Human(' 苏珊 ',8,' 黑发 ',' 蓝色 ',' 巴基 ')
```

第一个对象是 human1，将是一个 Human 类的对象，我们已经为其发送了一堆属性。请确保按照你的 init() 函数所确定的顺序发送属性，否则可能会出错。

你可以创建任何数量的这样的对象，再创建一个吧。

```
human2 = Human(' 约翰尼 ',10,' 金发 ',' 绿色 ',' 博克斯 ')
```

到目前为止，这看起来与普通的函数调用相似。那为什么要使用类呢？

首先，你不需要返回任何东西来访问这些属性。

```
print(human1.name)
print(human2.eye)
```

对象的姓名，后面是句号和属性，这样就可以了。

运行前面的代码，会得到下面这样的结果：

```
===== RESTART: C:\Users\CZO\AppData\Local\Programs\Python\Python39\
oops.py =====
苏珊
绿色
```

好耶！这就是我们想要的结果！

操作对象

与函数不同，对象的属性值也可以被改变。

```
human2.eye = 'brown'
print('Eye color: {}'.format(human2.eye))
```

运行所有代码，会得到下面这样的结果：

```
===== RESTART: C:\Users\CZO\AppData\Local\Programs\Python\Python39\
oops.py =====
苏珊
绿色
Eye color: 棕色
```

看！值被改变了。

所以，对象是字典和函数的混合体，是这两个世界的最好的东西，甚

至比最好还要好！☺

就像在字典中做的那样，可以使用 del 关键字来删除对象的属性，或者只删除整个对象，像下面这样：

```
del human2.eye
del human1
```

但与数据结构（列表、字典等）不同，不能在一个对象中循环。☹

对象做的事

记得我在开始这一章时说过什么吗？对象有属性（就像人一样），它们会做一些事情或者可以对它们做一些事情（就像对我们一样）。那么，可以添加一些"方法"，让对象做一些事情。

你将创建常规的函数，但这次只在类中创建。

我们来让对象说话、走路和跑步，好吗？或者只是模拟一下。

```
class Human:
    def init (self,name,age,hair,eye,pet):
        self.name = name
        self.age = age
        self.hair = hair
        self.eye = eye
    def talk(self):
        print('{} talking'.format(self.name))
    def green(self):
        print(' 你好！ ')
    def walk(self):
        print("{} is walking".format(self.name))
human1 = Human(' 苏珊 ',8,' 黑发 ',' 蓝色 ',' 巴基 ')
human2 = Human(' 约翰尼 ',10,' 金发 ',' 绿色 ',' 博克斯 ')
```

你注意到我们是如何使用 self.name 来从类中访问对象的名字的吗？ self 是调用函数的对象。每个函数都需要接受 self 来表示调用它的对象，无论是否在函数中使用它的属性值，否则你在运行程序时将会得到一个错误提示。

现在让我们调用函数，看看会得到什么：

```
human1.talk()
human1.green()
human2.walk()
```

运行前面的代码，会得到下面这样的结果：

```
===== RESTART: C:\Users\CZO\AppData\Local\Programs\Python\Python39\
oops.py =====
苏珊在说话
你好!
约翰尼在走路
```

哇哦！太棒了！ ☺

海龟赛跑的对象

知道类是如何工作的以及如何用它们来创建对象之后，我们现在可以试着用它们来重现海龟赛跑。我相信这次代码可以更简单。

创建一个 Turtle 类，创建我们的海龟，有一个用户定义的 move() 方法，随机移动海龟（在 1 ～ 10 范围内）。

1. 先导入 turtle 和 random 模块，并设置 turtle 屏幕，同时隐藏里面的小海龟。

```
import turtle, random
s = turtle.getscreen()
turtle.hideturtle()
```

2. 创建一个 turtle 类。初始化函数将接受 color、x 和 y 来改变海龟的颜色，并将海龟移动到起始位置。

```
class Turtle:
    def __init__(self,color,x,y):
```

3. 然后定义 self.turtle。为什么是 self.turtle 而不是 self？ self 指的是正在创建的对象，所以如果想在这个对象上创建一个海龟，需要创建一个包装对象，在这个例子中就是 self.turtle。你可以起任何想要的名字。

这样一来，原来的对象就不会被重新赋值，仍然可以创建一个海龟。

```
self.turtle = turtle.Turtle()
```

4. 接下来改变笔的大小，颜色和形状。

```
self.turtle.pensize(5)
self.turtle.color(color)
self.turtle.shape('turtle')
```

5. 最后，把海龟移动到给定的位置。

```
self.turtle.penup()
self.turtle.goto(x,y)
self.turtle.pendown()
```

6. 现在 init() 函数已经完成了，来创建一个 move() 函数吧！它会让将海龟随机地向前移动，就像原始程序中做的那样。

```
def move(self):
    self.turtle.forward(random.randint(1,10))
```

就酱（这样），对类需要做的事情就搞定了！

7. 现在来创建对象。我将创建三个对象，红色、蓝色和绿色以及它们的相关值。

```
red = Turtle('Red',-250,150)
blue = Turtle('Blue',-250,0)
green = Turtle('Green',-250,-150)
```

8. 现在，在 0-99（100 次迭代）的范围内，每一次迭代中对所有三只海龟调用 move() 函数。

```
for i in range(100):
    red.move()
    blue.move()
    green.move()
```

搞定了！下面来试着运行程序吧（图 14.1）！

成功了，并且红色海龟赢得了比赛！ ☺

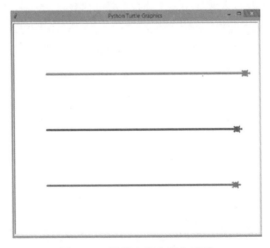

图 14.1　用类来举办海龟赛跑

小结

这一章研究了如何用面向对象编程（OOPs）进行现实世界的编程。研究了类、初始化函数、self、用户定义的属性和方法以及在类上创建对象。还研究了访问属性和函数以及改变属性值的问题。

下一章将了解文件，如何创建、打开以及修改文件。

学习成果

第15章

Python 和文件

第 14 章学习了如何使用类在 Python 中创建真实世界的对象。了解了在 Python 中一切事物都是一个对象。然后，学习了如何在 Python 中创建类，并使用这些类在不需要写太多的代码的情况下创建类似的对象。

    本章将了解 Python 中的文件处理。将看看如何在 Python 代码中直接创建、读取、写入和操作系统中的文件。

为什么是文件

我猜你一定在叹气，觉得又是一个无聊的理论性的
话题。不要这么快就否定文件，好吗？这是一个非
常简单的话题，而且可以开辟出太多的可能性，难
以计数。

一旦学会了这一点，现实世界的编程就非常简
单了。你可以开始在程序中囊括系统中的文件，可以从程序中创建，读取，
操作或者完全删除这些文件以及更多操作。如果想创建能在笔记本电脑和
计算机上运行的完整应用程序，那么你最好学习文件。

这一章会讲得很快，所以不用太担心。像往常一样，将以一个有趣且
简单的迷你项目结束。另外，下一章将创建所有你想创建的大项目、迷你
项目、应用程序和游戏，所以你更有理由快速完成这一章！ ☺

打开和读取现有的文件

从简单的开始。在对一个文件进行处理之前，需要检索它并将其保存在一
个变量中，这样以后就可以读和写，等等。

使用 open 方法，在双引号或单引号中指定文件名。你需要指定整个文
件名，包括相关的扩展名，如 .py、.txt，等等。

但是，如果该文件与你的脚本存在于同一个文件夹中，就可以像例子
中那样，只提及文件的名称及其扩展名。

我将要求程序检索 introduction.py 文件，因为它和我为本章创建的
files.py 文件在同一个文件夹中，所以不需要指定整个路径。

但如果路径在不同的文件夹中呢？怎样才能得到它呢？ :O

这是个非常简单的过程。在 Windows 中进入文件资源管理器或者在
Mac 中进入其对应的文件夹，如图 15.1 所示。

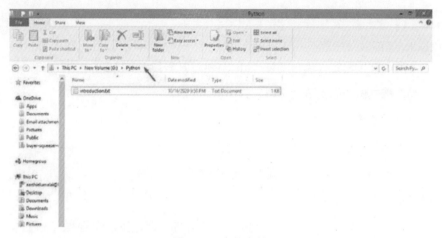

图 15.1　定位文件

点击我放置箭头的位置，也就是最后一个文件夹名称后面的位置。这样就可以得到路径，如图 15.2 所示。

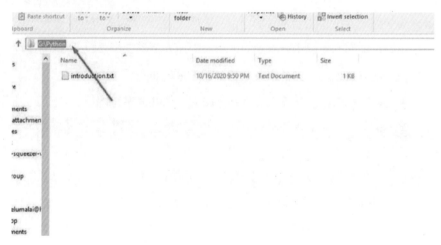

图 15.2　得到文件的路劲

现在，你可以复制这个路径，不能按原样使用它。需要将路径和文件名一起，按照以下格式进行格式化。在前面的例子中，我们试图得到文件 introduction.txt 的路径，它在路径 G:\Python 中。为了在程序中使用它，我将像下面这样格式化它。

```
G:\\Python\introduction.txt
```

然后把整个东西放在引号内，就可以使用它了。就这么简单！ ☺

一旦准备好 open() 方法，就把同样的东西赋给一个变量。

为什么？嘿嘿，一会儿你就知道了！

```
file = open(' introduction.py')
```

现在文件已经存储在变量"file"中，可以开始操作它了。

你想先做什么？要读它吗？打印里面的内容？

好，动手做吧！

能猜到读一个文件是如何进行的吗？也许 Python 有一个可以使用的 read() 函数？是的，你猜对了！这正是我们所拥有的。

但是，在使用 read 函数之前你需要向程序说明这正是你要做的。因此，当你检索文件时，需要添加第二个参数，指定以只读格式检索并且将只阅读以及以后可能打印里面的内容。

下面来修改代码：

```
file = open('introduction.py','r')
```

正如在前面的代码中所看到的，引号中加入了第二个参数 r。这将让程序知道，我只是在检索文件来读取它，而不是其他的。

现在，我们可以真正读取文件并打印它。想试试吗？

```
file.read()
```

运行上面的代码，然后……

```
……
```

什么都没有发生。为什么呢？嗯哼，你要求程序读取它，而它就这样做了。但是，你并没有要求它打印结果，对吗？你需要对计算机说得非常清楚。它们需要准确的指令。

所以，让我们打印读取操作：

```
= RESTART: C:/Users/aarthi/AppData/Local/Programs/Python/Python38-32/
file.py
print(' 你好！ ')
print(' 我的名字是苏珊史密斯。')
print(' 我九岁了。')
print(' 我超级喜欢小狗！ : )')
```

看！introduction.py 文件内的全部内容（代码）都被打印出来了。你注意到什么了吗？尽管该文件包含代码，而且它被打印在 Shell 中，但那些

print() 行并没有被执行，只是被打印出来了。

这是为什么呢？好吧，在这一瞬间，你的文件被认为是一个正常的文本文件，而这些代码行是文件中的内容。仅仅如此而已。如果想执行前面的代码，需要用常用通常的方法，而不是通过文件操作打开或读取它。

你可以要求程序只打印指定数量的字符，而不是全部。比方说，我只想打印出前 50 个字符（单个字母、数字、特殊字符和空格），其他都不需要。那么我所要做的就是在括号内指定 50 个，像下面这样：

```
print(file.read(50))
```

运行前面的代码，会得到下面这样的结果：

```
= RESTART: C:/Users/aarthi/AppData/Local/Programs/Python/Python38-32/
file.py
print(' 你好！ ')
print(' 我的名字是苏珊史密斯。')
```

计算前面结果中的字符，你会得出 50 个字符，包括作为单独字符的空格和新行。

何不试试用不同的数字来看看结果？

一行接着一行

如果你不希望打印整个文件，也不想计算字符数，怎么办？如果只想要第一行呢？那么，就可以使用 readline() 方法来读行。用 readline() 来代替 read()。

```
print(file.readline())
```

运行前面的代码，会得到下面这样的结果：

```
= RESTART: C:/Users/aarthi/AppData/Local/Programs/Python/Python38-32/
file.py
print(' 你好！ ')
```

好的！现在只有第一行。

如果想打印更多行呢？可以像 read() 那样在括号内指定 2 吗？

```
print(file.readline(2))
```

运行前面的代码，会得到下面这样的结果：

```
= RESTART: C:/Users/aarthi/AppData/Local/Programs/Python/Python38-32/
file.py
Pr
```

啊，无奈中！它以为我又在要求两个字符。我想唯一的办法是指定另一个 readline()。可以试试吗？

```
print(file.readline())
print(file.readline())
```

现在我们有两个 readline() 方法，是否有效呢？

```
= RESTART: C:/Users/aarthi/AppData/Local/Programs/Python/Python38-32/
file.py
print(' 你好！')
print(' 我的名字是苏珊史密斯。')
```

是的！我们现在有两行，它们之间有一个巨大的空白，因为它们是在两个不同的打印任务中打印的。

如果你想读取并打印出整个文件，那么只需循环浏览它，就像循环浏览一个列表一样。循环的每一次迭代，程序将打印出文件中的一行。

```
file = open('introduction.py','r')
for i in file:
    print(i)
```

运行前面的代码，会得到下面这样的结果：

```
= RESTART: C:\Users\aarthi\AppData\Local\Programs\Python\Python38-
32\file.py
print(' 你好！')
print(' 我的名字是苏珊史密斯。')
print(' 我九岁了 ')
print(' 我超级喜欢小狗！')
```

整个文件"就酱（这样）"！

新建文件

你可以在 open() 方法中使用 x 或 w 属性来创建新文件。w 可以打开一个现有的文件，或者在文件不存在的情况下创建一个文件，但 x 是专门用来创建新文件的。如果你试图新建一个现有的文件，x 会返回一个错误提示。

现在，新建一个文件 newFile.txt。

```
file = open('newFile.txt','x')
```

这个文件这样就建好了！如果再次运行程序，因为这个文件已经有了，所以会弹出一个错误提示。

操作文件

你可以用 write 方法添加到文件中。为了做到这一点，需要在 write，w 模式或 append，a 模式下打开想添加文本的文件。

write 模式将覆盖当前文件中的任何文本。append 模式将把给定的文本附加在文件的末尾。

下面来试试这两种模式，好吗？

在 write 模式下打开了上一节中创建的文件。

```
file = open('newFile.txt','w')
```

现在使用"write"模式来给文件添加几行代码，用 \n 开启新的一行。

```
file.write(' 你好！\n 这是一个新的文件。\n 我们给它加上几行文本！')
```

现在来读取文件看是否得到了同样的文本。

```
file = open('newFile.txt', 'r')
print(file.read())
```

运行前面的代码，会得到下面这样的结果：

```
===== RESTART: C:\Users\CZO\AppData\Local\Programs\Python\Python39\
file.py =====
你好！
这是一个新的文件。
我们给它加上几行文本！
```

呼！ ☺

那现在在试试另一种方法：

```
file = open('newFile.txt','a')
file.write('\n 这是最后一行 ')
file = open('newFile.txt','r')
print(file.read())
```

运行前面的代码，会得到下面这样的结果：

```
===== RESTART: C:\Users\CZO\AppData\Local\Programs\Python\Python39\
file.py =====
你好！
```

```
这是一个新的文件。
我们给它加上几行文本！
这是最后一行
```

这是一个非常强大的功能，可以使桌面应用程序或任何应用程序的编程变得非常容易！

✦ 迷你项目 23：通过文件做自我介绍

这将是一个非常简单的项目。将在文件夹中新建一个文本文件，命名为 introduction.txt 的文本文件。通过 Python 代码把自我介绍写到该文件中，最后，在 Shell 中打印出来。很简单！☺

　　1. 先在改路径中创建一个文件：

```
C:\Users\CZO\AppData\Local\Programs\Python\Python39\introduction.
txt
```

　　也可以用"x"，但这里用的"w"，所以不需要再用 write 模式打开了。

```
f = open('G:\\Python\introduction.txt','w')
```

　　2. 然后在里面写上苏珊的自我介绍：

```
f.write(''' 你好，我叫苏珊，我九岁了。\n 我的宠物叫巴基。\n 它非常地爱我！''')
```

　　3. 现在打印它。再次打开文件，但这一次用 read 模式，在打印内容的同时来读取它，最后关掉。

```
f = open('G:\\Python\introduction.txt','r')
print(f.read())
f.close()
```

　　现在运行程序，会得到下面这样的结果：

```
===== RESTART: C:\Users\CZO\AppData\Local\Programs\Python\Python39\
file.py =====
你好，我叫苏珊，我九岁了。
我的宠物叫巴基。
它非常地爱我！
```

　　完美！☺

小结

这一章学习了所有关于文件的知识，从 Python 代码中创建、读取它们、将它们存储在变量中、用程序操作文件以及更多的知识。

　　下一章将学习 Tkinter，一个可以创建桌面应用程序的 Python 包。

学习成果

第 16 章

初探 Tkinter：
动手做炫酷的 App

第 15 章学习了在 Python 中创建、打开和操纵计算机
文件的所有知识。

本章将重新开始享受 Python 的乐趣。本章将学
习如何使用 Tkinter，它是一个可以用来创建桌面应用
程序 (GUI- 图形用户屏幕) 的 Python 软件包。你将学
习如何创建按钮、标签、文本框和更多内容。

安装 Tkinter

还记得我们用 Turtle 包做了什么吗？使用 Tkinter 的一些过程是一样的。你现在是一名专业的程序员了。你已经掌握了 Python 的基础知识并且完成了整整一章的迷你项目。

所以，在本章中，我希望你能表现得更成熟、独立。我不打算再去手把手地解释一些东西，因为你已经懂得很多了。这一章中将涉及很多内容，最后，你将得到像电脑系统中的那些软件一样漂亮的应用程序，而且你将拥有创造更多应用程序的工具。有没有兴奋起来呢？反正我已经迫不及待了！让我们开始吧！☺

和 Turtle 一样，我们需要先导入 Tkinter。打开一个新的脚本文件。不要把它命名为"tkinter.py"。因为 Python 中已经有一个同名文件了，它包含了所有预定义方法的代码，你将用它来创建你的应用程序。我将文件命名为 astkPrograms.py。

首先，导入 Tkinter。

```
from tkinter import *
```

我已经要求所有东西都从 Tkinter 包中导入。"*"意味着所有东西。现在，需要创建一个包含应用程序的窗口。我把窗口称为 w，需要调用的函数是 Tk()。

```
w = Tk()
```

现在运行以上代码，看看会得到什么（图 16.1）。

图 16.1　Tkinter 屏幕

瞧瞧！正是我想要的小窗口。它还有一些按钮，你可以最小化、最大化和关闭该窗口。快试试看！

窗口的标题有点奇怪，对吧？它就叫"tk"。我不喜欢这个名称！我想把它改成"我的第一个 Tkinter 应用程序"。怎样才能改变标题呢？嗯，当然是通过调用刚刚创建的窗口的 title() 方法啦！

```
w.title(' 我的第一个 Tkinter 应用程序 ')
```

运行以上代码，看看会得到什么（图 16.2）。

图 16.2　标题变化

看！现在标题变成了我想要的样子。我调整了一下窗口大小，这样就可以看到完整的标题。真是太好了。只用了三行代码，就得到了一个漂亮的小窗口。你能看出 Tkinter 是多么强大了吗？ :O

好了，初始设置到此为止。接下来，要学习如何创建控件并把它们放在这个窗口上。从这里开始，会乐趣多多呦！

标签、按钮和包装

Tkinter 有很多控件，你可以创建控件来使应用程序"动起来"。这些控件包括从按钮到文本框到单选钮。创建了一个控件之后，需要把它放进窗口里。因此，这一过程通常有两个步骤。现在来看看如何创建标签和按钮，好不好？

创建标签需要使用 Label() 方法，并在第一个属性中提到你想把标签放在哪个窗口，在 text 属性中提到标签的文本是什么。我将创建一个变量label1，并将标签放入其中。

```
label1 = Label(w,text=' 我的标签 ')
```

如果现在运行，会再次出现一个空白窗口。为什么呢？还记得我之前说的吗？控件需要放入窗口才能看到。那么如何做到这一点呢？

最简单的方法之一是使用 pack() 方法。它把你创建的控件装入或推入窗口，并把窗口的大小调整为该控件的大小。

因此，我把标签放在变量里，这样就可以在变量上调用 pack() 方法了，看起来就很清爽。

```
label1.pack()
```

现在运行以上代码，看看会得到什么（图 16.3）。

图 16.3　标签

这就是了！一个小小的窗口，里面只有我的标签。

如果不想写两行代码的话，可以像这样写，同样是可以运行的。

```
Label(w, text=' 我的标签 ').pack()
```

我还是选择使用第一种方法，因为一旦我们开始设计标签并给它添加很多属性，第一种方法就会显得很清爽。在之后还可以引用同一个标签来改变它的属性值。在现实层面上更加动态。

但你注意到了吗？每当运行这个程序时，Shell 确实打开了窗口，但随后它又回到了下一个提示符（<<<），这意味着它认为显示的是输出。这可不妙！当窗口打开后，我希望程序仍然在持续运行。否则，我可能以后就不能运行真实世界的应用程序了。所以，你可以做一些事情来确保提示符是开放的，直到你真正关闭窗口。你可以在窗口上调用 mainloop() 函数来做到这一点。把这段代码添加到脚本的最后。

现在，再次运行，你会发现 Shell 没有进入下一个提示符。很好！

现在来把应用程序做的更漂亮一些吧。改变标签的大小和颜色试试看！

在开始之前，先看看颜色方面有什么选择。Tkinter 能识别许多的颜色名称，你可以在 Tkinter 的官方网站上找到这些颜色的列表：www.tcl.tk/man/tcl8.5/TkCmd/colors.htm。

如果想知道这些颜色看起来是什么样子的话，可以使用这个网站：www.science.smith.edu/dftwiki/index.php/Color_Charts_for_TKinter。

第二个链接是一个第三方网站，但还是很有用的。

既然现在我们已经用颜色武装了自己，那就正式开始吧！

通过使用 width 属性和 height 属性可以改变标签的大小。二者分别能改变标签的宽和高。但是，使用这些属性时，你会注意到一些不同的东西。假设这两个属性的值都是 10，但你会注意到，标签的高明显大于标签的宽。这是因为这些值不是以像素为单位，而是以字符 "0" 的大小来考虑的。所以看起来宽度是高度的两倍。所以，在决定数值的时候要考虑到这一点。

另外，可以用 bg 属性改变标签的颜色，用 fg 属性改变标签文本的颜色。把这些属性结合起来，开始设计标签吧。

```
label1 = Label(w, text=' 我的标签 ', bg='Salmon4', fg='gold2',width=10,
height=5)
label1.pack()
```

我把背景颜色改成了'Salmon4'，文字颜色改成了'gold2'，宽度为 10 个字符单位，高度为 5 个字符单位。现在运行这个程序（图 16.4）。

图 16.4　改变标签的大小和颜色

哇哦！窗口随着标签大小的改变而扩大了，非常完美！☺

你还可以使用其他属性，本章的后面部分将会介绍。至于现在，先来看看如何创建按钮吧。创建按钮的过程和创建标签差不多，属性也和标签一样。只不过要使用 Button() 方法。

```
button1 = Button(w, text=' 我的按钮 ', bg='steel blue', fg='snow',
width=10, height=5)
button1.pack()
```

运行前面的代码，看看会得到什么（图 16.5）。

图 16.5 按钮

你会发现这个按钮是可以点击的。不像标签一样，点击它是有动画的。

但这还远远不是全部。还可以让系统在你点击按钮时做出反应。使用 command 属性可以在按钮被点击的时候调用一个函数。

```
def buttonClick():
    print(' 你刚刚点击了这个按钮！:) ')
button1 = Button(w, text=' 点 我! ', bg='steel blue',fg='snow',
width=10, height=5, command=buttonClick)
button1.pack()
```

正如你所知，在 Python 中，函数定义应该总是在函数调用之前进行，在这个例子中，就是按钮。现在，只需要再创建一个函数 buttonClick() 打印一条信息就好了。

现在，在按钮中已经添加了一个新的属性"command"，value 是函数的名称。只是名字，不用加括号。现在，pack 按钮并运行程序，你会像之前一样看到这个按钮。点击它之后回到 Shell，会看到以下结果。

```
=RESTART: C:\Users\aarthi\AppData\Local\Programs\Python\
Python38-32\tkPrograms.py
你刚刚点击了这个按钮！:)
```

哇哦！成功了！☺

打包详解

说实话，到目前为止，屏幕看起来还是很简陋。这不是一个应用程序该有的样子。不过不要担心，还有一些 pack() 方法的小技巧能让屏幕看起来更精致。

不过在研究这些方法之前，让我们先看看一个叫"框架（frame）"的东西。框架并不完全是一个窗口。我们已经创建了一个窗口。但是有了框架，你就可以把你的控件分门别类，然后按照想要的方式来摆放它们。

现在，在标签和按钮周围创建一个框架。背景色（bg）、宽度和高度同样是可以设置的，但这里的宽度和高度是以像素为单位的，所以设置的数字要大一点。

```
frame1 = Frame(w)
frame1.pack()

label1 = Label(frame1, text=' 第一个按钮 ')
label1.pack()

button1 = Button(frame1, text=' 按钮 1')
button1.pack()

label2 = Label(frame1, text=' 第二个按钮 ')
label2.pack()

button2 = Button(frame1, text=' 按钮 2')
button2.pack()
```

正如前面的代码中所示，我创建了一个框架，然后在这个框架中创建了两个标签和两个按钮。所以，frame1 的根窗口是 w，即原始窗口，而其余控件的根窗口是 frame1。这样就可以在同一个窗口中创建任意多的框架了。现在运行这个程序，看看会得到什么（图 16.6）。

图 16.6　Pack 布局方法

似乎什么都没有改变。pack() 方法会拯救你!

pack() 方法是一个布局管理器,它将控件以行和列的形式打包在它的父窗口(在这里是 frame1)中。

首先看一下填充选项。你可以用这个选项让控件填充到父控件上。

现在,弹出的窗口看起来像是框架填满了整个窗口(图 16.7),但其实不是的。如果调整它的大小,你会发现框架仍是窗口中间小小的一团。

图 16.7　Pack 调整大小的问题

但如果想让框架填满整个窗口,那么我可以使用填充(fill)和扩张(expand)选项。先从"填充"开始说起。我可以在这里给出三个值,X、Y 和 BOTH。

X 填充主窗口的水平方向,Y 填充垂直方向,而 BOTH 填充整个控件。现在来看看这三个值。

```
frame1 = Frame(w, bg='black')
frame1.pack(fill=X)
```

我已经给了框架一个背景颜色,这样可以把这些框架区分开来。

接下来填充 Y:

```
frame1.pack(fill=Y)
```

最后,把它改为 BOTH(图 16.8):

```
frame1.pack(fill=BOTH)
```

图 16.8　有填充的框架

　　填充在一定程度上成功了，但是当窗口大小改变时，它仍然不会随之扩展。这是因为 fill 只是让 Python 知道它想填充给它的整个区域。如果给出 BOTH，它将在水平和垂直方向上填充整个区域。

　　但是，如果想让它填满整个窗口，也就是说，当窗口扩展时，它也会随之扩展的话，就需要"扩展"选项。把它设为 True，看看会发生什么神奇的事情。

```
frame1 = Frame(w, bg='black')
frame1.pack(fill=BOTH, expand=True)
```

　　对 X 和 Y 做同样的尝试：

```
frame1.pack(fill=X, expand=True)
```

　　最后：

```
frame1.pack(fill=Y, expand=True)
```

　　现在，用不同的 fill 值运行程序，调整窗口的大小，得到图 16.9 的结果。

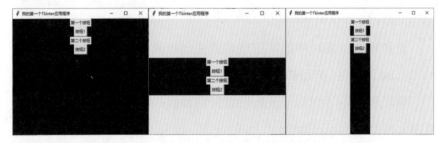

图 16.9　Tkinter 中的填充选项

　　很好玩，不是吗？

　　好了，现在我们知道如何填充整个窗口了，但这对控件有什么帮助呢？

我们有四个控件，我想把第一个标签和按钮放在第一行，第二个标签和按钮放在第二行。这就是 side（侧面）选项派上用场的时候了。

让我先解释一下 side 选项是如何工作的。创建两个控件，并尝试用 side 的不同选项来包装它们。

```
label = Label(w, text=' 我的标签 ')
label.pack(side=TOP)
button = Button(w, text=' 我的按钮 ')
button.pack(side=TOP)
```

先让 side 以默认的 TOP 开始。你会注意到，这些控件被一个接一个地排列好了。

现在，把两者的值改为 LEFT。它将把所有的东西排成一排。当输入 BOTTOM 时，会把所有的东西从下到上排列，而 RIGHT 则与 LEFT 顺序完全相反。

当运行前述代码的四种变化时，会得到以下四种输出，如图 16.10 所示。

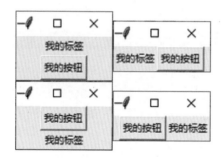

图 16.10　Tkinter 中的 side 选项

看看第三张图片中的按钮是如何先出现的，然后是标签。这就是 BOTTOM 的作用。它反转了 TOP。同样地，RIGHT 是 LEFT 的反向。

看起来不错，但这似乎还是不完整。这是因为要想正确排列控件的话，你需要用到所有这三种选项。

所以现在，把所有的选项结合起来，创造一些看起来比较规整的东西。我将创建两个框架，每一个框架都将被打包在顶部（一个接一个），它们从两边填满父窗口，并且扩展为 True。

我将在第一个框架下创建一个标签和一个按钮，并将它们排列在左边（并排），但要让它们包括整个父框架（填充为 BOTH，扩展为 True）。然后第二个框架也重复同样的操作。

现在，来看看得到了什么。

```
frame1 = Frame(w, bg='black')
frame1.pack(side=top, fill=BOTH, expand=True)

label1 = Label(frame1, text=' 第一个按钮 ')
label1.pack(side=LEFT, fill=BOTH, expand=True)

button1 = Button(frame1, text=' 按钮 1')
button1.pack(side=LEFT, fill=BOTH, expand=True)

frame2 = Frame(w, bg='white')
frame2.pack(side=TOP, fill=BOTH, expand=True)

label2 = Label(frame2, text=' 第二个按钮 ')
label2.pack(side=LEFT, fill=BOTH, expand=True)

button2 = Button(frame2, text=' 按钮 2')
button2.pack(side=LEFT, fill=BOTH, expand=True)
```

运行以上代码，会得到图 16.11 所示结果。

图 16.11　pack 把标签和按钮的顺序排列好了

哇哦！这正是我一开始就想要的排列方式。搞定了！☺

现在放大这个窗口，你会注意到这些控件也随之放大了。由于子控件完全包含了框架，所以你看不到它们的背景颜色了，这意味着我们的做得很好！

大量文本输入

现在你知道了如何使用 pack() 方法来恰当地排列控件，再来快速浏览一下更多控件吧！Tkinter 提供了大量从用户那里获得输入的控件。

单行文本

你可以通过使用 Entry() 方法从用户那里获得一行文本的输入。

```
entry = Entry().pack()
```

运行以上代码，会得到图 16.12 这样的结果。

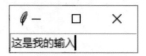

图 16.12　输入控件

快看！我现在可以给出一行输入了。

另外，除了像 fg、bg 和 width 这样的常规属性外，entry 控件还有可以用来操作输入的方法。

我们可以用 get() 方法来检索输入的内容，而且可以想怎么用就怎么用。

所以现在，让我们创建一个标签 name 和一个文本框，最后是一个写着"输入"的按钮。当用户点击按钮时，它就会调用 greet() 函数，从输入框中"获取"输入内容，并打印出一个"你好"信息。是不是很简单？下面来试试吧！

```
def greet():
    name = entry.get()
    print(' 你好，{}'.format(name))

label = Label(w,text=' 你叫什么名字？')
label.pack(side=LEFT)
entry = Entry(w)
entry.pack(side=LEFT)
button = Button(w,text=' 输入 ',command=greet)
button.pack(side=LEFT)
```

运行以上代码，可以得到图 16.13 这样的结果。

图 16.13　entry 创建的姓名框

现在，按下"输入"按钮并查看 Shell 时，我得到了这个。

```
= RESTART: C:\Users\aarthi\AppData\Local\Programs\Python\Python38-
32\tkPrograms.py
你好,苏珊
```

耶!

而且,你还可以用 delete() 方法删除文本,insert() 方法则可以用来在你想要的任何位置插入文本。

先来看一下 insert 吧。它的语法非常简单。

```
entry.insert(pos, ' 文本 ')
```

所以,只要给出你想插入文本的位置。第一个位置是 0,然后就像字符串一样从 0 开始增加。第二个参数是你想插入的文本或包含文本的变量。

想看看这是如何工作的吗?来修改一下程序吧。现在,当用户输入他们的名字时,他们需要点击"插入你好"按钮,一旦点击,就在他们的名字前插入你好和一个逗号。

```
def insert():
    entry.insert(0,' 你好, ')

label = Label(w,text=' 你叫什么名字? ')
label.pack(side=LEFT)
entry = Entry(w)
entry.pack(side=LEFT)
button = Button(w,text=' 插入你好 ',command=insert)
button.pack(side=LEFT)
```

现在运行程序,如图 16.14 所示。

点击按钮后,会获得图 16.15 这样的结果。

图 16.14　插入输入框　　　　　图 16.15　插入完毕

好耶!

同样,你可以删除。如果只给一个参数,它就会直接删除那个字符。给出 0 的话就删除第一个字符,1 删除第二个字符,以此类推。

但是,如果给出一个范围,它就会删除一整个范围的字符。

像往常一样,范围内的最后一个数字不会被考虑。例如,范围 0,4 会删除对应 0 到 3 的字符(不包括 4)。

但是如果想删除所有的东西的话，只要将 END 作为最后一个参数就可以了。要来试试吗？

```
def insert():
    entry.delete(0,END)

label = Label(w,text=' 你叫什么名字？ ')
label.pack(side=LEFT)
entry = Entry(w)
entry.pack(side=LEFT)
button = Button(w,text=' 清空 ',command=insert)
button.pack(side=LEFT)
```

运行以上程序，会得到图 16.16 这样的结果。

我输入了苏珊，当点击清空按钮时，会得到图 16.17 这样的结果。

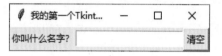

图 16.16　从输入框中删除

图 16.17　被清空的输入框

又是干干净净的了！☺

一行接一行

现在来看看如何输入和处理多行文本！使用 Text() 方法可以做到这一点。

```
text_box = Text()
text_box.pack()
```

运行这个方法会得到一个大的文本框，在其中输入几行字后，它看起来大概像图 16.18 这样。

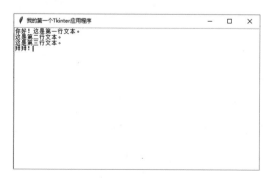

图 16.18　文本框：多行文本

用 get() 方法可以检索这个文本框中的文本，但需要指定行号和字符数的范围。

"1.0" 将只检索第一行的第一个字符。

"1.0"，"1.9" 将从第一行中的第一个字符检索到第九个字符。

"2.0"，"2.5" 将从第二行的第一个字符检索到第五个字符，依此类推。

"1.0"，"2.10" 将从第一行中的第一个字符检索到第二行的第十个字符，这样可以检索多行。

要检索整个文本的话，只需给出 "1.0"，END 即可。

现在明白这是如何工作的了吗？现在试试检索整个文本吧。

```
text_box = Text(w)
text_box.pack()

def get_text():
    t = text_box.get(1.0,END)
    print(t)

button = Button(w,text=" 获取数据 ",command=get_text)
button.pack()
```

再次运行该程序并输入相同的文本，看看会不会得到如图 16.19 所示的结果。

图 16.19　从文本框中获取数据

现在，我们得到一个大的文本框，最底下有一个小按钮。点击这个按钮后，会得到以下输出：

```
>>>
= RESTART: C:\Users\aarthi\AppData\Local\Programs\Python\Python38-
32\tkPrograms.py
```

```
>>> 你好！这是第一行文本。
这是第二行文本。
这是第三行文本。
拜拜！
```

成功了！ ☺

类似，你可以在文本框中插入文本。

```
text_box.insert(1.0, " 欢迎！ ")
```

前面的代码将在第一行的开头插入"欢迎！"文本、复选框、输入、单选钮、菜单按钮、复选按钮和列表框。

要在文本末尾插入内容的话，就将 END 作为第一个参数，但如果想让文本在新的一行中，就在第二个参数的开头添加 \n（换行符），像下面这样：

```
text_box.insert(END,"\n 你真棒！ ")
```

想删除整个文本的话，可以这样做：

```
text_box.delete("1.0",END)
```

可以使用与 get() 相同的格式来删除文本片段。

文本框大概就是这样了。现在来看看下一个控件吧！

Tkinter 变量

但在这之前，我想先谈谈 Tkinter 变量。还记得我们是如何直接输入文本而不使用变量的吗？那不够动态。如果我想根据应用程序 / 游戏中发生的事情来改变一个标签文本或一个按钮文本呢？我需要一个变量。这就是 Tkinter 变量类的用武之地了。它们的工作方式与普通变量很相似。

你可以创建四种类型的变量：整数、字符串、布尔值和双数（浮点数）。

```
num = IntVar()
string = StringVar()
b = BooleanVar()
dbl = DoubleVar()
```

将它们赋给一个实际的变量，使该变量成为一个 Tkinter 变量。另外，确保语法的大写和小写正确。

有了这些变量后，就可以用 set 方法给它们赋值。如果给一个变量分配了一个错误的值，就会得到一个错误的结果。因此，只能给整数变量指定一个整数，以此类推。

要取回该变量的值，可以使用 get() 方法。因此，我们把两者结合起来，看看会得到什么。

```
num.set(100)
string.set(" 你好！ ")
b.set(True)
dbl.set(150.14)

print(num.get())
print(string.get())
print(b.get())
print(dbl.get()
```

运行以上代码，会得到这样的结果：

```
= RESTART: C:\Users\aarthi\AppData\Local\Programs\Python\Python38-
32\tkPrograms.py
100
你好！
True
150.14
```

但这仍然不是动态的，对吗？那可以将动态变量设置为我们 Tkinter 变量吗？答案是肯定的！

只要得到一个输入，把它放在一个变量中，然后把它设置为字符串（或任何类型）就可以了。

```
i = input(' 输入一个字符串： ')
string.set(i)
print(string.get())
```

运行以上代码，会得到下面这样的结果：

```
= RESTART: C:\Users\aarthi\AppData\Local\Programs\Python\
Python38-32\tkPrograms.py
输入一个字符串：你好！
你好！
```

现在可以动态地设置标签文本了。

```
i = input(' 标签文本： ')
string = StringVar()
string.set(i)
label = Label(w, text=string.get())
```

```
label.pack()
```

运行以上代码，会得到下面这样的结果：

```
= RESTART: C:\Users\aarthi\AppData\Local\Programs\Python\
Python38-32\tkPrograms.py
标签文本：你好！
```

输入后按回车键，会得到图 16.20 所示的结果。

图 16.20　string 变量

好耶！我们的第一个动态标签完成了！　☺

大量选项

如果想给用户提供选择的话，那么复选框和单选钮就是最合适的方式，对不对？

你可以用 Checkbutton（小写的"b"）控件创建一个复选框。

它的工作原理与其他控件类似，但是你可以给出 onvalue 和 offvalue，指定检查按钮被点击或不被点击时的"值"。

但获得复选按钮状态的一个更简单的方法是给它的"变量"属性分配一个 Tkinter 整数变量，每当复选框被选中时，变量的值就变为 1，而当它没有被选中时则变为 0。

我们将创建两个复选框，所以让我们创建两个整数变量来存储它们的"状态"（它们是否被选中）。

```
c1 = IntVar()
c2 = IntVar()
```

让我们创建一个标签'购物清单'并将其打包。

```
Label(w,text='购物清单').pack()
```

现在开始做复选框。唯一一不同的是我们有"变量"属性，并为其分配了整数变量。

```
Label(w,text=' 购物清单 ').pack()
check1 = Checkbutton(w,text=" 牛奶 ",variable = c1)
check1.pack(side=LEFT)
check2 = Checkbutton(w,text=" 面粉 ",variable = c2)
check2.pack(side=LEFT)
```

那么，如何检索这些值呢？这需要一个按钮，当它被点击时，就调用 check() 函数来检查是哪一项被点击了。

```
def check():
    if(c1.get() == 1):
        print(' 我们买了牛奶。' )
    if(c2.get() == 1):
        print(' 我们买了面粉。')

button = Button(w,text=' 确定 ',command=check)
button.pack()
```

简单！现在运行这个程序，可以得到图 16.21 所示的结果。

图 16.21　复选框

勾选牛奶和面粉后按下"确定"按钮，会得到以下结果：

```
= RESTART: C:\Users\aarthi\AppData\Local\Programs\Python\Python38-
32\tkPrograms.py
我们买了牛奶。
我们买了面粉。
```

单选钮只需要一个变量，因为只需要选择其中一个选项。它有一个"值"属性，当设置为一个整数值时，它将把相同的值分配给你分配给"变量"属性的变量。

你也可以在单选钮中添加一个"命令"。

现在创建一个程序，询问用户是否喜欢狗，并根据他们的选择打印出一条信息。

在这个例子中，我将直接从单选钮中发出命令，所以让我们先创建 check 函数。

接下来要创建一个字符串，用来保存在一个人点击复选框后需要显示的信息。现在，在单选钮中设置两个值，如果这个人喜欢狗就设置为 1，如果这个人不喜欢狗就设置为 2。

275

设置好了字符串后，就创建标签。

```
def check():
    string = StringVar()
    if var.get() == 1:
        string.set(' 你喜欢狗狗！:)')
    else:
        string.set(" 你不喜欢狗 :(")

label = Label(w,text=string.get())
label.pack()
```

现在，创建一个整数变量，用来保存单选钮的值。接下来是一个标签，询问他们是否喜欢狗。

```
var = IntVar()
Label(w,text= 你喜欢狗吗？').pack()
```

最后，是带有相关文本的单选钮，变量"var"被分配给它们，每个按钮都有一个值，如果按钮被选中，还有一个调用 check 函数的命令。

```
radio1 = Radiobutton(w,text="喜欢！",variable = var, value=1, command=
check)
radio1.pack()
radio2 = Radiobutton(w,text=" 不 喜 欢 ",variable=var, value=2,
command=check)
radio2.pack()
```

就酱（这样）！

运行以上程序，会得到图 16.22 这样的结果。

图 16.22　单选钮

图 16.23　选中后的单选钮

完美！

菜单

有了 Tkinter，你可以用 Menu() 方法来创建像应用程序中那样的菜单！

你可以创建一个主菜单，并把它放在窗口的顶部，你还可以在其中添加想要的子菜单。

让我创建一个主菜单 main。

```
from tkinter import *
w = Tk()
main = Menu(w)
```

在这个主菜单中添加一个子菜单。我称之为 fileMenu。

```
fileMenu = Menu(main)
```

现在，我将使用 add_cascade() 方法为第一个子菜单添加一个标签，并把它放在 main 中。

```
main.add_cascade(label='File',menu = fileMenu)
```

现在把项目添加到主菜单。

```
fileMenu.add_command(label=' 新文件 ', command=lambda:
print(' 点击了新文件 ')
fileMenu.add_command(label=' 打开 ', command=lambda:
print(' 点击了打开 ')
```

如你所见，就像按钮一样，可以为这些项目附加命令。

如果现在运行这个程序的话，将看不到任何东西。因为一旦创建了所有的菜单、子菜单和项目，你需要将主菜单配置到窗口中（就像打包控件一样），这样它才可以显示出来。

使用 config() 方法来做到这一点。

```
w.config(menu=main)
```

现在运行程序，就可以看到菜单了，如图 16.24 所示。

图 16.24　菜单

点击"新文件"菜单项，会得到以下结果：

```
>>> 点击了新文件
```

我得到了想要的信息。完美！☺

完美的布局：网格

我认为包的的布局管理器在功能上有些局限。你觉得呢？

这就是为什么 Tkinter 有一个与包管理器不同的**网格**布局管理器。你可以依靠行和列完美地排列控件。

行和列的排列方式如下图所示（图 16.25）。控件将被放置在单元格内，每个单元格都有一个从 0 开始的行和列的编号，编号可以扩展到无限大。

Row0 Column0	Row0 Column1	Row0 Column2
Row1 Column0	Row1 Column1	Row1 Column2
Row2 Column0	Row2 Column1	Row2 Column2

图 16.25　网格中的行和列

你可以提及控件的确切行和列以及希望它被"粘（sticky）"到什么位置。

sticky 有多个值：E 代表东，W 代表西，N 代表北，S 代表南，NE 代表东北，NW 代表西北，SE 代表东南，SW 代表西南。

如果给一个控件加上"E"，它（通常是文本）就会被粘到那一列的最右边，依此类推。

如图所示，行和列从 0 开始。你可以使用 padx 和 pady 来给控件周围添加填充，这样它们就不会紧紧挨在一起。

那现在我们用这个方式把一堆标签排列整齐，好不好？

```
from tkinter import *
w = Tk()
w.title('我的第一个 Tkinter 应用程序 ')

# 第一行，第一列，贴到东边
label1 = Label(w,text=' 标签 1')
label1.grid(row=0,column=0,sticky='E',padx=5,pady=5)

# 第一行，第二列，贴到东边
label2 = Label(w,text=' 标签 2')
label2.grid(row=0,column=1,sticky='E',padx=5,pady=5)
```

```
# 第一行，第四列，贴到西边
button1 = Button(w,text=' 按钮 1')
button1.grid(row=0,column=2,sticky='W',padx=5,pady=5)

# 第二行，第一列，贴到东边
label3= Label(w,text=' 标签 3')
label3.grid(row=1,column=0,sticky='E',padx=5,pady=5)

# 第一行，第二列，贴到东边
label4 = Label(w,text=' 标签 4')
label4.grid(row=1,column=1,sticky='E',padx=5,pady=5)

# 第二行，第四列，贴到西边
button2 = Button(w,text=' 按钮 2')
button2.grid(row=1,column=2,sticky='W',padx=5,pady=5)
w.mainloop()
```

运行程序，会得到如图 16.26 所示的结果。

图 16.26　排列在网格中的控件

干得漂亮！ ☺

迷你项目 24：小费计算器

现在，把前面所学过的所有东西整合到一起，在 Tkinter 中创建一个小费计算器，可以吗？

我们需要这些东西。

1. 两个用来输入账单金额（浮点数）和小费金额的输入框。

2. 其次，需要一个按钮来获取这些值并调用 tip_calculator() 函数。

3. 这个函数将计算出小费，并将结果显示在屏幕底部的标签中。

是不是不能更简单呢？让我们开始行动吧！

1. 首先安装好 Tkinter。

```
from tkinter import *
w = Tk()
w.title(' 我的第一个 Tkinter 应用程序 ')
```

2. 然后获取账单（在屏幕上排列得当的一个标签和一个条目，）。

```
# 获取账单金额
bill_label = Label(w,text=' 账单金额是多少？ ')
bill_label.grid(row=0,column=0,sticky="W",padx=5,pady=5)
bill = Entry(w)
bill.grid(row=0,column=1,sticky="E",padx=5,pady=5)
```

接下来，让我们创建标签和条目控件来获得小费数额。

```
# 获得小费数额
tip_label = Label(w,text=' 给了多少小费？ ')
tip_label.grid(row=1,column=0,sticky="W",padx=5,pady=5)
tip = Entry(w)
tip.grid(row=1,column=1,sticky="E",padx=5,pady=5)
```

3. 在创建按钮之前需要定义 tip_calculator 函数。它将从 tip 和 bill 中获取输入值，并将其转换为整数（输入通常是字符串）。接下来计算小费的费率。

```
# 小费计算器函数
def tip_calculator():
    t = tip.get()
    t = int(t)
    b = bill.get()
    b = int(b)
    percent = (t * 100) / b
    percent = int(percent)
```

4. 根据"percent"的值来格式化一个适当的字符串。

```
if((percent >= 10) and (percent <= 15)):
    string = '{}%。你给的小费偏少了点！ '.format(percent)
elif((percent >= 15) and (percent <= 20)):
    string = '{}%。你给的小费很适中！ '.format(percent)
elif(percent >= 20):
    string = '{}%。哇，你给的小费很丰厚！ :) '.format(percent)
else:
    string = "{}%。你给的小费太少啦 :(".format(percent)
```

5. 接着创建一个 Tkinter string 变量，在其中设置格式化的字符串，用这个文本创建一个标签并把它放在屏幕上。

```
str_var = StringVar()
str_var.set(string)
label = Label(w, text=str_var.get())
label.grid(row=3,column=0,padx=5,pady=5)
```

6.最后创建一个按钮，让它在被点击时调用函数。

```
# 输入按钮
button = Button(w,text=' 输入 ',command=tip_calculator)
button.grid(row=2,column=0,sticky="E",padx=5,pady=5)
w.mainloop()
```

运行程序，会得到图 16.27 这样的结果。

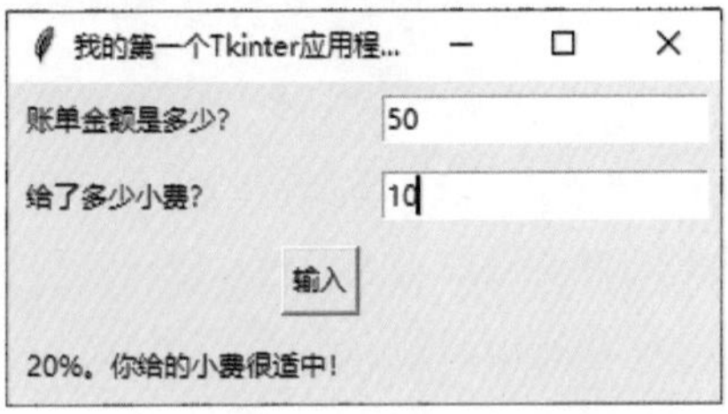

图 16.27　小费计算器应用程序

我们的应用程序运行得非常完美！你可以通过添加颜色和修改字体来进一步美化它。☺

小结

本章研究了如何使用 Tkinter 包在 Python 中创建桌面应用程序。学习了如何创建不同的控件，包括按钮、标签、复选框、单选按钮和菜单。还学习了有关框架的知识。然后，我们学习了如何为控件设计样式，并让控件在被点击时执行命令。最后，我们还学习了如何使用 pack() 和 grid() 的布局方法在屏幕中整理控件。

下一章要学习当控件上发生点击、鼠标点击和键盘按下等事件时如何执行函数。

学习成果

轻松学 Python

第 17 章

Tkinter顶石项目：井字棋游戏

第16章学习了 Tkinter 的基础知识。学习了如何用 Tkinter 创建按钮、标签、框架、菜单、复选框和单选按钮等，还学习了如何设计控件，并使控件根据事件 (点击、鼠标移动、键盘按下等) 做出反应。最后，学习了如何使用画布进行绘画。

　　这一章中将应用上一章所学的知识，创建第一个大项目"井字棋游戏"！我们还将学习事件并将其与小部件绑定。

绑定事件：让 App 变成动态的

第 16 章学习了很多关于 Tkinter 的知识。我相信你已经厌倦了学习枯燥的概念，现在更想动手创建一个项目。忍耐一下，好吗？来快速学习一下如何将事件绑定到控件上，然后再开始创建井字棋游戏。

那么，什么是绑定呢？假设你点击按钮（鼠标左键），想在那一刻执行一个函数。该怎么做呢？会使用"命令"，是的，但如果想区分鼠标左键和右键的点击呢？根据哪个鼠标键被点击或哪个键盘键被按下而打开不同的功能？

事件可以帮助你完成所有这些，甚至更多。

先看一下按钮点击事件。创建一个绑定，当鼠标左键和右键在一个按钮控件上被点击时执行不同的功能。

```python
from tkinter import *
w = Tk()

def left_clicked(event):
    print(' 鼠标左键点击 ')
    return

def right_clicked(event):
    print(' 鼠标右键点击 ')
    return

button = Button(w,text=' 点击这里！ ')
button.pack()
button.bind('<Button-1>',left_clicked)
button.bind('<Button-3>',right_clicked)

w.mainloop()
```

看看前面的代码片段。我们创建了按钮，将其打包，然后使用 bind() 方法来创建两个绑定。第一个参数表示需要绑定到按钮的事件，第二个参数是事件发生时需要调用的函数。

事件需要在引号内进行指定，<Button-1> 表示鼠标左键点击，而 <Button-3> 是鼠标右键点击，因为 <Button-2> 是鼠标中键点击。

现在，在函数定义中，尽管没有从函数调用中发送任何参数，我们已经接受了一个参数，事件。这怎么可能呢？嗯，每当一个事件被绑定到一个控件上，程序就会自动发送一个事件对象到函数。这个"事件"有很多信息来说明刚刚发生的事件。

例如，可以通过使用 event.x 和 event.y 找到鼠标左键点击的 x 和 y 坐标位置。在一个框架控件上试试吧。

```
from tkinter import *
w = Tk()

def click(event):
    print("X:{},Y:{}".format(event.x,event.y))

frame = Frame(w,width=200,height=200)
frame.pack()
frame.bind('<Button-1>',click)

w.mainloop()
```

现在点击框架控件里的任意一个位置（图 17.1）。

图 17.1　鼠标左键点击事件

我点击了中间的某个位置，结果显示如下：

```
= RESTART: C:\Users\aarthi\AppData\Local\Programs\Python\Python38-
32\tkPrograms.py
X:93,Y:91
```

这是一个 x 轴为 93，y 轴为 91 的坐标。太棒了！

同样，也可以寻找出键盘按的哪一个键。需要为此使用 <Key> 绑定，并且可以使用 event.char 属性来打印出被按下的确切按键。这只适用于可打印的键，而不是空格键和 F1 键等功能键。这些键有单独的事件绑定。

可以使用 <Motion> 事件，当把鼠标光标移到控件上时，运行功能。当用户按下回车键时，<Return> 事件就会启动，等等。

好，了解事件的工作原理之后，开始动手做井字棋游戏吧！☺

井字棋游戏：描述

到目前为止，我们只是在一直在做迷你项目。但在现实世界中需要做的远不止画几个图形或运行一堆循环这么简单。在现实世界中，你将创建人们日常生活中用到的游戏和应用程序。

因此，本章将创建第一个这样的游戏。下面来创建一个经典的井字棋，App 将看起来像图 17.2 这样。

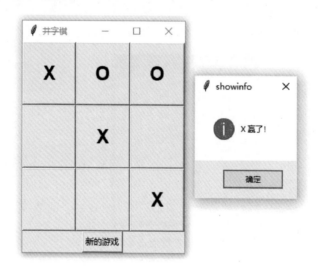

图 17.2　Tkinter 里的井字棋

游戏板上有 9 个方格，可以在上面画画。

有两个玩家 X 和 O，他们轮流在棋盘上画画。如果一个玩家在三个连续的方格上画了画（垂直、水平或对角线），则该玩家获胜。如果没有人做到这一点，并且所有方格都被填满，那么游戏就是平局。

这是个简单的游戏。这里介绍 messagebox，它将帮助你创建在笔记本电脑的程序中看到的消息弹出窗口。

设置 Tkinter

让像往常一样，先从 Tkinter 中导入需要的一切。但还需要导入 messagebox，因为当使用 * 时，你只是导入了外面的类和函数，并不完全是"所有"。

```
from tkinter import *
from tkinter import messagebox
```

接下来来设置窗口。将把窗口的标题改为"井字棋"。

```
w = Tk()
w.title(' 井字棋 ')
```

新建全局变量

前面讲函数时出现过全局变量，还记得吗？全局变量可以用来跟踪多个函数之间发生的变化。在这种情况下，需要多个全局变量。

例如，我们需要跟踪发生在"turn"变量上的整体变化，该变量计算玩家使用的回合数（井字棋总共有 9 个回合）。

```
turn = 0
```

接下来，需要一个列表记录哪一位玩家在哪一个方格上画了画。这个列表将有 9 个预定义的项目，目前是空字符串。我们将用"X"或"O"替换它们，这取决于谁在哪一个方格上画画。

```
state = ['','','','','','','','','']
```

接下来，需要一个二维列表（大列表中的列表），它将保存所有的获胜状态（图 17.3）。我们将在每个玩家下棋后比较这些获胜状态，检查是否有人赢得了比赛。

图 17.3　井字棋盒（已编号）

请看前面的图片。在井字棋中，如果玩家在三个连续的盒子上画出自己的符号，无论是垂直、水平还是对角线，都会赢。1,4,7 是第一个垂直的获胜状态。1,2,3 是第一个水平的获胜状态。1,5,9 是第一个对角线的获胜状态，以此类推。

有三个垂直获胜状态，三个水平获胜状态，两个对角线获胜状态。一共有八个获胜状态。

把这些获胜状态存储在列表中。但由于在这里使用的是列表，它们的索引从 0 开始，所以需要把 1,2,3 转换成 0,1,2。对其余的获胜状态做同样的处理，会得到这样的东西：

```
winner = [[0,1,2], [3,4,5], [6,7,8], [0,3,6], [1,4,7], [2,5,8],
[0,4,8], [2,4,6]]
```

最后，创建一个变量 game，用来存储游戏的状态。当开始游戏时，它是 True，如果有人赢了，或者游戏以平局结束（所有 9 个方格都用完了，但没有人赢），我们把 game 的值改为 False，这样，就没有人可以在盒子上画画了。

```
game = True
```

创建按钮

总共需要 9 个方格，玩家可以在上面"画画"，对吗？为什么不把事情简单化，创建按钮呢？可以让它们的文字从单行线开始，每次有玩家玩的时候，把文字改为"X"或"O"。这就可以了！

在创建按钮之前，定义一个变量 font，将存储需要的按钮文本的字体（玩家在按钮上"画"的内容）。Helvetica，文字大小为 20，字体为"黑体"。

```
font = ('Helvetica',20,'bold')
```

接下来创建 9 个按钮，每个方格一个。我们将使文本成为一个空格，高度为 2，宽度为 4。把创建的"font"变量赋给字体。

最后，将看到函数那一章中学到的 lambda 函数的一些真正用途。到目前为止，每当我们在一个按钮上使用命令属性时，不必向被调用的函数发送参数。

但现在，需要发送两个参数：一个是实际被点击的按钮，另一个是被点击的按钮的编号（从 1 开始）。

如果想发送这样的参数，需要用一个 lambda 来包装函数调用，就像在下面看到的那样。不需要为 lambda 本身提供任何参数，因为它现在是作为一个匿名函数。而你的一行代码将是对 buttonClick() 函数的函数调用，参数 b1 和 1 被送到它里面。

对其他的按钮重复这个过程。也把这些按钮平行地放在网格中。这是一个正常的网格排列。

```
#9 buttons
b1 = Button(w, text=' ', width=4, height=2, font = font,
command = lambda: buttonClick(b1,1))
b1.grid(row=0,column=0)
b2 = Button(w, text=' ', width=4, height=2, font = font,
command = lambda: buttonClick(b2,2))
b2.grid(row=0,column=1)
b3 = Button(w, text=' ', width=4, height=2, font = font,
command = lambda: buttonClick(b3,3))
b3.grid(row=0,column=2)

b4 = Button(w, text=' ', width=4, height=2, font = font,
command = lambda: buttonClick(b4,4))
b4.grid(row=1,column=0)
b5 = Button(w, text=' ', width=4, height=2, font = font,
command = lambda: buttonClick(b5,5))
b5.grid(row=1,column=1)
b6 = Button(w, text=' ', width=4, height=2, font = font,
command = lambda: buttonClick(b6,6))
b6.grid(row=1,column=2)

b7 = Button(w, text=' ', width=4, height=2, font = font,
command = lambda: buttonClick(b7,7))
```

```
b7.grid(row=2,column=0)
b8 = Button(w, text=' ', width=4, height=2, font = font,
command = lambda: buttonClick(b8,8))
b8.grid(row=2,column=1)
b9 = Button(w, text=' ', width=4, height=2, font = font,
command = lambda: buttonClick(b9,9))
b9.grid(row=2,column=2)
```

在按钮上面创建一个 buttonClick() 函数定义，并在上面放置一个通行证即可（这样就不会得到一个错误提示，说这个函数是空的）。我们将在下一部分中用相关的代码填充函数定义。

运行上面的代码，会得到图 17.4 这样的结果。

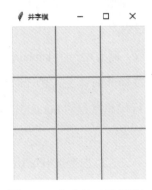

图 17.4　九宫格（已创建）

就酱（这样），很棒！

点击方格后，即可在上面画画

现在来定义 buttonClick() 函数。这个函数应该在创建按钮的文本块的上方（函数定义在函数调用规则之前）。

我们将在该函数中访问全局变量 turn、state 和 game，所以先加载它们。

```
# 当一个按钮被点击
def buttonClick(b,n):
    global turn,state,game
```

接下来，在特定的方格上画画之前，来检查一下这个方格目前是否是空的。如果它被占用了（一个玩家已经在上面画过了），我们就不应该再在上面画了，相反，游戏需要弹出一个错误提示。

并且，检测游戏是否仍然是 True（没有人获胜，并且 9 次机会还没有用完）。

```
if b['text'] == ' ' and game == True:
```

如果条件成立，那么就检查一下目前谁在玩。玩家"X"开始游戏，由于"回合"从 0 开始，只要是 X 的回合，"turn"的值就会是一个偶数。你知道如何检查一个偶数，对吗？就这么做吧。☺

```
# 还没有被点击过
if turn % 2 == 0:
```

如果轮到 X 了，那么把按钮的文字改为"X"，把 turn 的值增加 1，把 state[n-1] 的值改为"X"。为什么是 n-1 呢？因为一个列表的索引从 0 开始，而按钮的编号从 1 开始，所以需要在"state"中使用它之前减少一个值。

```
# 玩家 X 的回合
b['text'] = 'X'
turn += 1
state[n-1] = 'X'
```

当在方格上画画的那一刻，调用 winner_check() 函数并发送"X"作为参数。我们很快就会定义 winner_check() 函数。如果你和我一起编码，现在就在函数里面输入 pass，这样就不会因为没有定义它，而是调用它而得到错误提示。另外，在 buttonClick() 函数之上创建 winner_check() 函数，因为我们要从 buttonClick 调用。

```
# 检查获胜方
winner_check('X')
```

好了，现在完成了，我们来检查一下，是否回合是偶数，也就是说，是否轮到"O"了。

如果是的话，就像刚才那样做，但只是针对"O"。

```
elif turn % 2 == 1:
    #player O's turn
    b['text'] = 'O'
    turn += 1
    state[n-1] = 'O'
    winner_check('O')
```

下面来运行目前的代码并看看是否可以在方格上画画，如图 17.5 所示。

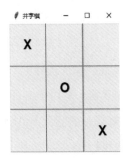

图 17.5　在方格上画画

是的没错，可以画！

最后，检查 else 条件。要么游戏已经结束了，要么有人已经在方格上画了画，并且你不希望重复。

在 messagebox 中，有一个 showinfo 方法可以用。是的，你猜对了，打印一条信息。下面来使用这个方法吧。

如果 game 变量为 False（游戏结束），就打印"游戏结束！开始新的游戏。"如果方格已经被画上了，则打印"这个方格被占用了！"

```
else:
    if game == False:
        messagebox.showinfo('showinfo',' 游戏结束！开始新的游戏。')
# 因为即使游戏结束了，按钮也会被占用，所以要先检查。
elif b['text'] ! = ' ':
messagebox.showinfo('showinfo','这个方格被占用了！')
```

下面来测试错误窗口是否有效，如图 17.6 所示。

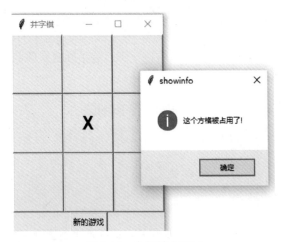

图 17.6　方格被占用了

我试着在一个被占用的方格上画画，结果跳出了这个信息。很好！另一个条件现在并不相关，因为还没有测出赢家，所以游戏还不会得到"结束"。

看起来这个程序快结束了，对吗？我们已经画上了。甚至已经创建了winner_check() 函数来进行下一步工作。但真的完成了 buttonClick() 的工作吗？显然没有。

我们仍然需要检查平局条件！如果"turn"的值大于"8"（玩家已经玩了 9 次），而"game"的值仍然为"True"，怎么办？如果"game"仍然为"True"，这意味着还没有人获胜，因为当调用 winner_check() 函数时，如果发现有人获胜，会立即将"game"改为 False。

所以，没有回合次数而"game"仍然为"True"的唯一原因是处于平局。来打印这个信息并结束游戏（将"game"改为"False"）。

```
# 游戏平局
if turn > 8 and game == True:
    messagebox.showinfo('showinfo',' 游戏平局 ')
    game = False
```

这就是 buttonClick()！太多了。

运行程序检查"平局"是否有效，如图 17.7 所示。

是的，起作用了！但仍然需要 winner_check() 来使一切正常工作。

下一步来看看 winner_check()。

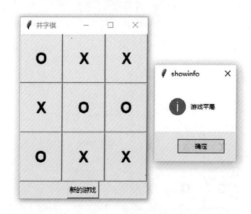

图 17.7　游戏平局

每个回合检查玩家是否获胜

每次有玩家下棋时，都需要检查该玩家是否在该回合赢得了游戏。这个函数接受玩家（"X"或"O"）作为其参数。

```
# 每次点击按钮，检查获胜状态
def winner_check(p):
```

同样导入全局变量 state、winner 和 game，因为这里需要它们。

```
global state,winner,game
```

现在，需要对赢家进行循环。对于循环的每一次迭代，"i"将拥有"获胜"状态列表之一的状态。

对于每个迭代，检查 state[i[0]]、state[i[0]] 和 state[i[0]] 是否持有相同值的玩家（"X"或"O"）。

例如，第一个内部列表是 [0,1,2]，所以要检查 state[0]、state[1] 和 state[2]，如果它们都持有字符串"X"，那么就是玩家"X"赢了。如果都持有"O"，则玩家"O"获胜。就是这样！

```
for i in winner:
    if((state[i[0]] == p) and (state[i[1]] == p) and
    (state[i[2]] == p)):
```

如果条件成立，就创建一个字符串，基本上说"X赢了！"或"O赢了！"，并用它创建一个消息。最后，将"game"的值改为"False"。

```
string = '{} 赢了！'.format(p)
messagebox.showinfo('showinfo',string)
game = False
```

运行程序，会得到图 17.8 这样的结果。

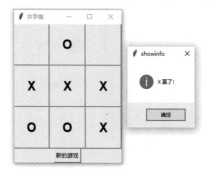

图 17.8　X赢了！

哇哦！成功了！

"游戏结束"的条件是否有效呢？关闭当前的信息框，并尝试点击其中一个方格作画（图 17.9）。

图 17.9　游戏结束！

看看！"游戏结束"信息弹出了，游戏运行得很完美！

"新游戏"按钮

试着在游戏中添加一个"新的游戏"按钮吧。现在，游戏结束后就会终止，必须再次运行程序才能开始一轮新的游戏。如果有一个按钮可以重置一切，就好了！

下面来做这个吧。先创建一个按钮。

```
new = Button(w,text=' 新的游戏 ',command=new_game)
new.grid(row=3,column=1)
```

这个按钮在被点击时将执行 new_game() 函数。

现在，在"新的游戏"按钮的上方创建 new_game() 函数。

在定义这个函数之前，创建一个所有按钮的列表。我们将需要它来循环浏览这些按钮并清除它们（这样就可以再次在它们上面作画）。

```
# 创建一个按钮的列表，这样可以改变它们的文本
boxes = [b1,b2,b3,b4,b5,b6,b7,b8,b9]
```

new_game() 函数需要全局变量 state、game、turn 和 box。我们需要导入 state、game 和 turn，这样就可以将它们重置为原来的值。

```
# 新的游戏
def new_game():
    global state,game,turn,boxes
```

重置 turn，state 和 game。

```
turn = 0
state = ['',''，'',''，''，''，'',''，'']
game = True
```

最后，循环浏览"方格"，把每个方格的文本值改为一个空格。

```
for b in boxes:
    b['text'] = ' '
```

程序就是这样了！ 相信你已经做了这个，但如果忘记了，请在程序的
最后添加一个 mainloop()。

```
w.mainloop()
```

现在运行这个程序，会得到图 17.10 这个结果。

图 17.10 "新的游戏"按钮

现在有了"新的游戏"按钮。试着测试它。它可以完美运行！

你在创建游戏时，有没有感受到内腓肽在炸裂？我在创建它和教你如
何创建它时，开心得飞起。调试一下这个游戏。改变一下字体和颜色什么的。
开心就好！ ☺

井字棋游戏的源代码清单

现在你已经学会了如何在 Tkinter 中创建一个井字棋，
这里是整个程序的编写顺序。请使用它作为
你的参考。

Tkinter 顶石项目：
井字棋游戏 - 完整源代码清单

```
from tkinter import *
from tkinter import messagebox

w = Tk()
w.title(' 井字棋 ')

turn = 0
state = ['','','','','','','','','']
winner = [[0,1,2], [3,4,5], [6,7,8], [0,3,6], [1,4,7], [2,5,8],
[0,4,8], [2,4,6]];
game = True

# 每当一个按钮被点击，检查获胜状态
def winner_check(p):
    global state,winner,game
    for i in winner:
        if((state[i[0]] == p) and (state[i[1]] == p) and
        (state[i[2]] == p)):
            string = '{} 赢了！'.format(p)
            messagebox.showinfo('showinfo',string)
            game = False
# 当一个按钮被点击
def buttonClick(b,n):
    global turn,state,game

    if b['text'] == ' ' and game == True:
        # 还没有被点击
        if turn % 2 == 0:
            # 玩家 X 的回合
            b['text'] = 'X'
            turn += 1
            state[n-1] = 'X'
            # 查看赢家
            winner_check('X')
        elif turn % 2 == 1:
            # 玩家 0 的回合
            b['text'] = 'O'
            turn += 1
            state[n-1] = 'O'
            player = 'X'
            winner_check('O')
    else:
        if game == False:
            messagebox.showinfo('showinfo','游戏结束！开始新的游戏 .')
        # 因为即使游戏结束了，按钮也会被占用，所以要先检查。
        elif b['text'] ! = ' ':
            messagebox.showinfo('showinfo',' 这个方格被占用了！ ')

    #game ended on draw
    if turn > 8 and game == True:
        messagebox.showinfo('showinfo',' 游戏平局 ')
```

```
        game = False
font = ('Helvetica',20,'bold')

#9 buttons
b1 = Button(w, text=' ', width=4, height=2, font = font, command
= lambda: buttonClick(b1,1))
b1.grid(row=0,column=0)
b2 = Button(w, text=' ', width=4, height=2, font = font, command
= lambda: buttonClick(b2,2))
b2.grid(row=0,column=1)
b3 = Button(w, text=' ', width=4, height=2, font = font, command
= lambda: buttonClick(b3,3))
b3.grid(row=0,column=2)

b4 = Button(w, text=' ', width=4, height=2, font = font, command
= lambda: buttonClick(b4,4))
b4.grid(row=1,column=0)
b5 = Button(w, text=' ', width=4, height=2, font = font, command
= lambda: buttonClick(b5,5))
b5.grid(row=1,column=1)
b6 = Button(w, text=' ', width=4, height=2, font = font, command
= lambda: buttonClick(b6,6))
b6.grid(row=1,column=2)

b7 = Button(w, text=' ', width=4, height=2, font = font, command
= lambda: buttonClick(b7,7))
b7.grid(row=2,column=0)
b8 = Button(w, text=' ', width=4, height=2, font = font, command
= lambda: buttonClick(b8,8))
b8.grid(row=2,column=1)
b9 = Button(w, text=' ', width=4, height=2, font = font, command
= lambda: buttonClick(b9,9))
b9.grid(row=2,column=2)

# 创建一个按钮的列表，以便可以改变它们的文本
boxes = [b1,b2,b3,b4,b5,b6,b7,b8,b9]
# 新的游戏
def new_game():
    global state,game,turn,boxes
    turn = 0
    state = ['','','','','','','','','']
    game = True
    for b in boxes:
        b['text'] = ' '
new = Button(w,text=' 新的游戏 ',command=new_game)
new.grid(row=3,column=1)

w.mainloop()
```

轻松学 Python

小结

这一章开始讨论 Python 中的注释以及如何创建单行和多行注释。然后转向了变量，如何创建它们，它们的命名规则，以及可以在其中存储什么。然后研究了 Python 编程语言中大量的数据类型以及如何使用它们。之后看了 Python 中的类型检查，最后了解了在 Python 中获得输入并在输出中显示它们。

下一章将深入了解字符串，如何创建和使用它们以及 Python 提供的各种预定义的字符串方法。

学习成果

第 18 章

Tkinter 顶石项目：绘画App

第 17 章介绍了如何用 Tkinter 创建一个井字棋应用，
还介绍了关于事件的许多知识以及如何使用它们来让
应用对外部事件（鼠标点击和键盘按键等）做出反应。

在这一章中，我们将学习所有关于在 Tkinter 界
面上使用画布（canvas）画图并用它来制作一个绘画
应用。在这个应用中，可以用笔画圆 / 椭圆、直线和
正方形 / 矩形。还可以改变笔的大小以及图形的轮廓
颜色和填充颜色。这会是一个简单但完整的应用！

绘画应用：描述

我们的绘画应用程序将会是令人赞叹的！能用它自由地画画，画直线、正方形、长方形、椭圆和圆形。还能从数百种不同的颜色中进行选择，很酷吧？

应用程序做好之后，看起来和图18.1 差不多。

图 18.1　最终的应用程序

我不是个画家，所以请包涵一下我简陋的画作，但你可以看出这个应用是多么的强大，对不对？最重要的是，这仅仅是一个起点。你可以扩展这个应用程序，添加更多的功能，并使其成为任何你想要的东西。

把它分享给你的朋友，一起来一场画画比赛吧，或者单纯地享受画画的乐趣也不错！☺

开始动手吧

先从导入 Tkinter 开始。像往常一样，把一切导入进来。但这样做只会导入"外部"类。它不会导入内部的类，比如说 colorchooser（颜色选择器）。我们需要颜色选择器来为应用程序创建调色板。所以，要把它也导入进来。

```
from tkinter import *
from tkinter import colorchooser
```

现在，我们来创建并初始化变量。要在屏幕上绘画，你需要坐标，即鼠标指针在屏幕上点击的 X 和 Y 点。让我们创建 x 和 y 两个变量，并将它们分别赋值为 0，以开始使用。

我现在使用了一种新的赋值方式。让事情变得简单，不是吗？

```
x, y = 0,0
```

接下来，创建一个变量 color，并让它以 None（无值）为起点。也可以让它成为一个空字符串。这个变量将在以后保存图形的填充颜色。我们还需要为 pen 或形状的轮廓提供一个颜色，所以创建一个变量 outline，并默认将其设为黑色。还需要笔的大小。默认情况下，它将是 1。

```
color = None
outline = 'black'
sizeVal = 1
```

设置屏幕

现在，来设置屏幕。将屏幕的状态默认为"zoomed（缩放）"，这样它将扩展到全屏。此外，还要配置行和列，使第一个单元格（第 0 行和第 0 列）将扩展到填满整个屏幕。可以把画布放在这个单元格里，这样，画布也会扩展到全屏。

```
w = Tk()
w.title(' 绘画应用程序 ')
```

```
w.state('zoomed')
w.rowconfigure(0,weight=1)
w.columnconfigure(0,weight=1)
```

把 weight 定为 1，让程序知道这个特定的行和列应该扩展到最大。

运行程序，会得到图 18.2 这样的结果。

图 18.2　Tkinter 屏幕

优秀！

创建画布

现在来创建画布。需要用到 Canvas 方法，并把它放在窗口 w 中。把画布的背景默认为 "white"。

```
# 创建一个画布
canvas = Canvas(w, background='white')
```

接下来，我将把画布放在第一行和第一列 (0)，并使它在所有方向 (北、南、东、西) 都有黏性，这样，它就会向所有方向扩展并占据整个空间 (也就是现在的整个屏幕)。

```
canvas.grid(row=0,column=0,sticky="NSEW")
```

现在运行程序，会得到图 18.3 这样的结果。

图 18.3　画布

完美！我们现在有白色的画布了。

创建第一个菜单项（图形）

如果你浏览最终的应用程序，会注意到有多个菜单可供选择。第一个是形状菜单。你可以选择用笔画画，也可以选择绘制线、方形或圆形。现在来创建这个菜单吧。

前文已经介绍过如何创建菜单了。现在创建一个主菜单来容纳所有的菜单项。"绘画选项"菜单将是主菜单的第一个子菜单。给它添加一个 cascade（级联），并给它贴上标签。

```
main = Menu(w)
menu1 = Menu(main)
main.add_cascade(label='绘画选项',menu = menu1)
```

接着，添加四个命令，'笔''线''矩形'和'圆'。需要将选择值发送到 select 函数，该函数将调用相关的函数来进行相应的绘制。这件事将用 lambda 来完成。对选项进行编号，笔是 1，线是 2，方形是 3，圆是 4。

```
menu1.add_command(label='笔', command=lambda: select(1))
menu1.add_command(label='线', command=lambda: select(2))
```

```
menu1.add_command(label=' 矩形 ', command=lambda: select(3))
menu1.add_command(label=' 圆 ', command=lambda: select(4))
```

最后，把主菜单配置到窗口。之后，这一行应该在创建了所有四个菜单之后再添加。

```
w.config(menu=main)
```

如果现在运行程序，并尝试点击菜单项，你会得到一个错误，因为还没有对 select 函数进行定义，但你仍然可以看到菜单，像图 18.4 一样。

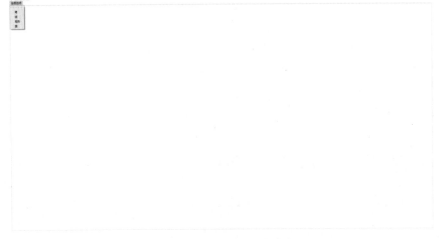

图 18.4　第一个菜单项（绘画选项）

哇哦！第一步成功啦！ ☺

搞定绘画选项

现在有了绘画选项菜单，那么接着就来让它发挥作用吧。首先创建一个 select 函数，将画布与相关的鼠标点击进行绑定。在菜单的上方创建这个函数（函数调用）。我们需要两类绑定。

对于自由绘制，需要一个 <B1-Motion> 绑定，每次鼠标左键在屏幕上点击和拖动时都会画出一条线。基本上会在每 2 分钟的点之间得到微小的线条，所以自由绘制基本上是由数百条微小的线条连接在一起形成的。

然后，需要一个 <ButtonRelease-1> 绑定，只要鼠标左键在屏幕上点击并拖动后释放，就会画出一条线、一个方形或一个圆形。因此，结果将是一条从点击点到释放点的直线、正方形或圆形。

现在就来做这个吧。把数字作为 options。如果 options 是 1，那么就解除对 <ButtonRelease-1> 的绑定，所以如果之前选择了其他选项，现在它将被取消选择，而且在放开笔后将不会得到一个形状或线条。然后，绑定 <B1-Motion> 并调用 draw_line 函数：

```
def select(options):
    if options == 1:
        #选择了笔，创建绑定
        canvas.unbind("<ButtonRelease-1>")
        canvas.bind('<B1-Motion>',draw_line)
```

同样，对于 2，解除对 <B1-Motion> 的绑定，这样笔就不再是活动的了，并绑定 <ButtonRelease-1> 并调用 draw_line 函数：

```
if options == 2:
    #选择了线，创建绑定
    canvas.unbind("<B1-Motion>") #这样笔就不再活动了
    canvas.bind('<ButtonRelease-1>',draw_line)
```

对于 3，调用 draw_square 函数：

```
elif options == 3:
    #选择了矩形，创建绑定
    canvas.unbind("<B1-Motion>")
    canvas.bind('<ButtonRelease-1>',draw_square)
```

对于 4，调用 draw_circle 函数：

```
elif options == 4:
    #选择了圆形，创建绑定
    canvas.unbind("<B1-Motion>")
    canvas.bind('<ButtonRelease-1>',draw_circle)
    canvas.bind('<Button-1>',position)
```

获取鼠标位置

在创建 draw_line 函数之前，我们需要得到鼠标的位置。如你所知，可以利用 event 来实现这一点。因此，在函数之外再创建一个绑定（就在菜单上方和函数定义下方），将任何鼠标左键的点击绑定到画布上。

这样的话，每次用户点击画布，都会在背景中记下相同的 X 和 Y 的位置。

在用户选择绘制选项之前，我们不会绘制任何东西，但还是要在预期中做记录，好吗？

```
canvas.bind('<Button-1>',position)
```

现在，在 bind 上面定义函数。在函数定义中接收 event。装载全局 x 和 y 值，并将 event.x 和 event.y 值（鼠标点击的 x 和 y 坐标位置）分配给 x 和 y 全局变量。

在画布上每次单击鼠标左键时，获取鼠标的当前位置。

```
def position(event):
    global x,y
    x,y = event.x,event.y
```

这就是了！你可以打印 x 和 y，看看这个函数的作用。把这个当作一个小练习，好吗？

绘制线条

现在，创建一个函数，为自由绘画和直线绘制迷你线。在这里，我们需要什么呢？

在画布 canvas 中有一个 create_line 函数，可以用来……是的，你猜对了，就是用来画直线！只需要给出起点和终点的坐标就可以了。还可以指定"fill（填充）"，也就是线条的颜色。

我们将使用"outline（轮廓）"的颜色，因为想让线条的颜色和形状轮廓的颜色是一致的。线的宽度也是可以指定的。将 sizeVal 作为这个属性的值。

你需要注意提到坐标值的方式。首先提到起点的 x 和 y 坐标，然后提到终点的 x 和 y 坐标。更重要的是，要在一个元组中提到所有四个值，否则会得到一个错误。

```
def draw_line(event):
```

装载 x 和 y 值，也就是鼠标第一次点击的点，用 position() 函数不断计算。一旦编写了让用户手动改变线条宽度的代码后，它就会自动更新。

```
global x,y,sizeVal
```

现在，开始的 x 和 y 位置是包含鼠标点击的点的 x 和 y 位置（position() 函数）。结束的 x 和 y 位置是事件的 x 和 y 位置。

在自由绘制的情况下，每次鼠标被拖动（当鼠标左键仍被按住时），我们都会实时得到新的事件，以及新的 x 和 y 位置。

对于绘制直线而言，直线终端是在鼠标按钮被释放时的点。

```
canvas.create_line((x,y,event.x,event.y),fill=outline, width =sizeVal)
```

最后，用事件的 x 和 y 值来更新 x 和 y 值。自由绘画尤其需要这个步骤，这样才可以重新开始。

```
x,y = event.x,event.y
```

现在运行程序。

当我们试着在屏幕上画画的时候，什么都没有发生。为什么？嗯，这是因为没有激活任何选项。如果（在菜单中）选中了笔或线，就可以在画布上作画了（图 18.5）。

图 18.5　自由绘画和直线

正方形和长方形

现在来画正方形和长方形吧！这个过程是异曲同工的。在canvas（画布）中有一个 create_rectangle 方法。在一个元组中再次给出起点和终点坐标。在这种情况下，你可以提到两种颜色，轮廓和填充颜色，最后是形状的宽度。

然后，把当前事件的 x 和 y 值（松开鼠标）赋给一开始的 x 和 y 值（开始按鼠标左键）。

```
def draw_square(event):
    global x,y,sizeVal
    canvas.create_rectangle((x,y,event.x,event.y),
    outline=outline, fill=color, width = sizeVal)
    x,y = event.x,event.y
```

这就搞定了！现在运行程序。选择"矩形"，按住鼠标左键，把它拖到你想要的位置，然后释放按钮。你会得到一个正方形或长方形。试试吧！ ☺

我画的如图 18.6 所示。:P

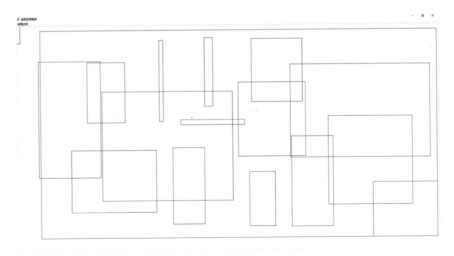

图 18.6　正方形和长方形

哇哦！多漂亮的正方形和长方形呀！再填上红黄蓝，简直就是致敬蒙德里安的佳作了呢！ ☺

圆和椭圆

最后，来画圆和椭圆。这次要用到一个叫 create_oval 的方法。一个完美的椭圆就是一个圆，我说的对吗？你也需要为这个方法给出起点和终点。

起点是按下鼠标按钮的位置，终点是最后松开鼠标按钮的点的 x 和 y 值（松开鼠标事件）。

```
def draw_circle(event):
    global x,y,sizeVal
    canvas.create_oval((x,y,event.x,event.y), outline=outline,
    fill=color, width= sizeVal)
    x,y = event.x,event.y
```

运行程序，会得到图 18.7 这样的结果。

图 18.7　圆形

很好！我们已经完成所有绘画功能了，快要彻底搞定了！ ☺

选择大小

现在，转到程序中的第二个菜单。现在的线条和形状的轮廓在宽度上显得太细了。如果想让它们变得更粗呢？需要有这方面的选项。现在就来创建选项吧！我将创建从 1、5、10 到 30 不同的尺寸。1 是之前设定的默认值。

先为尺寸创建一个新的子菜单 menu2。把它放在菜单 1 的代码之后，但在菜单配置的代码行之前。每个选项都将是一个尺寸，每次点击选项时都会调用 changeSize 函数，然后把尺寸作为参数发送给这个函数。

```
menu2 = Menu(main)
main.add_cascade(label=' 选择尺寸 ', menu = menu2)
menu2.add_command(label='1', command=lambda: changeSize(1))
menu2.add_command(label='5', command=lambda: changeSize(5))
menu2.add_command(label='10', command=lambda: changeSize(10))
menu2.add_command(label='15', command=lambda: changeSize(15))
menu2.add_command(label='20', command=lambda: changeSize(20))
menu2.add_command(label='25', command=lambda: changeSize(25))
```

现在，定义函数来改变大小。你可以把这个函数放在 select() 函数之后，或者放在你想放的任何地方，只要它在 menu2 的代码行（函数调用）之前就可以。

这是一个非常简单的过程。接收尺寸，存入 globalsizeVal，并将尺寸赋值给 sizeVal，就 OK 了！由于 sizeVal 是全局的，并被加载到所有的绘画函数中，所以一旦改变尺寸，在下次绘画时，新的尺寸就会反映出来。

```
def changeSize(size):
    global sizeVal
    sizeVal = size
```

下面来看看这样是否行得通吧！我要把尺寸改成 15，然后画一堆图形看看，效果如图 18.8 所示。

图 18.8 改变轮廓的宽度

好粗的线条呀。:D

颜色多得让人眼花缭乱

现在来创建第三个菜单，用来改变图形的轮廓和填充颜色。

新建菜单 3，其中只包含两个选项，一个是改变线条颜色，另一个是改变填充颜色，分别调用不同的功能。

```
menu3 = Menu(main)
main.add_cascade(label = ' 选择颜色 ', menu = menu3)
menu3.add_command(label=' 线条颜色 ', command = set_line_color)
menu3.add_command(label=' 填充颜色 ', command = set_fill_color)
```

现在，我们来定义这些函数。使用 colorchooser 来创建调色板。在 colorchooser 中有一个 askcolor 方法，需要它的时候（在这个例中，当"线条颜色"选项被点击时），它会打开一个调色板。这将在一个新窗口中打开。记得为这个窗口设置一个标题，叫选择颜色。

```
def set_line_color():
    global outline
    getColor = colorchooser.askcolor(title=" 选择颜色 ")
```

不能就这么用 getColor。当选择一种颜色时，比如说红色，它在 getColor 中注册的格式是这样的：

```
((255.99609375, 0.0, 0.0), '#ff0000')
```

元组中的第一个值包含另一个元组，该元组持有 rgbcolor 值（颜色的红、绿、蓝色调）。元组中的第二个值包含我们刚刚选择的颜色的十六进制值。它们都是一样的，你可以直接写成"red"。这些只是你可以提到颜色的不同格式。你真的不需要知道它们或记住它们。只要知道每一种颜色都有十六进制和 RGB 值，就可以使用了，而且电脑可以自行识别。

我们不能使用整个元组，只需要其中的一个值就可以了。现在检索出第二个值并使用它，好吗？

```
outline = getColor[1]
```

现在，每当改变"线条颜色"时，outline 的值就会改变，它将反映在下一次绘画中。

接下来为填充颜色做同样的操作。

```
def set_fill_color():
```

```
global color
getColor = colorchooser.askcolor(title=" 选择颜色 ")
color = getColor[1]
```

颜色就这样搞定了！现在来检查一下是否成功，好不好？点击"线条颜色"，看看是否会打开调色板（图 18.9）。

图 18.9　五颜六色

成功啦！☺

现在可以自由选择颜色啦（图 18.10）！

图 18.10　应用程序大功告成啦

完美！五颜六色的，真好看！

我画完了

好了，我们的绘画应用已经基本完工了。我已经画得心满意足了！但如果想重新开始画一张新的呢？需要一个选项来把画布清空。现在就开工吧！

首先是菜单。

```
menu4 = Menu(main)
main.add_cascade(label = ' 清空 ', menu = menu4)
menu4.add_command(label = ' 清空 ', command = clear_screen)
```

接着是 clear_screen() 函数。只需要一行代码：canvas.delete('all')。这将清空画布上的所有东西。

```
def clear_screen():
    canvas.delete('all')
```

选项看起来会是图 18.11 这个样子。

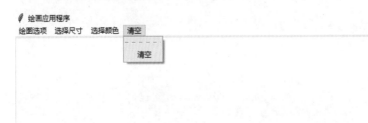

图 18.11　清空

随便画点什么，然后选择清空选项，就可以看到所有的东西都消失了！不过在这之前记得留张截图！

我们的绘画应用已经彻底完工了！:O 最后，如果你还没有写 mainloop 这行代码，请记得加上，然后就一切都搞定啦！

```
w.mainloop()
```

绘画应用的源代码

现在，按照恰当顺序创建的完整程序是下面这样的。

Tkinter 顶石项目：
绘画应用 - 完整源代码清单

```
from tkinter import *
from tkinter import colorchooser

x, y = 0,0
color = None
outline = 'black'
sizeVal = 1

w = Tk()
w.title(' 绘画应用程序 ')
w.state('zoomed')
w.rowconfigure(0,weight=1)
w.columnconfigure(0,weight=1)

# 创建一个画布
canvas = Canvas(w, background='white')
canvas.grid(row=0,column=0,sticky="NSEW")

def draw_line(event):
    global x,y,sizeVal
    canvas.create_line((x,y,event.x,event.y),fill=outline,
    width =sizeVal)
    x,y = event.x,event.y

def draw_square(event):
    global x,y,sizeVal
    canvas.create_rectangle((x,y,event.x,event.y),
    outline=outline, fill=color, width = sizeVal)
    x,y = event.x,event.y

def draw_circle(event):
    global x,y,sizeVal
    canvas.create_oval((x,y,event.x,event.y),
    outline=outline,fill=color, width= sizeVal)
    x,y = event.x,event.y

def select(options):
    if options == 1:
        # 选择了笔，创建绑定
        canvas.unbind("<ButtonRelease-1>")
        canvas.bind('<B1-Motion>',draw_line)
    if options == 2:
        # 选择了线，创建绑定
        canvas.unbind("<B1-Motion>") # 这样笔就不再活动了
        canvas.bind('<ButtonRelease-1>',draw_line)
    elif options == 3:
        # 选择了矩形，创建绑定
        canvas.unbind("<B1-Motion>")
        canvas.bind('<ButtonRelease-1>',draw_square)
    elif options == 4:
        # 选择了圆形，创建绑定
```

```
        canvas.unbind("<B1-Motion>")
        canvas.bind('<ButtonRelease-1>',draw_circle)

w.config(menu=main)

def position(event):
    global x,y
    x,y = event.x,event.y

def changeSize(size):
    global sizeVal
    sizeVal = size

def set_line_color():
    global outline
    getColor = colorchooser.askcolor(title=" 选择颜色 ")
    outline = getColor[1]

def set_fill_color():
    global color
    getColor = colorchooser.askcolor(title=" 选择颜色 ")
    color = getColor[1]

def clear_screen():
    canvas.delete('all')
canvas.bind('<Button-1>',position)

# 选项
main = Menu(w)
menu1 = Menu(main)
main.add_cascade(label=' 绘画选项 ',menu = menu1)
menu1.add_command(label=' 笔 ', command=lambda: select(1))
menu1.add_command(label=' 线 ', command=lambda: select(2))
menu1.add_command(label=' 矩形 ', command=lambda: select(3))
menu1.add_command(label=' 圆 ', command=lambda: select(4))

menu2 = Menu(main)
main.add_cascade(label=' 选择尺寸 ', menu = menu2)
menu2.add_command(label='1', command=lambda: changeSize(1))
menu2.add_command(label='5', command=lambda: changeSize(5))
menu2.add_command(label='10', command=lambda: changeSize(10))
menu2.add_command(label='15', command=lambda: changeSize(15))
menu2.add_command(label='20', command=lambda: changeSize(20))
menu2.add_command(label='25', command=lambda: changeSize(25))

menu3 = Menu(main)
main.add_cascade(label = ' 选择颜色 ', menu = menu3)
menu3.add_command(label=' 线条颜色 ', command = set_line_color)
menu3.add_command(label=' 填充颜色 ', command = set_fill_color)

menu4 = Menu(main)
```

```
main.add_cascade(label = ' 清空 ', menu = menu4)
menu4.add_command(label = ' 清空 ', command = clear_screen)

w.config(menu=main)
w.mainloop()
```

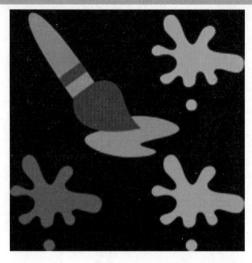

 小结

本章学习了在 Tkinter 屏幕上使用 canvas 进行绘画，并用它制作绘画应用程序。我们用笔画出了圆形 / 椭圆形、直线和正方形 / 矩形。还改变了笔的大小和形状的轮廓颜色和填充颜色。

　　下一章将回到原始包（Turtle 包）介绍如何用 Turtle、记分牌和其他东西创建一个贪吃蛇游戏。这将会是一个有趣的旅程。安全带系好咯！

学习成果

第 19 章

Turtle 顶石项目：
贪吃蛇游戏

前面的几章对 Tkinter 进行了深入的研究。我们学习了在 Tkinter 中创建部件，为它们设计样式，让它们在事件发生时做一些事情以及在画布上绘图。还做了两个顶石项目：井字棋游戏和绘画应用。

这一章将回到 Turtle。我们已经对 Turtle 进行了几章的研究，但还没有创建过一个真正的应用程序。因此，本章将介绍如何做贪吃蛇游戏。

贪吃蛇游戏：描述

这是一个非常简单的游戏。有一条在游戏中被画成方形的小蛇。它一开始只有脑袋，按下任意方向键后，这个脑袋就会按照方向键对应的方向移动。

还有一个红色的、熟透了的苹果，它和与蛇的脑袋一样大。它会在随机位置出现，吸引蛇伸过头去吃它。

蛇一接触到苹果（假设它会把苹果吃掉），苹果就会进入蛇的肚子里，然后消失。蛇会长大一点，它刚吃了东西，所以应该会长大，是不是？。然后，另一个苹果会在屏幕上的另一个随机位置出现。

蛇每吃一个苹果，记分牌上显示的分数就会增加 1。

但是，如果蛇头与屏幕上的四面墙或自己的身体相撞（它长得太大），游戏就结束了！

很简单的游戏，对吧？你有没有玩过呢？游戏最终看起来会像图 19.1 这样。

图 19.1　贪吃蛇游戏

小蛇这时已经吃掉了六个苹果，长长了六个身体部位（包括头在内是七个）。

好了，现在知道游戏机制的之后，你一定对实现这一切需要编写什么代码有了一个大致的想法。不要担心。我会详细讲解的。

另外，不要对代码的顺序感到困惑。我讲解的时候可能有些混乱，但我已经把有着正确顺序的完整代码放在了本章的最后。你可以在开发自己的游戏时参考。

让我们开始吧！这将是一个略显漫长但非常有意义的旅程。☺

导入所需的模块

在这个游戏中需要三个模块。绘制蛇、分数和苹果需要用到 turtle 包。使苹果出现在随机位置，需要用到 random 包，这是游戏中很重要的一个方面。

最后还需要 time 包。之前的章节中有讲过这个包，它能让一个循环或函数暂停一段时间。现在我们需要它来让小蛇以可控的速度移动。如果不调整好速度，小蛇会在眨眼之间就跑出屏幕。

```
import turtle
import time
import random
```

设置屏幕

先用平时使用的步骤来设置屏幕。把标题定为"贪吃蛇"，背景颜色定为'Black'。

```
s = turtle.Screen()
s.title(' 贪吃蛇 ')
s.bgcolor('Black')
```

不同的是，这次要使用 setup() 函数为屏幕设置宽度和高度（单位是像素）。需要一个指定的宽度和高度，这样就能知道所有东西在屏幕上的位置，指定精确的坐标来移动小蛇了。

```
s.setup(width = 500, height = 500)
```

最后，去掉在屏幕上画东西时触发的动画。动画很漂亮，没错，但是要画的东西太多了，而且速度很快，每次画的时候都有动画的话，并不合适。

可以使用 tracer() 方法（在屏幕上）并给出一个 0 的输入来实现这一点。哇！你已经在 Turtle 中学到了好多新东西了呢。☺

```
s.tracer(0) # 去掉动画
```

现在运行这个程序，会得到一个像图 19.2 这样的黑屏。

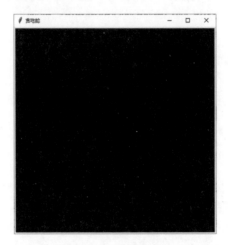

图 19.2　游戏屏幕

创建并初始化所需的变量

在 Tkinter 开发中介绍过有关内容。每当创建一个程序时，都需要一些全局变量，这些变量将在整个程序中使用。这次也不例外。

有一个 snake 列表将包含小蛇每个部分的 turtle（也就是负责绘图的小海龟）。每当绘制小蛇的一部分时（包括头部）就会创建一个新的 turtle，这样，所有 turtle 都会合为整条小蛇。通过将这些 turtle 存储在一个列表中，可以随时访问它们并获得它们的位置（你会知道如何做的）。

```
snake = []
```

把 size 定为 20。这是正方形（蛇头、蛇身、苹果）的宽度和高度。让这个值成为一个常数。

```
size=20
```

再创建一个变量"key"来存储被按下的方向键的值。"u"表示向上的方向键，"d"表示向下的方向键，"1"表示左方向键，"r"表示右方向键。游戏刚开始时，这个值会是一个空字符串。

```
key = ''
```

最后，建立一个"score"变量，游戏开始时，将它的值初始化为 0。

```
score = 0
```

绘出头部

变量现在已经初始化完毕了，我们来绘出小蛇的脑袋并使其出现在屏幕上吧。

创建一个新的 turtle（头），速度为 0，形状为正方形，颜色为绿色。最后，把它移到 0,0 的位置（屏幕中心）。

```
#绘制头部
head = turtle.Turtle()
head.speed(0)
head.shape('square')
head.color('Green')
head.penup()
head.goto(0, 0)
```

把这个头也追加到"snake"列表中。由于列表是空的，它将占据列表中的第一个位置。

```
snake.append(head) #得到第一个头
```

运行以上程序，你看到了什么？turtle 去哪儿了呢？

啊哈！我猜是因为 tracer 的关系，什么都看不到了。动画被删掉了，记得吗？现在需要用一个游戏循环来重回正轨。

在 Pygame 中会学习到更多关于游戏循环的知识，但现在，你只需知道每个游戏都需要一个永无止境的循环（通常是一个 while 循环），让游戏在仍处于"on"的状态时一直运行。

现在创建这样一个循环，并使用 update() 方法（对屏幕）来更新每次执行循环时的屏幕。

```
while True:
    s.update()
```

就酱（这样）！搞定！现在再次运行程序，能看到屏幕中间有一个可爱的小蛇脑袋，如图 19.3 所示。

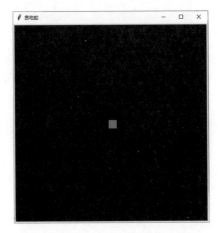

图 19.3 小蛇的脑袋

绘制第一个苹果

现在小蛇已经画好了，接下来，要在一个随机位置上绘制第一个苹果。这个任务需要用到另一个画笔 turtle，将其命名为"apple"。

```
# 第一个苹果
apple = turtle.Turtle()
apple.speed(0)
apple.shape('s square')
```

将其颜色变成红色，把它移到一个随机的位置。

```
apple.color('Red')
apple.penup()
```

阅读接下来的代码。现在正要生成一个介于 −11 和 11 之间的随机数，并将其乘以 20。如果把某个东西乘以 20，就会得到 20 的倍数，这正是我们想要的，因为小蛇的脑袋每次移动都会向前移动 20 点。

如果小蛇要赢的话，它应该能够与苹果重叠，也就意味着苹果应该出现在和小蛇的活动路线上。实现这个目标需要一个 20 的倍数。

为什么范围是 −11,11 ？好吧，范围可以再大一点点，比如 −11,12，这样的话实际范围是 −11 到 11，但大前提是苹果应该在屏幕上显示出来

−11*20 是 −220。这是屏幕左上角的 x,y 坐标，然后正方形的大小是 20。所以，苹果在右上角的位置将出于 −240，对吧？

这就是最大的范围了。如果再向左移动，苹果可能就消失了。

```
aX = random.randint(-11,11)*20
aY = random.randint(-11,11)*20
```

最后，转到刚刚创建的随机 X 和 Y 坐标。

```
apple.goto(aX,aY)
```

你有没有注意到笔（蛇脑袋和苹果）总是"up"的？嗯，那是因为我们并不打算用它来画画。这次游戏的主角是 turtle（小海龟，即画笔），而不是它画出来的东西了。

运行程序，会得到以下图 19.4 这样的结果。

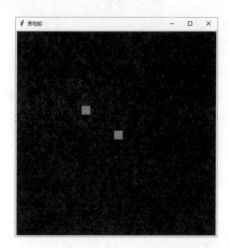

图 19.4　蛇脑袋和第一个苹果

真棒！我们有一个固定在屏幕中间的蛇脑袋和一个出现在屏幕的随机位置的苹果了。

多次运行程序，你会发现苹果每次都会出现在不同的位置。很酷，是吧？

现在在程序的最后（之后的代码要在添加到这一行之前），添加以下内容：

```
s.mainloop()
```

这是为了确保屏幕在我们关闭之前保持打开状态，这样在玩游戏的时候，提示符就不会出现在 Shell 中了。

屏幕是否记录了我按下的方向键

大多数游戏都可以进行移动控制。要么用摇杆，要么用键盘。这个游戏很简单，所以只用键盘就行了。

现在来让小蛇在按下方向键时移动起来吧！让小蛇能被上、下、左、右方向键控制。

为了让屏幕"听"到键盘按键，也就是说，知道哪个按键被按下了，要用到屏幕的 listen() 方法。这样，屏幕就能开始"倾听"了。在画完第一个苹果和蛇脑袋之后，while 循环（游戏循环）之前，加入以下代码：

```
# 倾听事件和行为
s.listen()
```

现在，你可以使用 onkeypress() 方法来在按键发生时调用用户定义的功能。这与 Tkinter 中的做法类似，唯一不同的是，函数调用在所寻找的"事件"之前。

事件是 'Up' 'Down' 'Left' 和 'Right'。这些是 onkeypress() 函数所期望的值，所以要把它们放在引号内，并且不改变大小写。函数可以是任何东西。我设计了 set_up、set_down、set_left 和 set_right。

```
s.onkeypress(set_up, 'Up')
s.onkeypress(set_down, 'Down')
s.onkeypress(set_left, 'Left')
s.onkeypress(set_right, 'Right')
```

调用了函数之后，需要创建它们（否则会得到一个错误）。在 onkeypresses 之前定义函数吧。每个函数将加载全局"key"变量，并将其值改为 'up' 'down' 'left' 和 'right'。

但在这里，需要跟踪一些东西。在贪吃蛇中，小蛇不能向后移动，否则它会撞到自己身上（这会导致游戏结束），所以检查用户是否在试图向后移动是有必要的。

例如，如果当前的键值是'down'，那么就不应该把它的值改为'up'。以此类推，要忽略对应的特定按键。

```
def set_up():
    global key# 这样的话，全局变量 key 就可以在这里的本地环境中使用了
    if(key != 'down'):
        key = 'up'
def set_down():
    global key
    if(key != 'up'):
        key = 'down'
def set_left():
    global key
    if(key != 'right'):
        key = 'left'
def set_right():
    global key
    if(key != 'left'):
        key = 'right'
```

好了，现在官宣方向改好了。但如果现在运行这个程序，将看不出有什么区别。按方向键试试。有任何事情发生吗？没有。我们还没有写代码让小蛇动起来呢！接下来做这件事吧！

让蛇的脑袋动起来

在贪吃蛇游戏中，一旦设定了一个方向，蛇就会自动朝那个方向移动，直到我们再次改变方向位置。所以基本上，一旦蛇开始移动，它就会持续地移动，直到它撞到什么东西。

为了创造这种自动运动，要在游戏循环中调用一个 moveHead() 函数。

```
while True:
    s.update()
    moveHead()
```

但是这还没完。还要以 0.2 秒的延迟运行 while 循环的每一次迭代，好让人肉眼就能够真正看清小蛇的行动。

循环的每一次迭代都是在微秒内执行的。Python 和计算机是就是这么强大和迅捷。但这是一个游戏，需要一些肉眼可以捕捉的东西，所以把程序的速度放慢点，好吗？让它在每次迭代后休眠 0.2 秒。

```
time.sleep(0.2)
```

好了，现在 while 循环搞定了，我们来创建 moveHead() 方法，设置蛇脑袋的 x 和 y 坐标吧。

每次函数调用时都要连续改变头部的 x 和 y 坐标 20 点（以 0.2 秒的延迟发生），这样的话，头部每 0.2 秒就可以向前移动 20 点（图 19.5）。

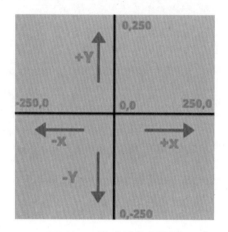

图 19.5　游戏屏幕坐标系

请看图 19.5。如果想向左移动小蛇的话，就减少 X 的值，同时保持 Y 的值不变。要向右移动的话，就增加 X 的值。要向下移动的话，就减少 Y 的值。

是不是很简单？现在把这个应用到代码中吧！

```
#让蛇根据设定的方向移动
```

在这个函数中不需要加载"key"，因为我们并没有改变 / 重新分配它的值，只是在检索它的值。使用 xcor() 和 ycor() 方法检索"head"turtle（游戏中的蛇脑袋）的当前 x 或 y 坐标。现在你知道为什么要把所有 turtle 存储在列表中了吧？这样就可以用它来获得很多关于它的信息（比如它的位置）。

通过"size"（20 像素）来增加或减少 x 或 y 坐标，因为这就是测量单位。苹果也将出现在其中的某个点上。

```
def moveHead():
    if key == 'up':
        head.sety(head.ycor() + size)
    if key == 'down':
        head.sety(head.ycor()- size)
    if key == 'left':
        head.setx(head.xcor()-size)
    if key == 'right':
        head.setx(head.xcor() + size)
```

现在，运行该程序并尝试让小蛇动起来，如图 19.6 所示。

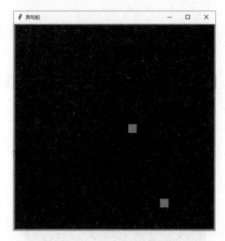

图 19.5　让蛇的脑袋动起来

试着让它向后移动，它才不会听你的指令呢！不信你试试看！

让记分牌开始计分

现在，蛇的脑袋已经可以动，需要开始计分了。在小蛇"吃"掉苹果并增长一次之前，先在屏幕的右上角绘制出记分牌，这样就可以跟踪代码了。把这段代码放在绘制第一个苹果的代码下面。不要担心顺序问题。我将在本章末尾按正确的顺序给出完整的代码。

我将为记分牌创建另一只"海龟"，因为我想让它在其他"海龟"各司其职的时候"绘制"出分数。我将它定位在 120,120 点（朝向右上角）。

```
# 绘制分数
sc = turtle.Turtle()
sc.speed(0)
```

```
sc.pencolor('White')
sc.penup()
sc.goto(120,220)
```

首先，以宋体，20 磅，粗体的格式写下'分数：0'。随着游戏的进行，这个值将会实时地更新。

```
sc.write(' 分数: 0',font=(' 宋体 ', 20, 'bold'))
```

最后把这只小海龟藏起来，因为只需要它绘制出的东西（不像苹果和小蛇的小海龟一样）。

```
sc.hideturtle()
```

运行程序，会得到图 19.7 这样的结果。

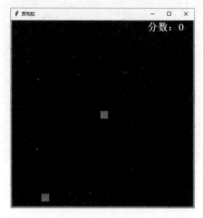

图 19.5　创建记分板

好！记分板做好啦！ ☺ 我们就快要完工了！

小蛇在吃苹果

记分牌做好了之后，让蛇开始吃东西吧！现在，如果小蛇碰到了苹果，什么也不会发生。它会从苹果上经过，不会长长，苹果也不会消失。

将接下来的代码（在函数定义之前的代码）放入 while 循环，紧接着在 s.update() 方法之后。

现在，要检查蛇脑袋和苹果之间的距离。如果这个距离小于或等于 0，也就是说，如果蛇脑袋与苹果完全重合，就要做两件事。

在另一个随机位置绘制一个新的苹果。完成这个任务需要创建一个 drawApple() 函数。

在蛇的尾端再添加一个身体部分。将创建一个新的 turtle 作为小蛇的身体部分。完成这个任务需要创建一个 drawSnake() 函数。

Turtle 包中有一个 distance() 方法，可以检查一个物体是否与另一个物体有特定距离。在这个例子中，要检查的是对象与另一个对象的距离是否是 0（完全叠加）。

```
#检查进食情况
if head.distance(apple) <= 0: #完全重叠
    drawApple()
    # 创建一个新的身体部分
    drawSnake() #保留尾巴——原来的蛇脑袋
```

分数的值也要增加 1，并调用 changeScore() 方法，将分数的当前值发送给它。这个方法会更新记分卡。

```
score += 1
changeScore(score)
```

好了，while 循环就到此为止（暂时而言）。现在需要定义三个函数（在调用 while 循环之前）：一个是画一个新的苹果，一个是改变分数，还有一个是画小蛇新的身体部分，因为它必须长大。（毕竟它刚刚饱餐一顿，对吧？）

```
# 画苹果的功能
```

像之前一样，当画出第一个苹果时，获取下一个 x 和 y 坐标，并将"苹果"的 turtle 移到该点。

```
def drawApple():
    aX = random.randint(-11,11)*20
    aY = random.randint(-11,11)*20
    apple.goto(aX,aY)
```

现在来画出小蛇的身体部分。每当小蛇吃了一个苹果，就会创建一个新的 turtle。因此，每当 drawSnake() 函数被调用时，一个新的 turtle "sBody" 就会被创建。它是正方形的，颜色是绿色的，就像蛇的脑袋一样。记得把新的部分也追加到 snake 列表中。

```
# 画小蛇
```

```
def drawSnake():
    sBody = turtle.Turtle()
    sBody.speed(0)
    sBody.shape('square')
    sBody.color('Green')
    sBody.penup()
    snake.append(sBody) # 在最后插入
```

现在，来研究一下 changeScore 方法。让得分的 turtle 回到 120,220（起始位置）。用 clear() 方法清除当前的内容，然后用当前得分的创建一个新的字符串，并重写文本。由于速度为 0，所以你看不到任何实时发生的情况，所以对于人眼而言，看起来就像是记分牌在自行更新一样。

```
def changeScore(score):
sc.goto(120,220)
sc.clear()
string = 'Score: {}'.format(score)
sc.write(string,font=(' 宋体 ',20,'bold'))
sc.hideturtle()
```

运行程序，试着吃几个苹果吧，如图 19.8 所示。

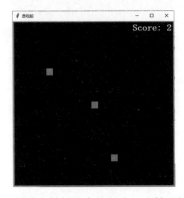

图 19.8　创建小蛇新的身体部分（小蛇吃掉苹果）

好了，记分牌在正常更新。苹果会消失后又在一个新的位置出现。每次蛇吃东西的时候，都会得到新的"身体部分"，但是它们没有连在一起，也没有一起移动。而且，新的身体部分看上去是重叠着出现的（在屏幕中央），所以，对我们而言就只能看到一个身体部分，而现在应该有两个才对（因为分数是 2）。

为什么会这样呢？嗯，这是因为我们还没有要求它们这样做呢！如聪明的你所知，在编程中需要为每件小事给出详细的指示。我们现在就来做这件事，好不好？

让整条蛇移动

通过调用 moveBody() 来更新 while 循环。这个函数将把蛇的身体部分和蛇的脑袋连接到一起，并让身体部分与脑袋一起移动。

完成后，while 循环将看起来像下面这样。

```
while True:
    s.update()
    # 检查进食情况
    if head.distance(apple) <= 0: # 完全重叠
        drawApple()
        # 创建一个新的身体部分
        drawSnake() # 保留尾巴——原来的蛇脑袋
        score += 1
        changeScore(score)
    moveBody() # 看这里！
    moveHead()
    time.sleep(0.2)
```

确保对 moveBody() 函数的调用是在 moveHead() 函数之前进行的，这样它们才会在新的脑袋被画出来之前移动，这样看起来就像真实的移动。

现在来定义 moveBody() 函数。要进行坐标转换。

由于在程序开始时附加了"head"和"snake"列表的第 0 个索引将有 head 的 turtle。然后，我们在蛇脑袋之后附加了其他身体部分，也是 turtle。所以，为了模拟真实的移动，需要让这些身体部分也动起来。

现在，只有蛇的脑袋会移动，因为那是唯一一个写了代码的（moveHead() 函数）。因此，每当蛇脑的袋移动到一个新的坐标时，紧挨着的身体部分（在"snake"列表中）就应该移动到蛇的脑袋的旧坐标。接着，第一个身体部分旁边的身体部分应该移动到第一个身体部分原本的位置，以此类推，直到整条小蛇都向前移动了 20 像素。

如何才能做到这一点呢？在编程中，每当想交换数值时，都需要一个临时变量来保存旧数值。

因此，我们将创建一个临时列表 temp，用来存储小蛇身体部位的所有当前 x 坐标和 y 坐标。

创建一个"for"循环，在"snake"列表中进行循环操作。

```
def moveBody():
    temp = []
    # 创建一个当前位置的列表
```

在列表的一个"item"中只存储小蛇的一个身体部分 x 和 y 坐标。在一个列表中创建字典。

```
for i in snake:
    x = i.xcor()
    y = i.ycor()
    temp.append({'x': x, 'y': y})
```

有了临时列表之后要做的是进行交换。第 4 个索引中的项目的位置不需要改变（这是蛇的脑袋，它自己会移动），所以创建一个 for 循环，从 1 开始循环到小蛇的全长（1-（len-1）），只包括小蛇的身体部分。

```
# 让整条小蛇动起来
for i in range(1,len(snake)):
```

既然"temp"已经有了整条蛇之前的"旧"x 坐标和 y 坐标（包括蛇脑袋），那就把这个坐标用起来吧。让第 1 个位置的 turtle（从第一个索引开始）转到第 i-1 个位置的 turtle 的 x 和 y 坐标（也就是蛇脑袋，最开始的话）。

搞定了！因为我们是用字典来存储值的，所以需要以这样的方式来访问它们。所以，"temp"中第一个项目的 x 值将是 temp[0]['x']，以此类推。

```
snake[i].goto(temp[i-1]['x'],temp[i-1]['y'])
```

检查一下小蛇现在是否能够动起来吧，如图 19.9 所示。

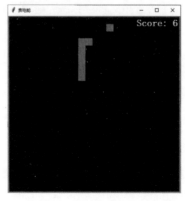

图 19.9　让整条蛇动起来

它完美地移动和成长了。呼！☺

现在，到了游戏的最后一部分，碰撞检测！

碰撞检测

在移动蛇的脑袋进行下一次休眠[1]之前，需要进行碰撞检测，这样下一次移动就不会发生了。这将调用 checkCollision 函数，如果有碰撞，它将返回 True，如果函数调用的结果确实是 True，就要退出游戏循环（while 循环）。更新后的 while 循环是下面这样的。

```
while True:
    s.update()
    #检查吃的情况
    if head.distance(apple) <= 0: #完全重叠
        drawApple()
        # 创建一个新的身体部分
        drawSnake() #保留尾巴——原来的蛇脑袋
        score += 1
        changeScore(score)
    moveBody() #看这里！
    moveHead()
    #在为下一轮移动头部之前，检测是否有碰撞
    if checkCollision().
        break
    time.sleep(0.2)
```

如果把碰撞检查放在其他地方，比如说在移动身体之前的话，可能会看到游戏中的不一致。例如，试着把碰撞检查放在 moveBody() 和 moveHead() 之间。乍一看这似乎是合乎逻辑的，但这样做的话，就是在创建一个身体，如果移动它但在移动头部之前立即检查碰撞。这将导致身体碰撞，因为这样的话，第一个身体部分就和蛇的脑袋在同一个位置了。

因此，在检查碰撞之前，要让小蛇完全移动好。

现在，定义碰撞检查函数。这个函数将加载全局变量"key"，因为要把它改回一个空的字符串，所以移动会暂时停止。

还将创建一个变量 collision 并将其默认值设为 False。

1 译注：蛇在进食完毕之后，会进入短暂的休眠状态，静待食物的消化。这个过程有时需要两天时间，蛇类消化食物期间，如果受到了骚扰，会吐出食物，以便自己能"轻装"逃跑

```
def checkCollision():
    global key
    collision = False
```

先检查一下墙壁的碰撞。这很简单，真的。如果蛇脑袋的 x 坐标或 y 坐标大于 240 或小于 -240，就发生了碰撞，collision = True。

```
#墙壁碰撞
if head.xcor() < -240 or head.xcor() > 240 or head.ycor() < -240
or head.ycor() > 240:
    collision = True
```

现在，至于身体的碰撞，再次在 snake 列表中循环 1 至蛇身长度（只有身体部分，没有头部）。如果蛇脑袋的 x 和 y 坐标与小蛇的任何身体部分的 x 和 y 坐标相同，那么就发生了身体碰撞，collision = True。

```
#身体碰撞
for i in range(1,len(snake)):
    if head.xcor() == snake[i].xcor() and head.ycor() ==snake[i].ycor():
        collision = True
```

最后，如果碰撞为 True，则再次将 key 设为空字符串（暂停移动）。游戏基本上就结束了。如果碰撞不为 True，那么什么也不会发生，while 循环的下一个迭代将继续进行。

```
if collision == True:
    key = '' #停止移动
```

接下来需要做三件事。

1. 暂停程序 1 秒，让用户意识到游戏已经结束。

2. 将小蛇（整条蛇）和苹果移出屏幕，让它们"消失"。

3. 绘制一个"游戏结束"的信息。我们需要一个新的 turtle 来做这件事。记分卡要保留下来，以便用户知道他们最后的得分。

```
time.sleep(1) #暂停一下，让用户知道发生了什么
```

循环浏览"snake"，把它的所有部分移到 2000,2000（离开屏幕）。把苹果也移到一个更远的位置。

```
for s in snake:
    s.goto(2000,2000) #让它离开屏幕
    apple.goto(2500,2500)
```

新建一个普通的 turtle（海龟），把它移到 -170,0，绘制出白色的"游戏结束"。

```
# 游戏结束的消息
game = turtle.Turtle()
game.penup()
game.goto(-170,0)
game.pencolor('white')
game.write(' 游戏结束！ ,font=(' 宋体 ',40,'bold'))
game.hideturtle()
return collision
```

最后，把碰撞返回到调用函数，就完成了！我们游戏已经做好了！ ☺
我们来检查一下碰撞是否有效，好不好？让我们先检查一下墙壁碰撞（图
19.10）。

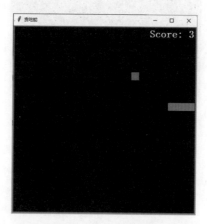

图 19.10　墙壁碰撞

好耶，成功了！

现在来看身体碰撞，结果如图 19.11 所示。

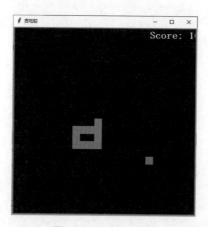

图 19.11　身体碰撞

一条盘起来的蛇！在 1 秒钟的延迟之后，一切都消失了，只剩下记分牌和表示游戏结束的信息。

如果用户想再玩一次的话，必须重新运行这个程序，如图 19.12 所示。

图 19.12　游戏结束

呼！花了不少时间呢！但这些时间花得值！希望你享受创建这个游戏的过程。反正，我觉得很愉快！

贪吃蛇游戏的源代码

Turtle 顶石项目：
贪吃蛇游戏 - 完整源代码清单

完整的代码如下：

```python
# 导入所需模板
import turtle
import time
import random

# 设置屏幕
s = turtle.Screen()
s.title(' 贪吃蛇 ')
s.bgcolor('Black')
s.setup(width = 500, height = 500)
s.tracer(0) # 去掉动画

# 创建并分配所需变量
snake = []
size=20
key = ''
score = 0
```

```
# 绘制头部
head = turtle.Turtle()
head.speed(0)
head.shape('square')
head.color('Green')
head.penup()
head.goto(0, 0)
snake.append(head) # 得到蛇脑袋

# 绘制第一个苹果
apple = turtle.Turtle()
apple.speed(0)
apple.shape('square')
apple.color('Red')
apple.penup()
# 生成一个为 20 的倍数的随机整数
#20 的倍数，但不超出屏幕之外（250,-250）
aX = random.randint(-11,11)*20
aY = random.randint(-11,11)*20
apple.goto(aX,aY)

# 绘制初始记分牌
sc = turtle.Turtle()
sc.speed(0)
sc.pencolor('White')
sc.penup()
sc.goto(120,220)
sc.write(' 分数: 0',font=(' 宋体 ', 20, 'bold'))
sc.hideturtle()

# 改变小蛇的方向
def set_up():
    global key # 这样的话，全局变量 key 就可以在这里的本地环境中使用了
    if(key != 'down'):
        key = 'up'
def set_down():
    global key
    if(key != 'up'):
        key = 'down'
def set_left():
    global key
    if(key != 'right'):
        key = 'left'
def set_right():
    global key
    if(key != 'left'):
        key = 'right'

# 让小蛇按照设定的方向移动
def moveHead():
```

```python
        if key == 'up':
            head.sety(head.ycor() + size)
        if key == 'down':
            head.sety(head.ycor() - size)
        if key == 'left':
            head.setx(head.xcor() - size)
        if key == 'right':
            head.setx(head.xcor() + size)

# 让小蛇新的身体部位动起来（如果小蛇长大了的话）
def moveBody():
    temp = []
    # 创建一个当前位置的列表
    for i in snake:
        x = i.xcor()
        y = i.ycor()
        temp.append({'x': x, 'y': y})
    # 让整条小蛇动起来
    for i in range(1,len(snake)):
        snake[i].goto(temp[i-1]['x'],temp[i-1]['y'])


# 画苹果
def drawApple():
        # 生成一个为 20 的倍数的随机整数
#20 的倍数，但不超出屏幕之外（250,-250）
    aX = random.randint(-11,11)*20
    aY = random.randint(-11,11)*20
apple.goto(aX,aY)


# 创建小蛇新的部分
def drawSnake():
    sBody = turtle.Turtle()
    sBody.speed(0)
    sBody.shape('square')
    sBody.color('Green')
    sBody.penup()
    snake.append(sBody) # 在最后插入


# 更新分数
def changeScore(score):
    sc.goto(120,220)
    sc.clear()
    string = 'Score: {}'.format(score)
    sc.write(string,font=(' 宋体 ',20,'bold'))
    sc.hideturtle()
```

```
# 检查碰撞——墙壁和身体
def checkCollision():
    global key
    collision = False
    # 墙壁碰撞
    if head.xcor() < -240 or head.xcor() > 240 or head.ycor() <
-240 or head.ycor() > 240:
        collision = True
    # 身体碰撞
    for i in range(1,len(snake)):
        if head.xcor() == snake[i].xcor() and head.ycor() ==
snake[i].ycor():
            collision = True
    if collision == True:
        key = '' # 停止移动
        time.sleep(1) # 暂停一下，让用户知道发生了什么
        for s in snake:
            s.goto(2000,2000) # 让它离开屏幕
        apple.goto(2500,2500)
        # 游戏结束的消息
        game = turtle.Turtle()
        game.penup()
        game.goto(-170,0)
        game.pencolor('white')
        game.write(' 游戏结束！ ',font=(' 宋体 ',40,'bold'))
        game.hideturtle()
    return collision


# 监听按键的事件和行为
s.listen()
s.onkeypress(set_up, 'Up')
s.onkeypress(set_down, 'Down')
s.onkeypress(set_left, 'Left')
s.onkeypress(set_right, 'Right')


# 让游戏持续运行的主循环
while True:
    s.update()
    # 检查用餐情况
    if head.distance(apple) <= 0: # 完全重叠
        drawApple()
        # 创建一个新的身体部分
        drawSnake() # 保留尾巴——原来的蛇脑袋
        score += 1
        changeScore(score)
    # 先动身体，再把头移动到新的位置
```

```
    moveBody()
        moveHead()
    # 再次移动头部之前，先检查碰撞
    # 如果存在碰撞，则终止游戏循环——不再移动
    if checkCollision():
            break
        # 每次移动之前有 0.2 秒的延迟
    time.sleep(0.2)

    # 保持屏幕打开，直到用户关闭窗口
    s.mainloop()
```

小结

本章中，我们用 Turtle 包创建了贪吃蛇游戏。我们学习了很多新内容，比如使用 time 模块来暂停程序，创建游戏循环，获得 turtle 的位置，移动游戏角色，碰撞检查，在 2D 游戏中显示分数，等等。

下一章中将学习的是关于 Pygame 的一切。我们将学习如何在 Pygame 中创建简单的 2D 游戏，Pygame 是专门为制作游戏而创建的。

学习成果

第 20 章

初探 Pygame：
成为一名游戏开发者

在第 19 章中，我们用 Turtle 制作了一款贪吃蛇游戏。

本章要学习 Pygame，这是一个被广泛用于 2D 游戏开发的平台。我们将学习有关创建角色、使用图像作为角色、设置屏幕和修改屏幕、使角色移动、碰撞检测、射出子弹、得分、文本以及更多的知识！

什么是 Pygame

Pygame 是一个由多个 Python 模块组成的跨平台的平台。它是为开发电子游戏而设计的。一开始的时候，它看起来可能很简单，但一旦深入了解它，就会发现和体会到它的强大。你可以用它创建任何东西，从简单的文字游戏到复杂、精密的多人世界游戏。

本章中将学习 Pygame 的基础知识，它的全部特性和能力留到大家课后进行探索。

安装和导入 Pygame

任何标准 Python 以外的东西都需要安装，对吧？ Pygame 也是如此。

但问题在于，与 Tkinter 和 Turtle 不同，Pygame 并没有安装在标准 Python 安装包中。因此，它需要单独安装。

如果想在 Python 中安装 Pygame，先打开命令提示符和安装了 Python 的文件夹，如图 20.1 所示。

图 20.1　打开命令提示符

在命令提示符窗口中输入以下内容：

```
pip install pygame
```

按下回车键并等待几秒钟，会得到一个类似图 20.2 这样的提示信息。

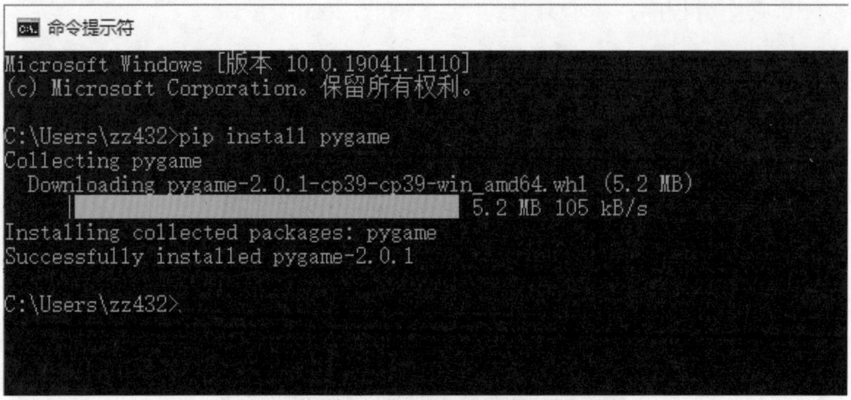

图 20.2　安装 Pygame

这样就 OK 了！ Pygame 现在已经安装在系统中。接下来在程序中使用它。打开 Python Shell，创建一个新的脚本。起什么名字都行，只要不叫 pygame 就可以。

与 Tkinter 和 Turtle 不同，不是只导入 pygame 就完事了，还需要初始化这个库。使用 init() 方法来完成这个工作。没有进行过初始化的话，程序是不会运行的。

```
import pygame
pygame.init()
```

搞定！ Pygame 已经导入完毕，准备就绪了！

设置游戏屏幕

创建游戏的下一步是什么？到目前为止，你已经做了很多款游戏了？不妨自己猜猜看。没错！一个屏幕。我们需要一个显示所有内容的屏幕。

现在就开始行动吧！我要定义一个变量 screen（你可以给屏幕取任何名字），并使用 display.set_mode 方法以想要的尺寸来创建屏幕。

不过，需要在一个元组或列表中给出屏幕的宽度和高度，否则会得到一个错误。

```
screen = pygame.display.set_mode((500,500))
```

现在运行程序，看看会得到什么，如图 20.3 所示。

图 20.3　Python 窗口

有屏幕啦！哦耶！

但如果试着关掉屏幕的话，你会发现屏幕无法被关闭。这是因为，与其他软件包不同，Pygame 需要用特殊的指令来关闭屏幕。所以，我们要梳理屏幕上发生的所有事件，选择与鼠标左键点击"x"（关闭）按钮相对应的事件，并在该点击发生时要求 Pygame "QUIT（退出）"。

是不是很简单呢？赶紧动手吧！

如你所知，每个游戏都需要一个游戏循环。一个只有在游戏结束时才会结束的无休止循环，Pygame 也不例外。现在要创建一个 while 循环，当关闭按钮被点击时，该循环将变成 False。

```
game = True
```

现在，用一个 for 循环来梳理屏幕上发生的所有事件。可以用 pygame. event.get() 方法来获得一个事件列表，然后，可以循环浏览它们。每一次循环浏览都检查事件类型是否是 pygame.QUIT（关闭按钮被点击）。如果是，将"game"设为 False，让 while 循环停止执行。

```
while game:
for event in pygame.event.get():
if event.type == pygame.QUIT:
game = False
```

跳出游戏循环之后，就会使用 pygame.quit() 方法关闭屏幕。

现在关闭屏幕试试看。它是不是被关掉了呢？☺

美化屏幕

现在来把屏幕变得好看点吧！就从改变屏幕的标题（caption）开始吧！

改变标题需要使用 display.set_caption 方法。将这段代码放在你创建屏幕的那一行下面（在游戏循环的上面）。

```
pygame.display.set_caption(' 我的第一款游戏 ')
```

运行该程序，看看会得到什么，如图 20.4 所示。

图 20.4　个性化屏幕

标题已经变啦！

屏幕现在是黑色的。要不要改变颜色试试呢？设定颜色要用到 RGB 值。

R 代表红色，G 代表绿色，B 代表蓝色。这三种颜色被称为"三原色"，这三种颜色的不同色调和组合构成了千变万化的其他颜色。

有了这三个值之后，就可以得到几乎任何颜色了。这三个颜色的数值从 0 到 255，其中 0 代表不存在任何颜色，255 代表存在颜色。

也就是说，(0,0,0) 是完全不存在颜色，也就是黑色，而 (255,255,255)

是颜色完整存在，也就是白色。

可以使用以下网站来查找想在程序中使用的任何颜色的 RGB 颜色代码：https://htmlcolorcodes.com/

还有很多其他网站可以提供同样的信息。在网上搜索"取色器"或"RGB 颜色代码"就可以查到啦。

了解了颜色的工作原理后，就来让屏幕变成红色吧。相应的 RGB 颜色代码是 255,0,0（彻头彻尾的红色）。

在 while 循环中查看事件的 for 循环下面，添加下面几行代码。

```
screen.fill((255,0,0))
```

如果现在运行这个程序的话，将不会看到有什么变化。为什么呢？好吧，屏幕并没有在每次迭代中被更新。你需要使用 display.update() 方法来更新你的屏幕。

```
pygame.display.update()
```

现在再次运行程序，会得到图 20.5 这样的结果。

图 20.5　改变屏幕背景

颜色变了！真不错！☺

在屏幕上创建角色

你可以使用绘制方法来绘制直线、矩形（或正方形）、圆或多边形。这些都可以成为游戏角色。画一条线很容易。语法如下。

```
pygame.draw.line(screen,color,(x1,y1),(x2,y2),width)
```

需要指定想要画线的地方（屏幕），颜色（RGB），线的起点和终点的 x 和 y 坐标（每对都是一个元组），最后是线的粗细。

在程序中试试吧。将这行代码放在 display.update() 方法前面，这样线条就会被更新到屏幕上了。

```
pygame.draw.line(screen,(255,255,0),(50, 50),(100,150),10)
```

运行程序，得到图 20.6 这样的结果。

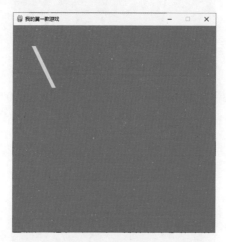

图 20.6　画线

我们已经在想要的确切位置上画好了线！

接下来看怎么绘制一个矩形。语法是下面这样的：

```
pygame.draw.rect(screen,color,(x,y,width,height),outline)
```

需要指定矩形左上角点的 x 和 y 位置以及它的宽度和高度。如果提到相同的宽度和高度值，会得到一个正方形。最后一个值提到了你是想要一个填充还是一个轮廓。如果提到轮廓为 0，将得到一个完全填充的矩形。任何其他的值都会得到一个轮廓。来看看这两种情况的例子吧。

```
pygame.draw.rect(screen,(153,255,102),(100,200,100,100),0)
```

运行该程序，你会得到图 20.7 这个结果。

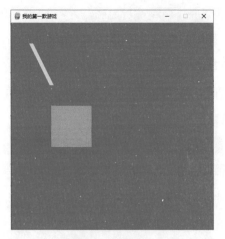

图 20.7 绘制矩形

现在，把轮廓设定为 10（10% 填充），结果如图 20.8 所示。

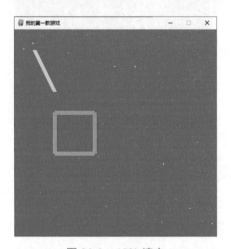

图 20.8 10% 填充

现在来画一个圆。语法是下面这样的：

```
pygame.draw.circle(screen,color,(x,y),radius,outline)
```

x 和 y 点是圆心的 x 和 y 坐标。然后提到的是半径和轮廓（如果不需要完全填充的话）。

```
pygame.draw.circle(screen,(0,102,255), (300,200),50,0)
```

运行程序，得到图 20.9 这样的结果。

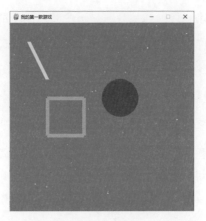

图 20.9　画圆

很好！☺

最后，还可以绘制多边形（任意数量的边都可以）。

```
pygame.draw.polygon(screen,color,((x1,y1),(x2,y2)...(xn,yn)))
```

先画一个三角形。

```
pygame.draw.polygon(screen,(128,0,0),((150,350),(50,450),
(250,450)))
```

再画一个五边形的多边形怎么样？

```
pygame.draw.polygon(screen,(253,0,204),((400,300),(300,300),
(350,450),(450,450), (450,350)))
```

运行程序，会得到图 20.10 这样的结果。

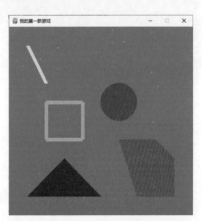

图 20.10　绘制多边形

图形就先讲到这里！现在来看看图像。

下面来从头开始制作图像吧！这是一个非常简单的过程。首先需要加载图像（一次，在你的游戏循环之外），并在游戏循环内以你希望它出现的确切坐标 blit（模糊）它，这样它在屏幕上就会更新了。

指定图像的确切路径。如果不想把事情复杂化，就把图像放在与 Python 文件相同的文件夹中，然后，只需要提到文件的名字就好了。

```python
image = pygame.image.load('ball.png')
```

然后，用 blit 在屏幕上显示它。

```python
while game:
    for event in pygame.event.get():
        if event.type == pygame.QUIT:
            game = False
    screen.fill((255,0,0))
    screen.blit(image,(200,150))
    pygame.display.update()
```

运行程序，会得到图 20.11 这样的结果。

图 20.11　绘制图像

搞定！图像完美地放进去了。☺

移动角色

移动角色很简单。只需要改变角色的 X 左边和 / 或 Y 坐标就可以了。如果想连续移动，就在游戏循环的每一次迭代中不断改变它。

试着移动一下足球，好不好？

我想让它向下移动，直到 y 值达到 400（因为图像高度为 100，当 y 值达到 400 时，它的底部将接触到屏幕），然后停止。现在就开工吧！

导入 pygame 和 time。因为要放慢迭代速度，让人眼就能看到足球的运动，所以需要用到时间模块。

```
import pygame
import time

pygame.init()
screen = pygame.display.set_mode((500,500))
image = pygame.image.load('ball.png')

game = True
```

接着创建一个 "y" 变量，值为 150。

```
y = 150
while game:
    for event in pygame.event.get():
        if event.type == pygame.QUIT:
            game = False
    screen.fill((255,0,0))
```

让我们对图像进行 blit 处理。

```
    screen.blit(image,(200,y))
```

只要 y 不是 400，就在循环的每一次迭代中把 y 值递增 1。

```
if y ! = 400:
    y += 1
```

更新屏幕，并使程序在循环的每一次迭代中休眠 0.005 秒。

```
    pygame.display.update()
    time.sleep(0.005)
pygame.quit()
```

搞定！运行程序（图 20.12），你会看到足球平滑地向下运动，直到触及屏幕的底端。

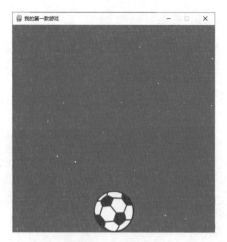

图 20.12　移动角色

键盘按压事件

好了，现在足球可以移动了。但要是我想根据用户的输入（也许是键盘按压事件）来移动它，该怎么做呢？

比方说，我想根据用户在键盘上按下的方向键在四个方向上移动足球。那具体该怎么做呢？

还记得在寻找 QUIT 事件时循环的那些事件吗？同样的循环也可以用来处理按键事件。

寻找 KEYDOWN 事件，它只会在用户在游戏屏幕上按下一个键的情况下自动注册。寻找 KEYDOWN 时，会得到一个事件字典。把它们放在一个变量中。将其命名为"key"。

注册左方向键的话，搜索 keys[K_LEFT]。如果值为真，就向左移动（x 减少 1）。

注册右方向键的话，搜索 keys[K_RIGHT]，如果为真，将 x 增加 1。

注册上方向键的话，搜索 keys[K_UP]，如果为真，将 y 值减少 1。

注册下方向键的话，搜索 keys[K_DOWN]，如果是为真，就把 y 值增加 1。

为了进行连续的运动，可以引入方向性变量，根据你设定的方向连续地增加或减少 x 或 y 值。

为 x 和 y 设置一个起始值，方向变量为 0，因为此时此刻的足球并没有移动。

```
x=200
y=150
xd=0
yd=0
while game:
    for event in pygame.event.get():
        if event.type == pygame.QUIT:
            game = False
```

现在来寻找事件。如果用户想把方向设置为左边，那么 xd 应该变成 -1，而 yd 则保持不变。其余的方向按照同样的逻辑进行。

```
if event.type == pygame.KEYDOWN:
    if event.key == pygame.K_LEFT:
        xd = -1
        yd = 0
    if event.key == pygame.K_RIGHT:
        xd = 1
        yd = 0
    if event.key == pygame.K_UP:
        yd = -1
        xd = 0
    if event.key == pygame.K_DOWN:
        yd = 1
        xd = 0
```

现在，在你模糊图像和更新屏幕之前，将 xd 和 yd 的值添加到当前的 x 和 y 值中。

```
    x += xd
    y += yd
    screen.blit(image,(x,y))
    pygame.display.update()
    time.sleep(0.005)
pygame.quit()
```

现在当你设置一个方向时，球将持续沿着这个方向移动，直到方向被更改（就像贪吃蛇游戏一样）。

但是，如果我们只想让屏幕随着键盘的按压而移动呢。我们希望球在不再按方向键时就停止移动。

有一个 KEYUP 事件可以帮助解决这个问题。在 for 循环中，检查

KEYUP 事件是否已经发生，并在内部的 if 语句中，检查当前事件是否是 LEFT、RIGHT、DOWN 或 UP 事件。

如果是，则不再改变 xd 和 yd 的值（使其为 0），运动就会停止。

```
if event.type == pygame.KEYUP:
    if event.key == pygame.K_LEFT or event.key == pygame.K_RIGHT
    or event.key == pygame.K_UP or event.key == pygame.K_DOWN:
        xd = 0
        yd = 0
```

就酱（这样），搞定！

迷你项目 25：弹跳球

在这个项目中，我们将创建一个弹跳球，在屏幕中上下弹跳。当它撞到屏幕顶部或底部时，就会扭转方向并继续弹跳。是不是很简单呢？我们用 pygame 来完成这个项目吧。

1. 先导入 pygame 和 time。

```
import pygame
import time
```

2. 然后，让我们初始化 pygame 并创建屏幕。它的宽度和高度都是 500。

```
pygame.init()
screen = pygame.display.set_mode((500,500))
```

3. 现在创建一个变量 y，先将它设为 0。因为在上下跳动时，唯一会改变的值就只有 y 值。

```
y = 0
```

4. 还需要一个 game 变量，该变量目前是真，但当用户关闭屏幕时就会变成假。

```
game = True
```

5. 再创建一个方向性变量 d，默认为 1。我们将以 1（向上移动）和 -1（向下移动）来增加球的 Y 值。这个变量将改变球的方向。

```
d = 1
```

6. 现在创建游戏循环。

```
while game:
```

7. 首先创建一个退出条件。如果事件类型是 pygame.QUIT，则使 game 为 False。

```
for event in pygame.event.get():
    if event.type == pygame.QUIT:
        game = False
```

8. 然后用白色填充屏幕。

```
screen.fill((255,255,255))
```

9. 然后用 draw.circle 方法在 250,y 的位置画一个半径为 25 的蓝球（从 250,0 开始）。它将是一个被完全填充的圆，所以最后的属性为 0。

```
#画一个球
    #画一个圆的功能
    #想把它画在哪里，圆的颜色，位置，宽度是什么
    pygame.draw.circle(screen,(0,0,255), (250,y), 25,0)
```

10. 使用 display.update 方法来确保每次循环运行时屏幕都被更新。

```
pygame.display.update() #更新输出窗口中的屏幕
```

11. 如果就这样运行游戏的话，足球的移动速度会快到无法被人眼捕捉到。因此需要放慢循环的迭代速度。每一次迭代后都需要有一个 0.005 秒的延迟。

```
time.sleep(0.005)
```

12. 现在来设置撞墙条件。当 y 是 488 时（因为球的直径是 25，而且需要球的另一半是可见的，所以我们把它设置为 488 而不是 500），减少 y 的值，因为球需要向上移动。所以，d 为 -1。

```
if y == 488:
    d = -1
```

13. 如果 y 是 12，那么就增加 y 的值，"d" 将是 +1。

```
elif y == 12:
    d = 1
```

14. 最后，跳出了 if elif 语句后，用 "y" 的当前值来增加 "d"。

```
    y += d
pygame.quit()
```

搞定！运行程序，就可以得到图 20.13 所示的弹跳球啦。

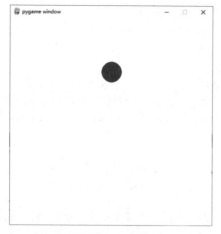

图 20.13　弹跳球

小结

本章学习了 pygame 的基础知识。学习了如何设置游戏屏幕，建立游戏循环，创建角色（形状和图像），让它们移动，检测墙壁的碰撞，以及检测键盘事件。

　　下一章将应用本章所学到的内容以及更多的知识来创建一个太空射击游戏。

学习成果

第 21 章

Pygame 顶石项目：太空射击游戏

第 20 章节学习了 Pygame 的基础知识。学习了所有关于创建游戏窗口、关闭窗口、美化窗口、创建角色和移动角色等内容。

这一章将运用到目前所学到的知识以及更多的知识来创建一个太空射击游戏，还将学习如何为游戏创建文本和记分牌。

太空射击游戏：描述

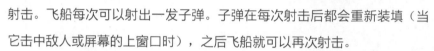

这是一个非常简单的游戏。你控制一艘飞船，但更像是一把枪。按下左右方向键时，它可以向左或向右移动。

然后，有三排敌人，共 21 个，他们会向飞船移动。如果他们撞上了飞船，游戏就结束了！

为了防止这种情况，飞船可以向敌人射击。飞船每次可以射出一发子弹。子弹在每次射击后都会重新装填（当它击中敌人或屏幕的上窗口时），之后飞船就可以再次射击。

子弹只要击中敌人，你就得一分，被击中的敌人也会消失。如果消灭了所有敌人，他们会重新集结成为一组新的敌人，分三行，共 21 个。你将再次开始射击，直到输了为止！

看看这个（图 21.1）。敌人几乎就在附近，所以我们需要清除那一排来保命。我们已经击中了两个敌人，所以分数是 2。

这是一个很简单的游戏，并有很大的改进潜力（更多的级别，更快的速度，更多的子弹，更多的敌人），所以，现在就开始吧！

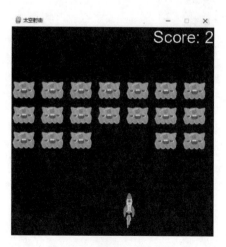

图 21.1　最终完成的游戏

导入所需的模块

我们需要 pygame 模块来创建这样的游戏，还需要 time 模块来减缓人物的速度，使之对肉眼可见。

```
import pygame
import time
```

全部初始化

初始化 Pygame 和它的字体包（用来记录记分牌）。

```
pygame.init() pygame.font.init()
#To use text
```

接下来，创建游戏屏幕，并将标题设为"太空射击"。

```
screen = pygame.display.set_mode((500,500))
pygame.display.set_caption('太空射击')
```

然后创建一个 font 变量，它将存储我们需要使用的字体，即字体类型为"宋体"，大小为 40。

```
font = pygame.font.SysFont('宋体',40)
```

这里需要两个游戏条件：一个是"over"，当游戏结束时变成"True"（敌人击中飞船），另一个是"game"，当用户关闭窗口时变成"False"。

```
over = False #游戏结束
game = True #关闭游戏窗口
```

就酱（这样）！运行程序，结果如图 21.2 所示果。

现在，游戏窗口已经做好了！

☺

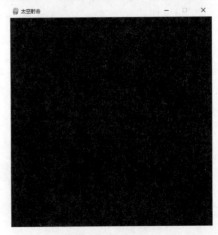

图 21.2　游戏窗口

游戏循环

接下来创建游戏循环。

```
While game:
```

先创建窗口的"关闭"条件。你已经知道该如何创建这个条件了。

```
# 关闭窗口条件 - 退出
for event in pygame.event.get():
  if event.type == pygame.QUIT:
     game = False
```

把屏幕填充为黑色。当然，这不会有太大的区别，因为 pygame 屏幕的默认颜色就是黑色。

```
screen.fill((0,0,0))
```

在程序退出游戏循环后，关闭窗口。

```
pygame.quit()
```

不要担心代码的顺序。我将在本章末尾按顺序附上整个源代码。

现在，再次运行该程序并尝试关闭窗口。肯定会成功的！

创建飞船

现在，创建飞船，并让飞船出现在屏幕上。

把这些代码放在游戏循环的上面。

```
# 创建宇宙飞船
```

我将加载我为这个项目得到的 spaceship.png 图片。

这是一个漂亮的小型宇宙飞船，指向上方。

```
spaceship = pygame.image.load('spaceship.png')
```

现在，为飞船设置初始位置。水平方向的中间位置，X 位置为 250，Y 位置为 390（朝向屏幕的底部）。同时把方向设置为默认的 0，我们可以在以后让飞船移动时增加或减少它。

```
sp_x = 250
sp_y = 390
sp_d = 0
```

为了使飞船出现在屏幕上，在游戏循环中，在 for 循环的下面，包括以下几行代码。

```
if over == False:
    screen.blit(spaceship,(sp_x,sp_y))
```

如果游戏仍然是 True，那么将图像 blit 到我们设定的 x 和 y 坐标位置。

最后，更新显示：

```
pygame.display.update()
```

运行这个程序，我们得到图 21.3 这样的结果。

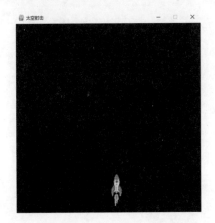

图 21.3　定位宇宙飞船

现在我们有自己的宇宙飞船了。太赞了！☺

移动宇宙飞船

你已经知道如何让角色移动了，对吗？需要做下面这些事。

1. 根据按的是哪个方向键，将飞船向右或向左移动。

2. 当玩家停止按方向键时，停止移动飞船。

在这种情况下，需要查找两个事件：KEYUP 和 KEYDOWN。

在 KEYUP 中，需要查找两个键：K_LEFT 和 K_RIGHT。

回到游戏循环和 for 循环，在那里迭代了屏幕上发生的所有事件，并包括下面两个条件。

查找 KEYDOWN 条件，是否在"向下"事件中按下的键是左键（左方向键），那么空间方向减少 1，这意味着飞船将向左（水平）移动。

● 如果按下的键是右方向键，那么空间方向增加 1，这意味着飞船将向右（水平）移动。

```
if event.type == pygame.KEYDOWN:
    #使飞船移动
    if event.key == pygame.K_LEFT:
        sp_d = -1
    if event.key == pygame.K_RIGHT:
        sp_d = 1
```

现在，让飞船在方向键被放开时停止移动。查找一个 KEYUP 事件，检查释放的键是否是左和右方向键。

```
#使飞船在不移动时停止
if event.type == pygame.KEYUP:
    if event.key == pygame.K_LEFT or event.key == pygame.K_RIGHT:
```

如果是这样，就把飞船的方向调回 0，这样就不会有位置上的变化，它只是停在玩家离开时的地方。

```
sp_d = 0
```

但我们不能止步于此。如果想让飞船在游戏循环的每一次迭代中移动，需要把 sp_d 的值加到 sp_x 的值上，在 for 循环的外面。

```
#飞船移动条件
sp_x += sp_d
```

将前面的几行代码放在飞船和"update"这两行代码的上方。

现在，运行代码并尝试移动飞船。哇哦！太快了，我无法完全控制飞船。为什么会这样呢？

好吧，我们没有将游戏循环迭代隔开，不是吗？在每次迭代后暂停程序（游戏）0.005 秒。把这行代码放在 display 这行代码的上面。

```
time.sleep(0.005)
```

现在，运行整个程序，尝试左右移动飞船，效果如图 21.4 所示。

搞定！我们成功了！ ☺

图 21.4　使飞船在按下方向键时移动

创建和移动敌人

现在，让我们来移动敌人！我们需要三行七个敌人，共 21 个。他们将有相同的属性（图像），但唯一的区别是各自的位置。

　　创建用于保存所有数值的列表。一个用于保存图像，以便在游戏循环中进行处理，一个用于保存所有的"x"位置，一个用于保存所有的"y"位置，最后，一个用于保存敌人的移动（方向）。

```
# 创建敌人
enemy = []
enemy_x = []
enemy_y = []
enemy_d = []
```

　　同时记录一下活着的敌人的数量。计数器将从 0 开始，每击倒一个敌人就增加 1。当数字达到 21 时，重置所有东西，再次刷新出三排新的敌人，并让他们倒下，继续游戏。

```
enemy_count = 0
```

　　现在，为敌人设置 X 和 Y 的位置。我们将为此创建一个从 0 到 20（21 的范围）的 for 循环。

　　对于第一行（从迭代 0 到 6），X 位置将从 0 开始，以 70 的倍数增加，0、70、140、210、280，等等。

y 位置将在 -60（远离屏幕，在顶部），但仍然靠近可见部分，因为这是第一行。

每一个敌人的距离值都将是 0.5，因为那是他们下降的速度。

```
for i in range(21):
# 第一排
if i <= 6:
    enemy.append(pygame.image.load('enemy.png'))
    enemy_x.append(70 * i)
    enemy_y.append(-60)
    enemy_d.append(0.5)
```

看看这个！为了创造 70 的倍数，我只是用 70 乘以"i"，因为"i"反正都要从 0 到 6 取值。

现在，第二行有点棘手了。我们仍然需要 70 的倍数来计算 X 值，但不能再使用"i"，因为对于第二行，"i"将从 7 到 13。所以，用 7 减去"i"，同时乘以 70。

这组敌人的 Y 值将是 -120，比第一行稍稍落后。

```
# 第二排
elif i <= 13:
    enemy.append(pygame.image.load('enemy.png'))
    enemy_x.append(70 * (i-7))
    enemy_y.append(-120)
    enemy_d.append(0.5)
```

同样，用 70 乘以 i-14 作为第三行，也就是最后一行的 x 值，并将 y 值放在 -180 处。

```
# 第三排
else:
    enemy.append(pygame.image.load('enemy.png'))
    enemy_x.append(70 * (i-14))
    enemy_y.append(-180)
    enemy_d.append(0.5)
```

就这样！现在已经定位了敌人。接下来让他们出现并落下。

在游戏循环（while 循环）内，在你 blit 了飞船之后来创建另一个"for"循环，运行 21 次（0 到 20）。

就像对飞船所做的那样，只在游戏还没有结束的时候刷新出敌人。

这里需要检查两个条件．

1. 如果敌人的"y"置超过 500（已经到达窗口的末端），那么让它回到 -60。这就够了。为什么呢？因为第一行会先消失，然后是第二行，最后是第三行。所有的东西都在不断地移动，所以如果只是把每一行移回 -60，前一行的移动将弥补下一行在同一点的出现。

2. 如果 y 位置还没有达到 500，那么需要将敌人向下移动。将 enemy_d 的值加到 enemy_y 值上，并将该特定的敌人在屏幕上。

```
# 刷新敌人并使其移动
for i in range(21):
    if over == False:
        # 敌人与墙碰撞
        if enemy_y[i] >= 500:
            enemy_y[i] = -60
        else:
            # 刷新敌人
            enemy_y[i] += enemy_d[i]
            screen.blit(enemy[i],(enemy_x[i], enemy_y[i]))
```

就酱（这样），现在敌人应该会移动了。下面来检查一下吧（图 21.5）。

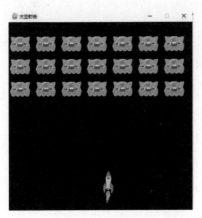

图 21.5　创建敌人

太好了！现在我们有三排正在移动的敌人！

发射子弹

接下来，发射子弹。这里需要做三件事。

1. 在游戏循环外创建子弹，但不 blit 它，直到玩家开火（按下空格键）。

2. 在游戏循环中检查"空格"按下事件（在迭代所有事件的 for 循环中，以及在进行 KEYDOWN 事件检查的 if 语句中），如果它发生了，设置子弹的 x 和 y 位置并改变其方向。

3. 最后，在事件 for 循环之外，但在游戏循环之内，将子弹 blit 在屏幕上（如果它被发射）。并且也检查一下墙壁的碰撞情况，如果子弹撞到了墙壁，就把它带回原来的位置。

好的，知道需要做什么之后，我们来写代码吧。

现在，加载 bullet.png 图片，这是子弹。首先，把子弹的 X 和 Y 位置设置为 -100，这样它就会离开屏幕，不被游戏者看到。并且把移动值 bullet_d 设置为 0，这样就不会移动了。

```
# 创建子弹
bullet = pygame.image.load('bullet.png')
#place it off the screen to start with
bullet_x = -100
bullet_y = -100
bullet_d = 0
```

最后，创建一个变量 fire，用来保存子弹的状态。如果用户发射了子弹，这个变量的值就会从 True（默认值）变 False。

```
fire = False
```

现在，注册"空格"键的按压。进入游戏循环，在迭代所有事件的 for 循环中，寻找注册 KEYDOWN 事件的 if 语句。在该语句中，输入以下内容：

注册 K_SPACE 按下事件。只要 fire 值为 False（子弹之前没有被发射），用户点击空格键，就让子弹移动。

现在让 fire 为 True（因为子弹已经发射了）。将子弹的 x 和 y 值定位到飞船当前的 x 和 y 值。最后，使 bullet_d 的值为 -2，所以它向上移动。

```
#使子弹发射
if event.key == pygame.K_SPACE:
    if fire == False:
        fire = True
        bullet_x = sp_x
        bullet_y = sp_y
        bullet_d = -2
```

现在来 blit 子弹。

在 for 循环之外，在对飞船进行 blit 的代码之上，但在改变了飞船的 x 值之后（新的 x 值被分配给了子弹），如果"fire"为 True，"over"为 False（游戏仍在进行中），则对子弹进行 blit。

```
# 发射子弹
if fire == True and over == False:
```

x 值已经被设置为 bullet_x+12，所以它一开始就会消失在飞船后面。

```
screen.blit(bullet,(bullet_x+12, bullet_y))
```

接下来，用 bullet_d 的值增加子弹的 y 值（在这种情况下 y 值将减少，因为 bullet_d 的值是 -2）

```
bullet_y += bullet_d
```

最后，检查一下墙壁的碰撞情况。一旦子弹到达屏幕顶部（y 为 0 或更小），如果"fire"值仍为 True（仍在发射），把子弹的 x 和 y 值改回飞船的 x 和 y 值，并使 bullet_d 值为 0，所以它开始移动。也把"fire"的值设为 False，这样子弹就不会再 blit 在屏幕上，直到它再次开火。

```
# 子弹与墙碰撞
if bullet_y <= 0 and fire == True:
    bullet_x = sp_x
    bullet_y = sp_y
    bullet_d = 0
    fire = False
```

运行代码，会得到图 21.6 这样的结果。

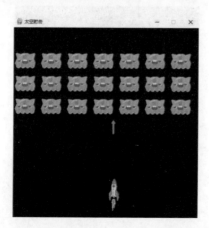

图 21.6　开火

我们的子弹搞定了！☺

创建和显示记分牌

现在有了所有的，而且都按照我们所希望方式移动，现在来创建记分牌吧，这样就可以在向敌人射击时显示分数。

先创建记分牌。

```
# 创建记分牌
```

分数将从 0 开始。

```
score = 0
```

接下来，创建另一个变量 score_text，存储我们希望在游戏开始时显示的字符串，也就是 Score: 0。

```
score_text = 'Score: {}'.format(score)
```

最后，使用 Pygame 中的 "font" 选项来渲染这个 score_text。文本的颜色将是（255,255,255），也就是白色。这是 RGB。我们之前已经说过了。

```
score_board = font.render(score_text,False,(255,255,255))
```

如果现在运行这个程序，我们什么也看不到，因为还没有在游戏循环中渲染记分牌。现在就来做这个吧。

```
screen.blit(score_board,(350,0))
```

将前面的代码放在 time.sleep 这行代码的上方。

运行代码，会得到图 21.7 这样的结果。

图 21.7　记分牌

现在有记分牌了，很棒！☺

消灭敌人

现在，创建一些代码行，当子弹击中敌人时将其消灭。在循环的每一次迭代中，要不断寻找子弹和所有 21 个敌人之间的碰撞。

所以，设置一个 for 循环来做这件事。把这个放在游戏循环中，在 blit 所有敌人的地方之下。

```
for i in range(21):
```

现在，需要碰撞条件。这是非常简单的。如果子弹和敌人之间的距离（最左上角的位置）小于或等于 55，就有一个碰撞。这将涵盖子弹击中从最左上角到敌人的其他部分的任何一点。

要做到这一点，需要从敌人的坐标中减去子弹的坐标（因为它们在屏幕的底部，所以坐标较高）。得到这个减法的绝对值，这样无论两个角色在哪里，只需得到需要的"差值"，不需要符号。

```
if abs(bullet_x+12 - enemy_x[i]) <= 55 and abs(bullet_y - enemy_y[i]) <=55:
```

为什么是 bullet_x+12？这是因为在那个"x"点 blit 了子弹。

如果发生了碰撞，需要让子弹回到原位，并使子弹的移动值，bullet_d，变成 0。

```
# 使子弹归位
bullet_x = sp_x
bullet_y = sp_y
bullet_d = 0
```

让"fire"成为 False，因为我们已经完成了子弹的发射。它完成了需要做的事情。

```
fire = False
```

现在，在同一个 if 语句中，打开更多的 if 和 else 语句，让敌人回到原位（并且不移动）。它只是在那个位置等待，直到当前一组的所有敌人都被杀死，这样三排敌人就又刷新了。

还记得在定位敌人时使用的条件吗？现在用同样的条件来定位它们，这样一旦所有的敌人都被消灭，它们就可以开始行动了。

```
# 使敌人归位
```

```
if i < 7:
    enemy_x[i] = 70 * i
    enemy_y[i] = -60
elif i < 14:
    enemy_x[i] = 70 * (i-7)
    enemy_y[i] = -120
else:
    enemy_x[i] = 70 * (i-14)
    enemy_y[i] = -180
```

最后，把敌人的移动值设为 0，以停止其移动（等待其余的敌人加入），并把 enemy_count 增加 1。

```
enemy_d[i] = 0
enemy_count += 1
```

当子弹击中一个敌人时会发生什么？敌人死亡并回到原来的位置。子弹也会回到原来的位置，但分数也会增加！

接下来要做的是增加分数并再次渲染。

```
# 增加分数
score += 1
score_text = 'Score: {}'.format(score)
score_board = font.render(score_text,False,(255,255,255))
```

现在我们可以消灭敌人了。下面来看看是否可行吧，如图 21.8 所示。

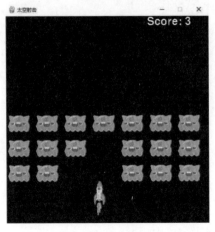

图 21.8　消灭敌人

哇哦！现在我们可以消灭敌人了，并且分数也在随之增加。☺

消灭飞船

最后，为飞船和敌人创造一个碰撞条件，这样就可以结束游戏了。把这几行代码放在敌人与子弹碰撞的那行代码下面。

这个过程是一样的。在游戏循环的每一次迭代中，我们将循环所有的敌人，并检查他们当中是否有一个人撞到了飞船。

```
# 敌人与飞船碰撞
for i in range(21):
```

碰撞条件将是飞船和敌人的 x 和 y 值之间的差异，如果它们小于或等于 50，游戏结束。

```
if abs(sp_x - enemy_x[i]) <= 50 and abs(sp_y - enemy_y[i]) <= 50:
    # 游戏结束
```

使 "over" 为 True。如果 "over" 是 "True"，那么就不会把飞船和敌人（更不用说子弹了）blit 在屏幕上，记得吗？这意味着它们会从屏幕上消失，只剩下记分牌。

```
# 使一切东西消失
over = True
```

现在来试试，如图 21.9 所示。

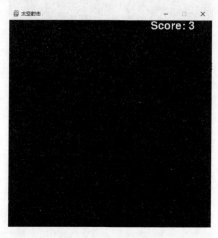

图 21.9　消灭飞船

不错！搞定了！ ☺

重新刷新敌人

在碰撞检查之后，需要检查玩家是否已经消灭了所有敌人。如果所有的 21 个敌人都从屏幕上消失了，我们需要将敌人的数量值重置为 0，并使他们再次从屏幕的顶部刷新出来。

```
#设置敌人移动条件
if enemy_count == 21:
    for i in range(21):
        enemy_d[i] = 0.5
        enemy_count = 0
```

运行程序，检查是否有效（图 21.10）。

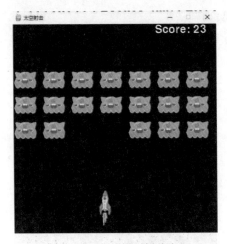

图 21.10　重新刷新敌人

快看！我们得到了第二排的敌人，分数现在是 23！ :O

游戏结束

最后，当敌人撞击飞船时，显示 "GAME OVER"。当 "over" 为 True 时显示 "GAME OVER"，这意味着发生了碰撞。

```
#游戏结束
if over == True:
    #游戏结束的提示
```

创建一个新的 game_over_font，使其成为宋体，字体大小为 80。在我们想要的文本上渲染这个字体。使其颜色为白色。最后，把它 blit 到屏幕上的 50,200 位置（围绕屏幕中心）。

```
game_over_font = pygame.font.SysFont(' 宋体 ',80)
game_over = game_over_font.render('GAME OVER',False,(255,255,255))
screen.blit(game_over,(50,200))
```

运行代码，效果如图 21.11 所示。

图 21.11　游戏结束画面

呼！游戏结束了！ ☺

这很简单，不是吗？试试吧，也许可以试着改进（更多的级别，更多的难度，等等）。

太空射击游戏的源代码

Pygame 顶石项目：
太空射击游戏 - 完整源代码清单

```
import pygame
import time

pygame.init()
pygame.font.init() # 使用文本

screen = pygame.display.set_mode((500,500))

pygame.display.set_caption(' 太空射击 ')
```

```python
font = pygame.font.SysFont(' 宋体 ',40)

over = False # 游戏结束
game = True # 关闭游戏窗口

# 创建太空飞船
spaceship = pygame.image.load('spaceship.png')
sp_x = 250
sp_y = 390
sp_d = 0

# 创建敌人
enemy = []
enemy_x = []
enemy_y = []
enemy_d = []

enemy_count = 0
# 定位敌人一三排敌人

for i in range(21):
    # 第一排
    if i <= 6:
        enemy.append(pygame.image.load('enemy.png'))
        enemy_x.append(70 * i)
        enemy_y.append(-60)
        enemy_d.append(0.5)

    # 第二排
    elif i <= 13:
        enemy.append(pygame.image.load('enemy.png'))
        enemy_x.append(70 * (i-7))
        enemy_y.append(-120)
        enemy_d.append(0.5)

    # 第三排
    else:
        enemy.append(pygame.image.load('enemy.png'))
        enemy_x.append(70 * (i-14))
        enemy_y.append(-180)
        enemy_d.append(0.5)

# 创建子弹
bullet = pygame.image.load('bullet.png')
# 先把子弹放在屏幕之外
```

```python
bullet_x = -100
bullet_y = -100
bullet_d = 0
fire = False

# 创建记分牌
score = 0
score_text = 'Score: {}'.format(score)
score_board = font.render(score_text,False,(255,255,255))

while game:
    #关闭窗口条件 - 退出
    for event in pygame.event.get():
        if event.type == pygame.QUIT:
            game = False

        if event.type == pygame.KEYDOWN:
            #使飞船移动
            if event.key == pygame.K_LEFT:
                sp_d = -1
            if event.key == pygame.K_RIGHT:
                sp_d = 1
            #使子弹发射
            if event.key == pygame.K_SPACE:
                if fire == False:
                    fire = True
                    bullet_x = sp_x
                    bullet_y = sp_y
                    bullet_d = -2
        #使飞船在不移动时停止
        if event.type == pygame.KEYUP:
            if event.key == pygame.K_LEFT or event.key == pygame.K_RIGHT:
                sp_d = 0

    screen.fill((0,0,0))

    #飞船移动条件
    sp_x += sp_d

    #发射子弹
    if fire == True and over == False:
        screen.blit(bullet,(bullet_x+12, bullet_y))
        bullet_y += bullet_d

    #子弹与墙碰撞
    if bullet_y <= 0 and fire == True:
```

```python
            bullet_x = sp_x
            bullet_y = sp_y
            bullet_d = 0
            fire = False

    if over == False:
        screen.blit(spaceship,(sp_x,sp_y))

    # 刷新敌人并使它们移动
    for i in range(21):
        if over == False:
            # 敌人与墙碰撞
            if enemy_y[i] >= 500:
                enemy_y[i] = -60
            else:
                # 刷新敌人
                enemy_y[i] += enemy_d[i]
                screen.blit(enemy[i],(enemy_x[i], enemy_y[i]))

        # 子弹与敌人碰撞
    for i in range(21):
        if abs(bullet_x+12 - enemy_x[i]) <= 55 and
        abs(bullet_y - enemy_y[i]) <=55:
            # 使子弹归位
            bullet_x = sp_x
            bullet_y = sp_y
            bullet_d = 0
            fire = False

            # 使敌人归位

            if i < 7:
                enemy_x[i] = 70 * i
                enemy_y[i] = -60
            elif i < 14:
                enemy_x[i] = 70 * (i-7)
                enemy_y[i] = -120
            else:
                enemy_x[i] = 70 * (i-14)
                enemy_y[i] = -180
            enemy_d[i] = 0
            enemy_count += 1

            # 增加分数
            score += 1
            score_text = 'Score: {}'.format(score)
```

```
                score_board = font.render(score_text,False,(255,255,255))

        #敌人与飞船碰撞
        for i in range(21):
            if abs(sp_x - enemy_x[i]) <= 50 and abs(sp_y -
            enemy_y[i]) <= 50:
                #游戏结束
                #使一切东西消失
                over = True

    #设置敌人的移动条件
    if enemy_count == 21:
        for i in range(21):
            enemy_d[i] = 0.5
        enemy_count = 0

    screen.blit(score_board,(350,0))

    #游戏结束
    if over == True:
        #游戏结束的提示
        game_over_font = pygame.font.SysFont(' 宋体 ',80)
        game_over = game_over_font.render('
        GAME OVER',False,(255,255,255))
        screen.blit(game_over,(50,200))

    time.sleep(0.005)

    pygame.display.update()

pygame.quit()
```

小结

本章使用 Pygame 创建了一个太空射击游戏。在游戏中应用了上一章所学的知识，还学习了关于碰撞检测和在游戏屏幕上渲染文本的所有知识。

　　下一章将了解用 Python 进行网页开发的概况。将简要了解用 HTML 创建网页、用 CSS 设计网页、用 JavaScript 使网页动态化以及用 Python 的 Flask 创建自己的第一个程序。

学习成果

轻松学 Python

第 22 章

Python 网页开发

第 21 章学习了如何用 Pygame 创建太空射击游戏。学习了关于射击角色、碰撞检测、在 Pygame 屏幕上渲染文本的内容以及更多的内容。

本章将学习如何用 Python 进行网页开发。简单了解一下如何用 HTML、CSS 和 JavaScript 创建网站以及如何用 Python 的 Flask 创建自己的第一个程序。

Python 和网页开发

什么？你会访问网站吗？Facebook、Netflix 和 Amazon 等等？你在网上使用的任何东西都离不开网页开发。

它们是用自己独特的且属于网页开发的技术集创建和维护的。那是如何工作的呢？Python 在这里又如何发挥作用呢？

好吧，在讨论这个问题之前，先谈一谈网页开发的主要技术。分别是 HTML，CSS 和 JavaScript。

HTML 是一个网站的组成部分。那是什么意思？也就是说，你在网上看到的所有东西都是由 HTML 创建的。图片、文字和按钮，所有都来自 HTML。

现在，CSS 把所有的东西都样式化了。它被称为"层叠样式表"，你用 HTML 创建的元素（构建基块）可以用 CSS 设计（着色和对齐等）。JavaScript 使一切变得动态。当你在一个网站上点击一个按钮时，会触发一些事情，对吗？也许会打开另一个网站，也许只是得到一个显示信息的弹出窗口。JavaScript 可以让你在网站上做这样的事情。

那 Python 呢？它在网页开发中的地位如何？要理解 Python 在网页开发中的作用，你需要理解前端和后端网页开发之间的区别。

前端网页开发就是我们刚才谈到的。HTML、CSS 和 JavaScript，所有这些加在一起，就得到了网站面向用户的一端；也就是用户看到的东西。

后端网页开发正好相反。它是用户看不到的东西：服务器端开发。大多数应用程序需要大量的信息传输和检索，我说得对吗？你在一个网站上有一个账户，当登录该网站时，你的账户细节应该被检索。你在浏览器上搜索某个东西，它们会给你一个与搜索相关的网站列表。

所有这些信息的检索和传输（向某人发送聊天信息或电子邮件）都属

于后端网页开发，你需要使用 Python 这样的后端技术来实现。

Python 有一个文件功能，记得吗？这仅仅是个开始。在 Python 的帮助下，你可以创建数据库，并将其连接到网络应用程序以及更多的东西。

下面来快速看一下这些技术都能为我们提供什么。这里的描述并不全面。网页开发，尤其是全栈式网页开发，是一个巨大的话题，需要一本单独的书才能完全涵盖。我只是要给你一些例子，说明这些技术中的每一种是如何工作的，让你有一个概念。如果你对这一主题感兴趣，可以选择在以后的日子里阅读相关内容。

基本元素：HTML

正如之前所说的，HTML，即超文本标记语言，是用来创建网络应用程序的构建基块的。你可以在记事本（或 notepad++）中写 HTML 代码，但保存文件时，要把它保存为 filename.html 或 filename.htm，而不是 filename.txt。

一个 HTML 代码有两个部分，一个是头部，一个是主体。头部包含用户不可见的代码，如标题，而主体包含页面的所有可见部分，如段落、图像和按钮。

现在来创建一个简单的 HTML 文件。打开一个记事本，可以将文件命名为 website.html 或者其他任何名字。一旦把文件保存为 html 文件，你会注意到图标从记事本的图标变成了默认浏览器的图标。

```
<!DOCTYPE html>
<html>

</html>
```

前面的代码是一个 HTML 文件的骨架。一段 HTML 代码包含标签，有些是空的，有些是有起始和结束标签的（就是像这样写的：</tag>）。<!DOCTYPE html> 指定在代码中使用 HTML5，即最新版本的 HTML。

```
<html>...</html> 是根标签。它包含了整个代码。
<!DOCTYPE html>
```

```
    <html>
    <head>
    </head>
    <body>
    </body>
</html>
```

这就是标题和正文标签。现在，在 <head> 标签里加上标题。

```
<!DOCTYPE html>
    <html>
    <head>
        <title> 我的第一个网站 </title>
    </head>
    <body>
    </body>
</html>
```

在浏览器中打开该文件，会看到图 22.1 所示的画面。

图 22.1　本款的 HTML 网站

标题已经创建好了，完美！

如果想添加文本或元素，需要使用 <body> 标签。让我快速列出一些重要的标签，以便能在网站中使用。

- <h1></h1>　　用于创建主标题
- <h2></h2>　　用于创建副标题

你可以创建更多的标题，这些标题的大小会减少（h3、h4、h5、h6），但常用的是 h1 和 h2。

- <p></p>　　　用于创建段落
- <button></button> 用于创建按钮
- <a></a>　　　用于创建网上看到的超链接（链接到其他网站和网页）
- <img> 用于创建图像。它是一个空标签，但会采取属性来指定图像的位置

我想，这么多已经足够了。让我们在程序中使用它们，为苏珊创建一个自我介绍页面吧。

```
<body>
<h1> 自我介绍 </h1>
<p> 你好！我叫苏珊。我 8 岁了。 我有一只小狗叫巴基。我非常爱他！：）</p>
<button> 点我！</button>
<a href='google.com'> 找找我吧！</a>
<img src='susan.png'>
</body>
```

现在已经创建了一个标题，一个段落（如果你想的话，可以创建更多的段落），一个按钮（还不能用，但已经创建了），和一个指向游览器的链接（你可以链接到任何你想链接的地方），最后，显示了苏珊的照片。

现在打开网站，看到了这个（图 22.2）。

图 22.2　在网站上添加了各种元素

网页已经有了雏形！当然，这个按钮并不工作（等待 JavaScript），而且看上去还不够好看（CSS！），但我们有了自己的基本要素！☺

美化网站：CSS

如果你想装饰网站，比如添加颜色、对齐等等，那就需要 CSS。但是，CSS 是一个庞大的标题，所以我不会在这里涵盖所有内容。下面给你看一些例子吧。

要编写 CSS 样式，就需要在 <head> 标签内打开和关闭一个 <style> 标签。

调用你想要样式化的元素，并在其中提到样式属性和值，比如背景色：

蓝色，就像这样。你需要用分号来结束每一个属性 - 值对，不像 Python 的代码行，缩进（或下一行）标志着一行代码的结束。

把整个页面的背景颜色改为浅灰色。调用 html 元素（整个页面）（图22.3）。

图 22.3　加上背景颜色

接下来，把标题的颜色改为深绿色，把段落的颜色改为深红色。你需要用 color 属性来做到这一点。

```
<head>
    <title>My first website</title>
        <style>html {background-color: lightgray;}
        h1 {color: darkgreen;}
        p {color: darkred;}
    </style>
</head>
```

重新刷新网页，会看到图 22.4 这样的结果。

这就是基础的 CSS。 正如我所说的，这是一个庞大的标题，不能够在这里完全涵盖它。

图 22.4　用 CSS 定制（设计）网站

动态前端：JavaScript

这一节中，让我们试着让按钮变得动态。JavaScript 是一种脚本语言，就像 Python 一样。唯一的区别是，JavaScript 用在前端，而 Python 用在后端。

你可以使用 <script></script> 标签来编写 JavaScript 代码，通常在 <body> 标签内，现在整个网站在加载动态功能之前就已经加载完毕。

```html
<body>
    <h1> 自我介绍 </h1>
    <p> 你好！我叫苏珊。我 8 岁了。我有一只小狗叫巴基，我非常爱他！：）
    </p>
    <button> 点我！</button>
    <a href='google.com'> 查查我！ </a>
    <img src='susan.png'>
    <script>
    </script>
</body>
```

JavaScript 有变量、数字、字符串、布尔值、if else 语句、for 和 while 循环、对象以及很多我们在 Python 中涉及过的概念。但是，这两种语言之间还是有区别的，特别是在语法和如何编写或使用这些语法的方面。我们不会在这里看所有的差异，只是了解一下其中的几个。

你可以使用关键字 let 来创建变量。

```javascript
let variableName;
```

就像 CSS 一样，JavaScript 中的每一行代码都需要以分号结尾。

你也可以给这些变量赋值。但是，这里不要了解那些普通的东西。来看看 JavaScript 的真正力量，那就是在 JavaScript 代码中操作 HTML 元素（改变它们的样式，让它们做一些事情，等等）。

要做到这一点，首先给元素分配一个独特的 "id"，像下面这样：

```html
<button id='btn'>Click Me!</button>
```

这是一个唯一的 ID，不能给任何其他元素。我可以用这个 ID 来设计这个特定的元素，或者用 JavaScript 来检索它，像下面这样：

```javascript
<script>
    let button = document.getElementById('btn');
</script>
```

我创建了一个变量 button，从文档（HTML 文档）中检索了 id 为 btn 的元素，并将其放在变量中。JavaScript 是区分大小写的，所以应该保留大写字母。

现在我可以侦听这个元素的事件了。要侦听一个"点击"事件吗？要不要在点击按钮时弹出一个警告框（就像 Tkinter 的消息框）？

你需要在刚刚检索到的元素上添加一个事件侦听器。这个侦听器将侦听"点击"事件，并在事件发生时调用 buttonClick() 函数。

```
<script>
    Let button = document.getElementById('btn'); button.addEventL
istener('click',buttonClick);
</script>
```

现在，定义上面的函数调用。在 JavaScript 中，不使用"def"，而是使用"function"来定义一个函数。要创建一个警告，需要使用这样的东西：alert（'Your message'）。

```
<script>
    let button = document.getElementById('btn');
     function buttonClick() {
    alert(" 你好！我叫苏珊！");
    }
    button.addEventListener('click',buttonClick);
</script>
```

现在刷新网页，看看按钮是否有效（图 22.5）。

图 22.5　用 JavaScript 使网站工作

看看这个！我点击了按钮，一个警告框弹了出来，上面写着"你好！我是苏珊！"是不是很完美？☺ 这就是 JavaScript 的魔力。

Python 的 Flask

如果用 Python 创建后端，你最好是用框架。我们已经看过了 Python 的包和库，如 Turtle、Tkinter 和 Pygame。我们知道它们多么好用以及它们在多大程度上增强了原始的 Python 代码。网络框架也是如此。

最有名的是 Django 和 Flask。在结束本章之前，看一个 Flask 的简单例子。当然，你不能就这样直接使用 Flask，得先把它安装好。

打开命令提示符，并输入以下内容：

```
pip install Flask
```

输入并等待一段时间，会得到图 22.6 这样的安装成功提示。

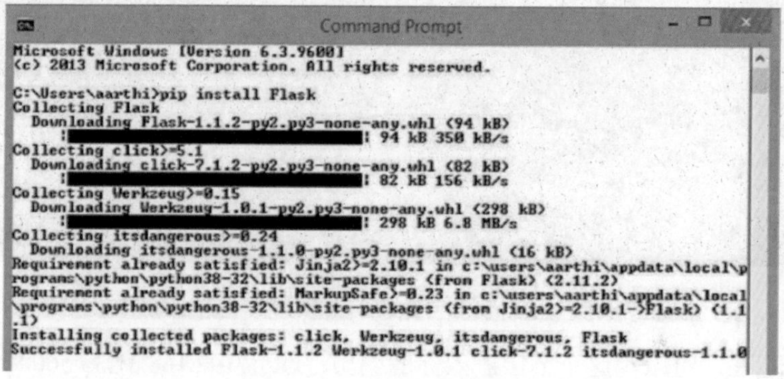

图 22.6　安装 Flask

现在，创建一个简单的程序，在屏幕上显示介绍性信息。打开一个脚本并命名为 hello.py。首先从 Flask 框架中导入 Flask 类。

```
from flask import Flask
```

然后，在变量 app 中创建一个该类的实例。

```
app = Flask(__name__)
```

现在，需要创建一个路由。

```
@app.route('/')
```

现在，创建一个函数 introduction，并返回你想在屏幕上显示的内容。你并不需要调用这个函数。

```
def introduction():
return "你好！我叫苏珊。我 8 岁了。我有一只小狗叫巴基。我非常爱他！：）"
```

最后，为网站设置一个主机和端口。这是网站开发人员在将网站部署到网上（有实际网站名称的互联网）之前，在本地（没有互联网）测试网站的方法。常用的主机是 0.0.0.0，端口是 5000。

```
app.run(host='0.0.0.0', port=5000)
```

搞定！下面来运行程序。

该文件应该保存在与命令提示符打开的文件夹相同的文件夹里。我的是 C:\Users\CZO，所以我打算把 hello.py 保存在那里。

现在，进入命令提示符，在 Shell 提示符中输入 python hello.py，然后按回车键，得到的结果如图 22.7 所示。

```
命令提示符 - python  hello.py
Microsoft Windows [版本 10.0.19042.1110]
(c) Microsoft Corporation。保留所有权利。

C:\Users\CZO>python hello.py
 * Serving Flask app 'hello' (lazy loading)
 * Environment: production
   WARNING: This is a development server. Do not use it in a production deployment.
   Use a production WSGI server instead.
 * Debug mode: off
 * Running on all addresses.
   WARNING: This is a development server. Do not use it in a production deployment.
 * Running on http://192.168.31.35:5000/ (Press CTRL+C to quit)
```

图 22.7　运行 Flask 代码

现在，可以用这个链接进入你的网页：http://192.168.31.35:5000/ （图 22.8）。

图 22.8　Flask 网页

好耶！这就是我们的第一个 Flask 程序。☺

小结

这一章研究了如何用 Python 进行 Web 开发。简单了解了用 HTML、CSS 和 JavaScript 创建网站以及用 Python 的 Flask 创建第一个程序。

下一章将用在本书中学到的 Python 概念创建一些小型项目。

学习成果

第 23 章

更多迷你项目

第 22 章学习了用 Python 进行网络开发。简单了解了
HTML、CSS 和 JavaScript，并且创建了第一个有着
Flask 的程序。

　　本章将用本书中学到的 Python 概念创建更多迷
你项目。

项目 23.1：Tkinter 计算器

这个项目将用 Tkinter 创建一个像在计算机和手机
上那样的计算器应用程序。开始吧！

1. 先导入 Tkinter 并创建窗口。把可调整大小
的选项设置为 0 和 0，使得窗口不能被调整大小。
并将标题设置为"计算器"。

```
from tkinter import *
w = Tk()
w.resizable(0,0) #不能改变大小
w.title('计算器')
```

2. 现在，创建一个字符串变量 (Tkinter 变量)，用来存放表达式 (需要
计算的)。另外创建一个空字符串，最初将保存表达式。以后将用"字符串"
中的值来设置 Tkinter 变量。现在，要把它变成一个字符串，而不是一个整
数或浮点数，因为可以使用 Python 中的 eval() 方法来评估数学表达式，而
且表达式可以是字符串的形式。

```
e = StringVar()
calc = ''
```

3. 现在，创建按钮。

首先创建一个"进入"按钮。它将容纳"e"，也就是 Tkinter 变量，
把文本调整为"right"，并在顶部用足够的外部填充（padx, pady）和内部
高度填充（ipady）来包装它。

```
entry = Entry(w,font=('宋体',14,'bold'), textvariable = e,
justify= RIGHT)
entry.pack(side=TOP, ipady = 7, padx = 5, pady = 5)
```

4. 接下来，创建一个框架，"按钮"，它将容纳所有的按钮，并将它打包。

```
buttons = Frame(w)
buttons.pack()
```

5. 现在，开始创建所有的按钮。它们的宽度为 13，高度为 2，并且我
们将为清除按钮调用 clear_entry() 方法，当"答案"或"等于"按钮被点
击时调用 get_answer() 方法或 button_click() 方法，该方法将为表达式添加
一个数字或一个运算符。

```
clear=Button(buttons,text='c',width=13,height=2,
font=(' 宋体 ',10,'bold'),
command=lambda:clear_entry())
clear.grid(row=0,column=0,padx=5,pady=5, columnspan=2)

answer = Button(buttons,text='=', width=13,height=2,
font=(' 宋体 ',10,'bold'), command=lambda:get_answer())
answer.grid(row=0,column=2,padx=5,pady=5, columnspan=2)

num7 = Button(buttons,text='7', width=5, height = 2,
font=(' 宋体 ',10,'bold'), command=lambda:button_click('7'))
num7.grid(row=1,column=0,padx=5,pady=5)

num8 = Button(buttons,text='8', width=5, height = 2,
font=(' 宋体 ',10,'bold'), command=lambda:button_click('8'))
num8.grid(row=1,column=1,padx=5,pady=5)

num9 = Button(buttons,text='9', width=5, height = 2,
font=(' 宋体 ',10,'bold'), command=lambda:button_click('9'))
num9.grid(row=1,column=2,padx=5,pady=5)

num_div = Button(buttons,text='/', width=5, height = 2,
font=(' 宋体 ',10,'bold'), command=lambda:button_click('/'))
num_div.grid(row=1,column=3,padx=5,pady=5)

num4 = Button(buttons,text='4', width=5, height = 2,
font=(' 宋体 ',10,'bold'), command=lambda:button_click('4'))
num4.grid(row=2,column=0,padx=5,pady=5)

num5 = Button(buttons,text='5', width=5, height = 2,
font=(' 宋体 ',10,'bold'), command=lambda:button_click('5'))
num5.grid(row=2,column=1,padx=5,pady=5)

num6 = Button(buttons,text='6', width=5, height = 2,
font=(' 宋体 ',10,'bold'), command=lambda:button_click('6'))
num6.grid(row=2,column=2,padx=5,pady=5)

num_mul = Button(buttons,text='*', width=5, height = 2,
font=(' 宋体 ',10,'bold'), command=lambda:button_click('*'))
num_mul.grid(row=2,column=3,padx=5,pady=5)

num1 = Button(buttons,text='1', width=5, height = 2,
font=(' 宋体 ',10,'bold'), command=lambda:button_click('1'))
num1.grid(row=3,column=0,padx=5,pady=5)

num2 = Button(buttons,text='2', width=5, height = 2,
font=(' 宋体 ',10,'bold'), command=lambda:button_click('2'))
num2.grid(row=3,column=1,padx=5,pady=5)

num3 = Button(buttons,text='3', width=5, height = 2,
font=(' 宋体 ',10,'bold'), command=lambda:button_click('3'))
```

```
num3.grid(row=3,column=2,padx=5,pady=5)

num_sub = Button(buttons,text='-', width=5, height = 2,
font=(' 宋体 ',10,'bold'), command=lambda:button_click('-'))
num_sub.grid(row=3,column=3,padx=5,pady=5)

num0 = Button(buttons,text='0', width = 13, height = 2,
font=(' 宋体 ',10,'bold'), command=lambda:button_click('0'))
num0.grid(row=4,column=0,padx=5,pady=5, columnspan=2)

num_dot = Button(buttons,text='.', width=5, height = 2,
font=(' 宋体 ',10,'bold'), command=lambda:button_click('.'))
num_dot.grid(row=4,column=2,padx=5,pady=5)

num_add = Button(buttons,text='+', width=5, height = 2,
font=(' 宋体 ',10,'bold'), command=lambda:button_click('+'))
num_add.grid(row=4,column=3,padx=5,pady=5)
```

6. 现在创建完了按钮，应该已经有类似图 23.1 的布局。

图 23.1 计算器应用程序：布局

7. 现在，在函数调用上面创建按钮。首先，button_click 方法。加载全局 calc 变量，然后把点击的数字或运算符（以字符串的形式发送）与 calc 的当前值接起来。就是这样！

```
def button_click(n):
global calc
calc = calc + n
```

8. 最后，用 calc 的当前值设置 Tkinter 变量。这将使表达式出现在应用程序的输入框中。

```
e.set(calc)
```

9. 接下来，对于 clear_entry 方法，只需要让 calc 再次成为一个空字符串，并将"e"设置为这个字符串就可以了。

```
def clear_entry():
    global calc
    calc = ''
    e.set(calc)
```

10. 对于 get_answer 方法，导入 calc，创建一个变量 ans，它将使用 eval() 方法计算 calc 中的表达式，并将答案设为"e"，就这样，表达式被替换成了答案。

```
def get_answer():
    global calc
    ans = eval(calc)
    e.set(ans)
```

11. 最后，把 ans 转换成一个字符串（计算后将是一个整数或浮点值），并用答案替换 calc 中的表达式，这样，就可以继续计算了。

```
calc = str(ans)
```

运行该程序，会得到图 23.2 这个结果。

图 23.2　最终的计算器应用程序

好了，就是这样！一个非常简单的计算器就完成了。实际上，你还可以做很多事情来使它变得更好，也许可以增加一些颜色，或者增加一些功能。比方说，就目前而言，你可以点击两个运算符，一个接一个，但这将产生一个错误提示。这种情况，你可以创建一个 if 条件来防止这种情况发生。

好好玩！ ☺

项目 23.2：随机故事生成器

这个项目将创建一个简单的随机故事生成器。我们将有一堆选项，包括故事发生的"时间""角色""敌人"角色的"属性"以及代词（他或她或它）。最后，我们要写一个故事，从这些选项中进行选择，每当创建一个新的故事，就会得到全新的人物、事件和时间线。是不是非常有趣呢？现在就开始吧！

1. 首先，导入随机模块。

```
import random
```

2. 然后，创建选项。

```
when_ch = ['从前，','很久以前，','几千年前，','很久很久之前，']
character_ch = ['龙','独角兽','法师', '小精灵']
pronouns_ch = ['他','他','它']
attributes_ch = ['勇敢','勇猛', '强壮','聪明','机智']
enemy_ch = ['巫师','术士','黑暗精灵']
saved_ch = ['这个世界', '这个王国', '所有人', '这个村庄']
```

3. 最后，定义一个 generate_story() 函数，将所有的选项加载进去。然后，使用随机模块中的 choice() 方法，为该特定故事选择选项。

```
def generate_story():
    global when_ch,character_ch,pronouns_ch, attributes_ch,enem_
    chy,saved_ch
    when = random.choice(when_ch)
    character = random.choice(character_ch)
    pronouns = random.choice(pronouns_ch)
    attributes = random.choice(attributes_ch)
    enemy = random.choice(enemy_ch)
    saved = random.choice(saved_ch)
```

4. 另外，如果角色是法师的话，那么需要用"一位"来称呼他或她，其余的角色都用"一只"。

```
if character == '法师':
    a = '一位'
else:
    a = '一只'
```

5. 最后，通过一个多字符串来创建故事。

```
story = '''{}曾经有{}{}。{}非常的{}。{}打败了{}并且拯救了{}'. '''.
format(when,a,character, pronouns.capitalize(),attributes,
pronouns. capitalize(),enemy,saved)
```

6. 现在，打印故事。

```
print(story)
```

7. 现在，对于函数的调用，将创建一个无限的 while 循环，询问用户是否要创建一个新的故事。如果他们输入了 'Y' 或 'y'，那么我们就调用 generate_story 函数。否则，停止该程序。

```
while True:
    create = input('是否生成一个新的故事？Y or N: ')
    if create == 'Y' or create == 'y':
        generate_story()
    else:
        break
```

是不是很简单？现在来生成各种各样的故事吧。

```
== RESTART: C:\Users\CZO\AppData\Local\Programs\Python\Python39\
project23.2.py =
是否生成一个新的故事？Y or N: Y
很久很久之前，曾经有一只小精灵。他非常的机智。他打败了巫师并且拯救了这
个王国'。

是否生成一个新的故事？Y or N: Y
很久以前，曾经有一位法师。它非常的聪明。它打败了黑暗精灵并且拯救了这个
世界'。

是否生成一个新的故事？Y or N: Y
几千年前，曾经有一位法师。他非常的聪明。他打败了黑暗精灵并且拯救了这个
村庄'。

是否生成一个新的故事？Y or N:
```

很好！非常简单。相信你可以添加更多的选项，使这些故事更庞大或更随机。祝你玩得愉快！☺

项目 23.3：石头剪刀布游戏

这个项目将创建一个石头剪刀布的游戏！

1. 首先，导入 Tkinter 和 random 包。

```
#Rock, paper, scissors
from tkinter import *
import random
```

2. 现在，创建窗口，将其背景颜色配置为白色，并使其大小不可被调整。

```
w = Tk()
w.configure(bg='white')
w.resizable(0,0)
```

3. 开始之前，需要一个容纳标题的标签。

```
title = Label(w,text='Rock Paper Scissors', fg='red',
bg='white',font=('Arial',45,'bold'))
title.pack()
```

4. 然后创建一个 u_option 变量，现在是空的，但以后会保存用户的选项。

```
u_option = ''
```

5. 再创建其中有三个选项的列表。

```
options = [' 石头 ',' 布 ',' 剪刀 ']
```

6. 现在，让创建其余的。这里还需要另一个标签，上面写着"选择一个"。

```
label = Label(w,text=' 选择一个 ', fg='green', bg='white',font=('Ar
ial',25,'bold'))
label.pack()
```

7. 在这下面，需要一个画布，用来放置石头、纸和剪刀。让我们把它做成当用户在画布上悬停时，光标会变成一只"手"的样子。

```
canvas = Canvas(w,width=500,height=150,background='white')
canvas.pack()
canvas.config(cursor='hand2')
```

8. 接下来，使用 PhotoImage 方法加载图像。你可以使用任何想要的图像。这里已经使用了石头、纸和剪刀的插图。

```
img1 = PhotoImage(file="rock.png")
```

9. 接下来，在画布上画出图像，画在我们想要的 X,Y 坐标位置。

```
rock = canvas.create_image(50,20,anchor=NW, image=img1)
```

10. 然后，该图像上创建一个 tag_bind。这里需要 tag_bind，而不是 bind，用于画布项目。我们的是 <Button-1> 绑定，用于鼠标左键点击，调用 chose() 方法，参数就是刚刚被点击的项目。

这里将使用 lambda，由于绑定在其函数定义中需要事件。

```
canvas.tag_bind(rock,'<Button-1>',lambda event:chose('rock'))
```

11. 就酱（这样）！为接下来的两幅图片重复这些过程。

```
img2 = PhotoImage(file='paper.png')
paper = canvas.create_image(200,20,anchor=NW, image=img2,)
canvas.tag_bind(paper,'<Button-1>',lambda event:chose('paper'))
img3 = PhotoImage(file='scissors.png') scissors = canvas.
create_image(350,20, anchor=NW,image=img3) canvas.tag_
bind(scissors,'<Button-1>',lambda event:chose('scissors'))
```

12. 现在，创建标签，这些标签最初是空的，但以后会包含我们想要的信息，关于用户的选择、计算机的选择和赢家。

```
you_chose = Label(w,text='', fg='blue', bg='white',
font=('Arial',25,'bold'))
you_chose.pack()
c_chose = Label(w,text='', fg='blue' , bg='white',
font=('Arial',25,'bold'))
c_chose.pack()
winner = Label(w,text='', fg='brown', bg='white',
font=('Arial',45,'bold'))
winner.pack()
```

13. 现在，在控件上面创建 choice() 函数。导入 u_option 变量。

```
def chose(option):
global u_option
```

14. 如果 u_option 是空的，这意味着用户是第一次选择选项，这样就可以开始游戏了。

```
if u_option == '':
    u_option = option
```

15. 并且为计算机选择一个随机的选项，放置在 c_option 里。

```
c_option = random.choice(options)
```

16. 现在，用我们的选择来配置 you_chose 和 c_chose

```
you_chose.config(text='You chose {}'. format(u_option))
c_chose.config(text='Computer chose {}'. format(c_option))
```

17. 接下来，检查一下谁赢了。如果 u_option 和 c_option 都有相同的值，则是平局。如果 u_option 是石头，那么如果 c_option 是剪刀，用户就赢了，如果 c_option 是纸，就输了。同样，创建的其他条件，也为每个结果配置 "赢家"。

```
if u_option == c_option:
    winner.config(text='Draw！')
elif u_option == 'rock':
    if c_option == 'paper':
        winner.config(text='You lose :(')
    elif c_option == 'scissors':
        winner.config(text='You win！')
elif u_option == 'paper':
    if c_option == 'rock':
        winner.config(text='You win！')
    elif c_option == 'scissors':
        winner.config(text='You lose :(')
elif u_option == 'scissors':
    if c_option == 'paper':
        winner.config(text='You win！')
    elif c_option == 'rock':
        winner.config(text='You lose :(')
```

18. 最后，创建一个 "新的游戏" 按钮。

```
new = Button(w,text='New Game',
font=('Arial', 20,'bold'),command=new_game)
new.pack()
```

19. 在按钮上方，定义 new_game() 函数。先加载 u_option。现在，配置标签，使它们再次变成空的，然后清空 u_option，这样用户就可以再次进行游戏了。

```
def new_game():
global u_option
you_chose.config(text='')
c_chose.config(text='')
winner.config(text='')
u_option = ''
```

20. 就酱（这样）！用一个 main 循环来结束游戏吧。

```
w.mainloop()
```

现在运行程序，结果如图 23.3 所示。

当用户点击一个选项，就会看到如图 23.4 所示的结果。

完美！ ☺

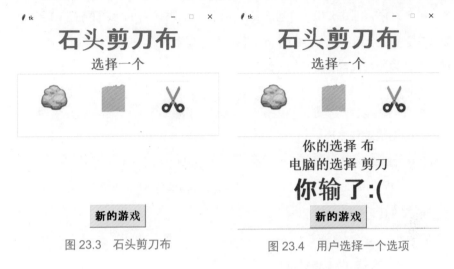

图 23.3　石头剪刀布　　　　　图 23.4　用户选择一个选项

项目 23.4：Pygame 的弹跳球（四面墙）

这个项目将创建一个弹跳球，在屏幕的四面墙上随机弹跳。当它撞到屏幕的四面墙中的任何一面时，会扭转方向并继续随机弹跳。够简单吧！下面用 pygame 来做这个吧。

1. 首先导入 pygame，随机模块和时间模块。

```
import pygame
import random
import time
```

2. 然后，初始化 pygame 并创建屏幕，宽度和高度各为 500。

```
pygame.init()
screen = pygame.display.set_mode((500,500))
```

3. 现在，创建一个变量 x 并使其成为 250，创建一个变量 y 并使其成为 0 为开始。这是因为我们想让球从 250,0 这个点开始反弹。

```
x = 250
y = 0
```

4. 这里还需要一个 game 变量，该变量目前为 True，但当用户关闭屏幕时，将变为 False。

```
game = True
```

5. 然后，创建 x 和 y 方向的变量 xd 和 yd，默认为 1。我们将在（1 到 2）（向上移动）和（-1 到 -2）(向下移动) 的范围内递增球的 x 值或 y 值。这个变量将改变球的方向。

```
xd = 1
yd = 1
```

6. 创建游戏循环。

```
while game:
```

7. 首先创建退出条件。如果事件类型是 pygame.QUIT，则使游戏为 False。

```
for event in pygame.event.get():
  if event.type == pygame.QUIT:
    game = False
```

8. 然后，用白色填充屏幕。

```
screen.fill((255,255,255))
```

9. 之后，用 draw.circle 方法在 250,y 的位置画一个蓝球（从 250,0 开始）。它的半径将是 25，并且是一个完全被填满的圆，所以最后一个属性为 0。

```
#画一个球
  #画圆功能
  #你想把它画在哪里，圆的颜色，位置，宽度
  pygame.draw.circle(screen,(0,0,255), (x,y),25,0)
```

10. 使用 display.update 方法来确保每次循环运行时屏幕都能得到更新。

```
pygame.display.update()
#更新输出窗口中的画面
```

11. 如果我们让游戏保持原样，球会移动得太快，无法被人眼看到。所以，需要将循环的迭代速度放慢。每一次迭代后都会有一个 0.005 秒的延迟。

```
time.sleep(0.005)
```

12. 现在，设置墙壁碰撞条件。当 x 大于或等于 488 时（因为球的直径是 25，而为了让另一半的球是可见的，需要要把它设置为 488，而不是 500），把 x 的值减少 1 到 2 之间的一个随机值，因为需要球向左移动（回到屏幕内）。所以，xd 将是 -1。

```
if x >= 488:
    xd = -(random.randint(1,2))
```

13. 如果 y>=488，减少 yd 的值。

```
elif y >= 488:
    yd = -(random.randint(1,2))
```

14. 如果 x<=12，增加 xd，如果 y 小于或等于 12，增加 yd。

```
elif x <= 12:
    xd = (random.randint(1,2))
elif y <= 12:
    yd = (random.randint(1,2))
```

15. 最后，一旦脱离了 if elif 语句，用 "y" 的当前值添加 "d"。

```
    x += xd
    y += yd
pygame.quit()
```

就酱（这样）！运行程序（图 23.5），你将拥有一个在屏幕四面墙上随机弹跳的球。太棒了！

图 23.5　弹跳球（四面墙）

项目 23.5：温度转换器

这个项目将创建一个温度转换器。应用程序将有两个功能，一个是 "摄氏度到华氏度" 的转换器，另一个是 "华氏度到摄氏度" 的转换器。

1. 导入 Tkinter，并设置屏幕。

```
from tkinter import *
w = Tk()
```

2. 现在来设计应用程序。这将是一个非常简单的设计。创建两个框架，每个转换器各一个。

```
frame1 = Frame(w)
frame1.grid(row=0,column=0,padx=10,pady=10)
```

3. 创建一个标签，为一个摄氏值的输入框，以及一个在点击时进行转换的按钮和另一个得到结果（华氏值）的输入框。

```
# 摄氏度转换到华氏度
label1 = Label(frame1,text=' 摄氏度转换到华氏度 ',
font=(' 宋体 ',15,'bold')) label1.grid(row=0,column=0,columnspan=3)
entry1 = Entry(frame1)
entry1.grid(row=1,column=0)
button1 = Button(frame1, text=' 转换到华氏度 ',
command=find_fahrenheit)
button1.grid(row=1,column=1)
entry2 = Entry(frame1)
entry2.grid(row=1,column=2)
```

4. 对另一个转换器重复同样的步骤。

```
frame2 = Frame(w)
frame2.grid(row=1,column=0,padx=10,pady=10)

# 华氏度转换到摄氏度
label2 = Label(frame2,text=' 华 氏 度 转 换 到 摄 氏 度 ',font=(' 宋体 ',
15,'bold')) label2.grid(row=0,column=0,columnspan=3)
entry3 = Entry(frame2)
entry3.grid(row=1,column=0)
button2 = Button(frame2, text=' 转换到摄氏度 ',command=find_celsius)
button2.grid(row=1,column=1)
entry4 = Entry(frame2)
entry4.grid(row=1,column=2)
```

5. 运行程序，结果如图 23-6 所示。

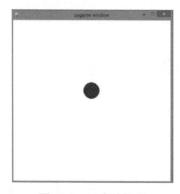

图 23.6　温度转换器

6. 现在，在控件上面创建函数。find_fahrenheit() 函数用于将摄氏度转换为华氏度。

```
def find_fahrenheit():
```

7. 有一个公式可以做同样的事情，如下所示：

```
# 公式是 F = ((9/5)*C)+32
```

8. 删除第二个输入框（结果框），以防用户已经进行了转换，而这是一个新的转换。

```
entry2.delete(0,END)
```

9. 现在，在第一个输入框内得到 "C" 中的值并将其转换成整数。

```
C = entry1.get()
C = int(C)
```

10. 现在，计算一下 "F"，并将其输入第二个输入框中。对，就是这样！

```
F = ((9/5)*C)+32
entry2.insert(0,F)
```

11. 现在对 find_celsius 函数重复同样的步骤。

```
def find_celsius():
# 公式是 C = (5/9)*(F-32)
entry4.delete(0,END)
F = entry3.get()
F = int(F)
C = (5/9)*(F-32)
entry4.insert(0,C)
```

运行程序，结果如图 23.7 所示。

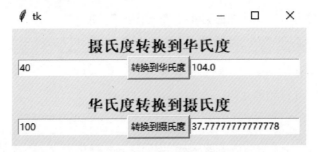

图 23.7 温度转换器

搞定！ ☺

项目 23.6： 用文件和 Tkinter 进行自我介绍

这将是一个简单的项目。我们将在文件夹中创建一个叫 introduction.txt 的文本文件。通过 Python 代码把自我介绍写到该文件中。最后，创建一个简单的文本程序，接受文件名（完整的文件路径）并在一个文本框中打印出该文件的内容。

我们来开始吧。

1. 开始之前，先导入 Tkinter 并创建屏幕。

```
from tkinter import *
w = Tk()
```

2. 在如下路径中创建文件。

```
C:\Users\CZO\AppData\Local\Programs\Python\Python39\ 自我介绍 .txt
```

3. 也可以使用"x"，但这次使用"w"，这样就不必再以 write 模式打开文件。

```
f = open(r'C:\Users\CZO\AppData\Local\Programs\Python\Python39\ 自
我介绍 .txt','w')
```

4. 然后，写上苏珊的自我介绍：

```
f.write(''' 你好，我叫苏珊。
我今年九岁了。
我的小狗叫巴基。
他非常地爱我！''')
```

5. 现在，创建一个全局变量，当我在输入框上按下回车键时，它将存储我的文件内容。现在先在里面存储一个空字符串。

```
f_content = ''
```

6. 现在，来创建小工具。我想要一个标签，在输入框的左边。因此我把它放在第 0 行和第 0 列。

```
f.close()
label = Label(w,text=' 文件名 ',font=(' 宋体 ', 12,'bold'))
label.grid(row=0,column=0,padx = 5, pady=5)
```

7. 我打算把输入框放在第 0 行和第 1 列，让它在四个方向上都有粘性，西。选择的所有数值（宽度、填充等）都是任意的。你可以测试不同的值并选择自己喜欢的。

```
entry = Entry(w,width=65)
entry.grid(row=0,column=1,sticky='nsew', padx = 5, pady=5)
```

8. 然后，为条目创建一个绑定。每当按下键盘上的回车键（Mac 中的命令），就调用 get_file 函数。你需要使用" <Return>"条件来实现这一目的。

```
entry.bind('<Return>',get_file)
```

9. 最后，来创建文本控件。我要给文本一些默认的样式，把它放在第 1 行第 0 列，让它横跨两列（所以它占用了前两个部件的整个宽度）。

```
text = Text(w,font=(' 宋体 ',14,'bold'))
text.grid(row=1,column=0,columnspan=2)
```

10. 好了，现在已经完成了控件的设计，来定义 get_file 函数吧。把它定义在调用函数的上面，好吗？

由于创建了一个绑定，函数需要接收"事件"。将 f_content 加载到函数中。

```
def get_file(event):
    global f_content
```

11. 首先，从输入框中获取文件名。然后，以 read 模式打开该文件，并将其内容存储在 f_content（f.read()）中。

```
file = entry.get()
f = open(file,'r')
f_content = f.read()
```

12. 最后，将 f_content 中的内容插入到文本框中。因为这里使用了'结束'，所以整个内容都被插入。

```
text.insert('end',f_content)
```

就酱（这样）！

运行程序，结果如图 23.8 所示。

图 23.8 Tkinter 应用的布局

现在小部件就在我们想要的地方！下面来看看程序现在是否可以正常工作，结果如图 23.9 所示。

图 23.9　导入文件的内容

好，程序做到了。我输入了我的文件路径（确切的路径）并按下了回车键，文件内容就显示在文本框上了。完美！☺

小结

本章使用 Tkinter 或 Pygame 创建了 6 个应用程序，分别是一个计算器、一个随机故事生成器、一个剪刀石头布游戏、一个文件上传器应用、一个温度转换应用和一个弹跳球。

下一章来谈谈你的 Python 之旅如何开始进阶。我会给你一些想法，让你知道接下来需要学习哪些内容，以及如何做自己的迷你项目和巅峰项目。

学习成果

第 24 章

下一步行动想法

第 23 章中，我们用 Python 创建了更多有趣的小项目。这一章就来看看接下来该做什么。我会提供更多迷你项目和顶点项目的点子，简单讨论一下如何从这本书之后继续美妙 Python 之旅。

迷你项目可以尝试的点子

Python 是一种非常有趣的编程语言，你几乎可以做任何你想做的事情。

迷你项目和谜题非常适合用来建立 Python 专业知识储备。在本书中，你已经完成了大量的迷你项目。我会教你几个点子来创建自己的迷你项目，试试吧！

汇率转换器

Tkinter 这个项目可以用。为尽可能多的货币转换创建选项吧。

可以把它做成一个单行应用程序，在文本框下设置一个下拉框（就像你在谷歌上看到的货币转换应用程序）。点击下拉框后将列出所有种类的货币选项。根据两边分别选择什么币种来进行转换。

很简单，对不对？尽可能自动化，也就是说，尽量减少代码行数。

Pygame 中的竞赛游戏

还记得之前一个迷你项目中做的海龟赛跑游戏吗？试着在 Pygame 中也举办一场海龟赛跑，但这次要做得更好！用线条创建适当的轨道，并将五颜六色的选手（可以用矩形当作球员）放在轨道的起点处。

或许还可以创建一个"开始"按钮，然后点击它，让选手开始竞赛（让他们随机移动），最后根据获胜情况，用冠军选手的颜色创建一个"游戏结束"屏幕。

很简单，对不对？试试吧！

Turtle 中的更多图案

还记得我们在早期项目中创建的曼陀罗图案吗？尝试创造更多类似的图案吧！现在，你知道可以使用 for 循环来自动生成图案了。

你可以创建不同的图案（圆形和方形）并将它们随机组合在一起（使用函数调用）。

顶石型项目可以尝试的点子

我们已经知道如何在 Turtle 中创建贪吃蛇游戏了，但正如你现在所看到的，Pygame 更适合于，创建任何游戏，所以试着在 Pygame 中创建同样的游戏吧！

Pygame 中的贪吃蛇游戏

创建这个游戏应该很简单。绘制代表苹果、蛇的脑袋和蛇的身体部分的矩形，让它们移动（你已经知道怎么做了），创建记分牌，当蛇的脑袋和苹果重合的时候自动加分，同时让蛇增长一个身体部分，最后，如果发生碰撞（撞到墙或身体碰撞），就结束游戏。

躲避子弹

还可以创建一个与之前用 Pygame 创建的太空射击游戏相反的游戏。这次不是你射击外星人，而是一群外星人向你射击。你已经没有弹药了，唯一能做的就是躲避雨点般向自己飞来的子弹（从每艘外星飞船上随机发射，你不知道哪一个会向你射击）。

你有，比方说十条命，每当子弹击中你，你就会失去一条命。坚持的时间越长，分数就越高。相当有趣，但也很好做，你不觉得吗？随心所欲，将游戏难度设计得简单或困难吧。

Pygame 中的记忆游戏

记忆游戏 [1] 很有趣的小游戏，你可能在游戏厅玩过。创建双数的格子。每个格子后面都隐藏着一个图像，每种图像都有一对，你需要将它们匹配起来。

开始游戏时，在指定的时间限制内（也许是 5~10 秒），揭示所有隐藏

---

1 译注：2017 年，82 岁的日本老奶奶因为开发了一款训练记忆力的手游 Hinadan 受到苹果 CEO 库克接见。她是目前最年长的 App 开发者。针对年长者和对日本传统文化感兴趣的人，若宫正子开发出了这款女儿节人偶装饰摆放游戏。

在格子后面的图像，这样玩家就可以看到它们在哪里。然后，再把它们隐藏起来，游戏正式开始。现在，玩家需要把这些图像匹配起来。

当玩家第一次点击其中一个格子时，它后面的图像就会显示出来。他们必须在下一次点击带有相同图像的格子。如果玩家不这样做，并且如果下一个被揭示的图像是个不同的图像，两个图像将再次被隐藏，他们可以重新开始进行匹配。

如果连续点击了藏有相同图像的盒子，那么这些盒子就不会再被隐藏起来，玩家就会得到一分。

玩家需要在给定的时间内（10 张图片的话通常是 30 秒）把所有格子匹配起来。

有意思吗？试试吧！

展望未来

好了，我们已经来到了本书的末尾。目前为止，你已经学习了 Python 的基础知识，了解了 Turtle、Tkinter 和 Pygame，还创建了一些项目来熟悉这些主题。下一步该做什么？你应该如何继续这段旅程呢？我来给你一些灵感吧。

OOP（面向对象编程）的细节

我们学习了对象和类，但并没有深入研究这个话题，只是浅尝辄止。如果你想做一些现实世界中的编程，OOP 将为你提供很大的帮助。对于任何一种编程语言，这都是一项有价值的技能，更不用说 Python 了。

所以，在项目中多使用类，看看它们是如何对代码造成改变的。接下来，可以找一本有关 Python 面向对象编程的好书，继续下一步旅程。

正则表达式

在任何编程语言，尤其是 Python 中，正则表达式都是一个非常有趣的话题，尽管比较高端。它基本上可以说是稍作改变的模式匹配。

想不想知道程序是如何知道用户密码中不含指定数量的字母、数字和特殊字符的？它们又是如何能够指出其中一个字符是否是大写字母的？是魔法吗？不，是正则表达式的模式匹配在发挥作用。

研究一下这个话题。相信你会发现它的趣味性。

网络开发

我已经介绍过网页开发的基本情况，但你可能已经猜到了，我们只接触到了冰山一角。还有很多东西要学，有很多东西要做。

深入研究 HTML、CSS 和 JavaScript，并进一步学习关于网站设计和开发的知识。然后，研究一下用于后端的 Django 或 Flask 和用于为程序创建和维护数据库的 MongoDB。一旦学会了网页开发，就可以尝试创建项目了（比如社交网站或购物车）。这是一个庞大的主题，需要几个月的时间来学习。一步一个脚印，向前走吧。

Python 包的细节

是的，我们已经在一定程度上研究了 Turtle、Tkinter 和 Pygame。但需要学习的东西还有很多。因此，我建议你试着创建更多的项目（不仅限于本书中提到的那些），当遇到更多的问题时，你会找到更多的解决方案（或语法），更深入地研究每个 Python 包的用法。

祝你玩得开心！

小结

本章提供了更多关于小型和大型项目的想法，你可以尝试自己创建看看。然后，我指明了下一步可以学习的内容。

亲爱的小读者，就这样告别吧！这就是本书的结尾了。希望你能和我一起愉快地学习 Python。不要停下学习和创造的步伐，但比这更重要的是，永远要能够乐在其中！

学习成果

轻松学 **Python**